"十二五"普通高等教育本科国家级规划教材

（第二版）

土木工程概论

主　编　阎　石　李　兵

副主编　孙　威　王春刚　李　明

　　　　金益民

编　写　隋伟宁　许秀红　丁　华

主　审　贾连光

中国电力出版社

CHINA ELECTRIC POWER PRESS

内 容 提 要

本书是"十二五"普通高等教育本科国家级规划教材。全书共分十四章，主要内容包括土木工程材料，土木工程的勘察、测量与设计，地基与基础工程，土木工程基本构件与结构，建筑工程，交通土木工程，水利水电工程，地下工程，土木工程的配套工程，土木工程施工，建设项目管理，工程防灾与减灾，计算机技术在土木工程中的应用，土木工程的发展展望。全书系统全面地阐述了土木工程各个领域的相关内容，从不同的角度介绍了宽口径土木工程学科的若干分支领域。在保持内容丰富特点的同时，又将当前土木工程的热点内容加入其中，特别是最近发生在国内外有影响的工程实例。本书条理清晰、覆盖面广、重点突出、语言精练、图文并茂、注重工程教育与实践应用，能使读者系统了解土木工程各门课程的特点，把握土木工程未来的发展方向。

本书可作为普通高等院校土木工程专业的教材，也可供从事土木工程设计、研究的专业人员参考。

图书在版编目（CIP）数据

土木工程概论 / 阎石，李兵主编. —2 版. —北京：中国电力出版社，2015.8（2022.8 重印）
"十二五"普通高等教育本科国家级规划教材
ISBN 978-7-5123-8073-8

Ⅰ. ①土⋯　Ⅱ. ①阎⋯　②李⋯　Ⅲ. ①土木工程－高等学校－教材　Ⅳ. ①TU

中国版本图书馆 CIP 数据核字（2015）第 173632 号

中国电力出版社出版、发行
（北京市东城区北京站西街 19 号　100005　http://www.cepp.sgcc.com.cn）
北京雁林吉兆印刷有限公司印刷
各地新华书店经售

*

2012 年 8 月第一版
2015 年 8 月第二版　　2022 年 8 月北京第七次印刷
889 毫米×1194 毫米　16 开本　16.25 印张　394 千字
定价 **49.00** 元

前　言

　　本书是"十二五"普通高等教育本科国家级规划教材，是在第一版的基础上，根据高等学校土木工程学科专业指导委员会制定的《高等学校土木工程本科指导性专业规范》为指导，按照我国现行土木工程类标准规范进行编写，符合《高等学校土木工程本科指导性专业规范》的要求。

　　本书再版编写过程中保持了第一版教材内容覆盖面广、重点突出、语言精练、图文并茂的特点；吸取了相关教材的长处和多年来的教学经验，力图保持内容"少而精"，充分注重理论教育与工程实践相结合的原则；同时，考虑到现代土木工程技术的飞速发展，适当增加了一部分新内容，将当前土木工程领域的前沿、热点知识加以介绍，如"装配式结构"、"结构健康监测与振动控制"等知识点。

　　本书是由沈阳建筑大学土木工程学院编写组负责编写，由阎石教授主编，贾连光教授主审。绪论由阎石编写，第一章、第十二章由孙威编写，第二章、第七章由丁华编写，第三章、四章由李明编写，第五章、第八章由王春刚编写，第六章由隋伟宁编写，第九章由许秀红编写，第十章、第十一章由金益民编写，第十三章、第十四章由李兵编写。全书由阎石、孙威统稿。

　　本教材在编写过程中参考了许多文献资料，在此对各位作者表示衷心的感谢！

　　限于编者水平，书中还有一些不足之处，敬请广大读者批评指正。

编　者

目　录

绪　　论

一、土木工程概述

什么是土木工程？土木工程涵盖哪些内容？《中国大百科全书：土木工程卷》给出这样的定义：土木工程是建造各类工程设施的科学技术的统称，它既指所应用的材料、设备和所进行的勘测、设计、施工、保养维修等技术活动，也指工程建设的对象，即建造在地上或地下、陆上或水中，直接或间接为人类生活、生产、军事、科研服务的各种工程设施，例如房屋、道路、铁路、运输管道、隧道、桥梁、运河、堤坝、港口、电站、飞机场、海洋平台、给水和排水以及防护工程等。

在英语中，土木工程译为"Civil Engineering"，即"民用工程"之意，它的原意是与军事工程"Military Engineering"相对应，即除了服务于战争的工程设计以外，所有服务于生活和生产需要的工程。在历史上，"Civil Engineering"的范围涵盖很广，不但包括土木工程，还包含机械工程、电气工程、化工工程等，这是因为这些学科都具有民用性。后来，随着工程技术的发展，机械、电气、化工逐渐成为独立学科，"Civil Engineering"就成了土木工程的代名词。

土木工程与广大人民群众的生活和一个国家的经济发展密切相关。人们的"衣、食、住、行"都离不开土木工程。土木工程为人类居住活动提供了所需要的、具有各种功能及良好舒适性、美观性的场所，既满足了人类生存的物质需要，又满足了精神需要。土木工程又可作为一个国家重要的产业支柱，它的发展可带动其他行业一同发展。总之土木工程为人们的生活和国家经济的发展提供了重要的物质基础，在生产和生活中发挥着重要的作用。

作为一个重要基础学科，土木工程有其重要属性——综合性、实践性、社会历史性，以及技术、经济和艺术统一性。

土木工程的综合性表现为过程复杂、内涵广泛、门类众多。就建造一项工程设施的过程而言，一般要经过勘察、设计和施工三个阶段。需要运用工程地质勘察、水文地质勘察、工程测量、土力学、工程力学、工程设计、建筑材料、建筑设备、工程机械、建筑经济等学科，施工技术、施工组织等领域的知识，以及电子计算机和力学测试等技术；就土木工程设施所具有的使用功能而言，有的供生息居住之用、有的作为生产活动的场所、有的用于陆海空交通运输、有的用于水利事业、有的作为信息传输的工具、有的作为能源传输的手段等；就土木工程已发展出许多分支而言，包括房屋工程、铁路工程、道路工程、飞机场工程、桥梁工程、隧道及地下工程、特种工程结构、给水和排水工程、城市供热供燃气工程、港口工程、水利工程等学科。因此土木工程是一门范围广泛的综合性学科。

土木工程又是具有很强的实践性的学科。早期的土木工程施工是通过工程实践，总结成功的经验，尤其是吸取失败的教训发展起来的。从 17 世纪开始，以伽利略和

土木工程，是建造各类工程设施的科学技术的统称，它既指所应用的材料、设备和所进行的勘测、设计、施工、保养维修等技术活动；也指工程建设的对象，即建造在地上或地下、陆上或水中，直接或间接为人类生活、生产、军事、科研服务的各种工程设施，例如房屋、道路、铁路、运输管道、隧道、桥梁、运河、堤坝、港口、电站、飞机场、海洋平台、给水和排水以及防护工程等。——选自《中国大百科全书：土木工程卷》。

作为一门重要的基础学科，土木工程具有重要的属性：
（1）综合性。
（2）实践性。
（3）社会历史性。
（4）技术、经济和艺术统一性。

牛顿为先导的近代力学同土木工程实践结合起来，逐渐形成材料力学、结构力学、流体力学、岩体力学，作为土木工程的基础理论学科。这样土木工程才逐渐从经验发展成为科学。在土木工程的发展过程中，工程实践经验常先行于理论，工程事故常显示出未能预见的新因素，触发新理论的研究和发展。至今不少工程问题的处理，在很大程度上仍然依靠实践经验。

土木工程的社会历史性表现为建筑结构能够反映出不同时期、不同地域的社会经济、政治、文化、宗教以及科技的发展面貌。在古代，人们为了适应、生产、生活、宗教活动、战争等不同的需要，兴建了民宅、宫殿、寺庙、城池、运河以及其他各种建筑物。产业革命以后，特别是到了 20 世纪，由于社会发展给土木工程提出了新的要求，同时社会各个领域也为土木工程的发展创造了良好的条件。例如建筑材料（钢材、水泥)工业化生产的实现，机械和能源技术以及设计理论的进展，都为土木工程提供了材料和技术上的保证。因而在这个时期的土木工程得到突飞猛进的发展。在世界各地出现了现代化规模宏大的工业厂房、摩天大厦、核电站、高速公路和铁路、大跨桥梁、大直径运输管道、长隧道、大运河、大堤坝、大飞机场、大海港及海洋工程等。现代土木工程不断地为人类社会创造崭新的物质环境，成为人类社会现代文明的重要组成部分。

土木工程的技术、经济和建筑艺术的统一性是指人们力求最经济地建造一项工程设施，用以满足使用者的预定需要，其中包括审美要求。而一项工程的经济性又与各项技术活动密切相关。工程建设的总投资、工程建成后的经济效益和使用期间的维修费用等，都是衡量工程经济性的重要方面。这些技术问题联系密切，需要综合考虑。在符合功能要求的同时，人们还追求土木工程的艺术性。一个成功的、优美的工程设施，能够为周围的景物、城镇的容貌增美，给人以美的享受；反之，会使环境受到影响。在土木工程的长期实践中，人们不仅对房屋建筑艺术给予很大注意，并且取得了卓越的成就。

二、土木工程的发展简史

在人类文明的历史长河中，土木工程的发展经历了古代、近代和现代 3 个历史时期，各个时期都留下了传世的建筑精品，它们是人类的瑰宝，是人类勤劳与智慧的体现。

（一）古代土木工程

古代土木工程的历史跨度很大，它大致从新石器时代（约公元前 5000 年起)开始至 17 世纪中叶。这一时期土木工程的特点主要体现在三个方面：

（1）设计过程没有形成理论指导，施工过程主要依靠工匠的经验。

（2）所用材料广泛取之于天然，或稍事加工，即用于结构的建造，如砖、瓦、石块及土坯等。

（3）施工所用工具简单，只有斧、锤、刀、铲以及石夯等。

尽管如此，人类在这一时期还是留下了许多传世之作，有些建筑即便是从现代角度看也是非常伟大的，甚至超乎想象。

人类最初居无定所，利用天然掩蔽物作为居处。农业出现以后需要定居，出现了原始村落，土木工程开始了它的萌芽时期。于是使用简单的木、石、骨制工具，伐木采石，以黏土、木材和石头等，模仿天然掩蔽物建造居住场所，开始了人类最早的土木工程活动。中国黄河流域的仰韶文化遗址如西安半坡村遗址，曾经发现过许多圆形房屋的遗迹，距今已有 5000~7000 年的历史。经分析是直径为 5~6m 圆形房屋的土墙，墙内竖有木柱，支撑着用茅草做成的屋面，茅草下有密排树枝起到龙骨作用。这

西安半坡村原始
房屋复原图

类圆形的房屋，是我国先民早期的居住场所形态。

随着生产力的发展，农业、手工业开始分工。大约自公元前 3000 年，材料方面，开始出现经过烧制加工的瓦和砖；构造方面，形成木构架、石梁柱、券拱等结构体系；工程内容方面，有宫室、陵墓、庙堂等。古埃及帝王陵墓建筑群——吉萨金字塔群，建于公元前 2700~2600 年。其中以古王国第四王朝法老胡夫的金字塔最大。该塔塔基呈正方形，每边长 230.5m，高约 146m，用 230 余万块巨石砌成。塔内有甬道、石阶和墓室等。金字塔是古埃及文明的象征。希腊的帕特农神庙作为雅典卫城的核心建筑建于公元前 447 年，是为了歌颂雅典战胜侵略者而建。罗马斗兽场是古罗马时期最大的圆形角斗场，建于公元 72 年，是古罗马建筑的代表作之一。随着西方宗教文化的兴起，各类宗教建筑广泛出现。公元前 532 年开始修建的土耳其伊斯坦布尔索菲亚大教堂以其巨大的圆顶闻名于世。该教堂为砖砌穹顶，直径约 30m，穹顶高约 50m，支承在大跨度砖拱和用巨石砌筑的巨型柱上，被誉为拜占庭式建筑的典范及"改变了建筑史"。法国卢浮宫是世界著名的宫殿建筑，最早始建于 1204 年。它不但是世界著名的建筑，也是世界上最古老、最大的博物馆之一。这一时期，西方的建筑受地域、文化的影响，以砖石建筑为主。印度的泰姬陵，始建于 1631 年，是莫卧儿王朝第 5 代皇帝沙贾汗为了纪念他已故皇后而建立的陵墓，被誉为"完美建筑"，具有极高的艺术价值。

而中国的古代建筑则以木结构加砖墙形式居多。历代封建王朝建造的大量宫殿和庙宇建筑，都属于该类结构。它是用木梁、木柱做成承重骨架，用木制斗拱做成大挑檐，四壁墙体都是自承重的隔断墙。北京故宫是中国古代宫廷建筑的集大成者。故宫旧称紫禁城，建成于明代永乐十八年（1420 年），是明、清两代的皇宫，世界现存最大、最完整的木质结构的古建筑群，被誉为"无与伦比的古代建筑杰作"。公元 1056 年建成的山西应县木塔（佛宫寺释迦塔），塔高 67.3m，共九层，横截面呈八角形，底层直径达 30.27m，是保存至今的唯一木塔，也是我国现存最高的木结构之一。该塔经历了多次大地震仍完整无损，足以证明我国古代木结构的高超技术。

中国古代的砖石结构也有伟大成就。最著名的当数万里长城，它是古代中国在不同时期为抵御塞北游牧部落联盟侵袭而修筑的规模浩大的军事工程的统称。最早始建于春秋战国时期，现存的长城修建于明代。长城是我国古代劳动人民创造的伟大奇迹，是中国悠久历史的见证，被世人看作中国的象征。坐落在河北省赵县洨河上的赵州桥，建于隋代大业年间（公元 605~618 年），由著名匠师李春设计和建造，距今已有约 1400 年的历史，是当今世界上现存最早、保存最完善的古代敞肩石拱桥。同类型的桥梁，欧洲到 19 世纪中期才出现，比我国晚了 1200 多年。赵州桥经历了 10 次水灾、8 次战乱和多次地震。特别是 1966 年 3 月 8 日邢台发生 7.6 级地震，赵州桥距离震中只有 40 多公里，都没有被破坏。著名桥梁专家茅以升评价该桥，"先不管桥的内部结构，仅就它能够存在 1400 多年就说明了一切。"

中国是传统的农业国家，一直有兴修水利的传统。大禹治水"三过家门而不入"的故事为人称道。在中国几千年的历史长河中，留下了许多堪称经典的杰作。最为著名的当属都江堰水利工程，它是全世界至今为止，年代最久、唯一留存、以无坝引水为特征的宏大水利工程。这项工程始建于公元前 256 年，由当时秦国蜀太守李冰父子主持修建。工程主要包括鱼嘴分水堤、飞沙堰溢洪道、宝瓶口进水口三大部分和百丈

胡夫金字塔，塔高 146.5m，塔身是用 230 万块石料堆砌而成，大小不等的石料重达 1.5~160t，塔的总重量约为 684 万 t，它的规模是埃及迄今发现的 108 座金字塔中最大的。它是一座几乎实心的巨石体，成群结队的人将这些大石块沿着地面斜坡往上拖运，然后在金字塔周围以一种脚手架的方式层层堆砌。它是 100000 人共用了 30 年的时间才完成的人类奇迹。

紫禁城，现称"故宫"，位于北京市中心。曾为明、清两代的皇宫，是当今世界上现存规模最大、建筑最雄伟、保存最完整的古代宫殿和古建筑群。城四周环有高 10m 的城墙，宽 52m 的护城河。城南北长 961m，东西长 753m，占地面积 720000m²。整体宫殿建筑布局谨然，次序井然，寸砖片瓦皆遵循封建等级礼制，映现出帝王至高无上的权威。

1961 年，经国务院批准被定为全国第一批重点文物保护单位。1987 年，被联合国教科文组织列入"世界文化遗产名录"。

泰姬陵, 印度知名度最高的古迹之一，是莫卧儿王朝第 5 代皇帝沙贾汗为了纪念他已故皇后阿姬曼·芭奴而建立的陵墓，被誉为"完美建筑"。它由殿堂、钟楼、尖塔、水池等构成，全部用纯白色大理石建筑，用玻璃、玛瑙镶嵌，绚丽夺目、美丽无比。有极高的艺术价值。是伊斯兰教建筑中的代表作。

伽利略（1564—1642）， 意大利物理学家、天文学家和哲学家，近代实验科学的先驱者。生于意大利佛罗伦萨的一个没落贵族家庭。26 岁就担任了比萨大学的数学教授。1632 年以后，伽利略专心致力于力学的研究，并于 1638 年完成了《两种新科学的对话》。这部书是伽利略最伟大和重要的著作。伽利略首先研究了惯性运动和落体运动的规律，为牛顿第一定律和第二定律的研究铺平了道路。

堤、人字堤等附属工程构成，科学地解决了江水自动分流、自动排沙、控制进水流量等问题，消除了水患，使川西平原成为"水旱从人"的"天府之国"。公元前 246 年，秦王嬴政采纳韩国人郑国的建议，并由郑国主持兴修的大型灌溉渠，它西引泾水东注洛水，长达 300 余里。郑国渠修成后，大大改变了关中的农业生产面貌，具有深远的经济和政治意义。形成于隋代的京杭大运河，是世界上里程最长、工程量最大、最古老的运河之一。大运河北起北京，南到杭州，途经北京、天津两市及河北、山东、江苏、浙江四省，贯通海河、黄河、淮河、长江、钱塘江五大水系，全长约 1794km，开凿到现在已有 2500 多年的历史，其部分河段依旧具有通航功能。

在道路工程方面，古代也有伟大成就。秦统一全国后，修建了以都城咸阳为中心通往全国各郡县的驰道，形成了全国的交通网。在欧洲，罗马帝国也修建了以罗马为中心的道路网，世称"条条大路通罗马"。

在这一时期还出现了一些土木工程方面的专著，其中比较有代表性的如我国战国时期的《考工记》，是一部记录有木工、金工等工艺，并有城市、宫殿、房屋建筑等规范的专著。北魏时期郦道元编著了我国古代一部比较系统的水利工程专著《水经注》。北宋时期李诫编著的《营造法式》，是我国古代最为完善的一部建筑技术书籍。国外的专著如意大利文艺复兴时代阿尔贝蒂所著的《论建筑》等。

（二）近代土木工程

近代土木工程的时间跨度从 17 世纪中叶至 20 世纪中叶的 300 年间。这个时期内土木工程的主要特征有：

（1）力学、结构等相关理论初步形成，并指导实践。

（2）水泥、混凝土、钢材等重要的建筑材料相继出现，并运用到实际工程。

（3）施工技术得到快速的发展，建造规模日益扩大，建造速度也大大加快。

在这一时期，土木工程相关理论得到迅速发展。意大利科学家伽利略为了解决建造船只和水闸所需梁的尺寸问题进行了一些实验，并在 1638 年首先提出了计算梁强度的公式。英国物理学家牛顿在 1687 年总结了力学三大定律。同年，英国科学家胡克发表了他根据实验观察所总结出来的重要物理定律——力与变形成正比关系的胡克定律。瑞士数学家欧拉 1744 年出版了《曲线的变分法》一书，建立了构件的压屈理论，得到计算柱的临界压力公式，为工程结构的稳定性分析奠定了基础。1825 年，纳维建立了土木工程中结构设计的容许应力方法，成为了早期土木工程设计的理论基础。1906 年美国旧金山大地震和 1923 年日本关东大地震，人们的生命财产遭受严重损失。1940 年美国塔科马悬索桥毁于风振。这些自然灾害推动了结构动力学和工程防灾技术的研究与发展。

由于理论的发展，土木工程作为一门学科逐步建立起来，法国在这方面是先驱。1716 年法国成立道桥部队，1720 年法国政府成立交通工程队，1747 年创立巴黎桥路学校，培养建造道路、河渠和桥梁的工程师。所有这些均表明土木工程学科已经形成。

18 世纪下半叶，瓦特对蒸汽机作了根本性的改进，推进了产业革命。多种性能优良的建筑材料及施工机具在这一时代背景下相继产生，从而促使土木工程以空前的速度向前迈进。1824 年英国人阿斯普丁取得了一种新型水硬性胶结材料——波特兰水泥的专利权，1850 年左右开始生产。1856 年大规模炼钢方法——贝塞麦转炉炼钢法发明后，钢材越来越多地应用于土木工程。1867 年法国人莫尼埃用铁丝加固混凝土制成了花盆，并把这种方法推广到工程中，建造了一座贮水池，这是钢筋混凝土应用的开端。1875 年，他主持建造成第一座长 16m 的钢筋混凝土桥。1886 年，美国芝加哥建成 9 层高的家庭保险公司大厦，初次按独立框架设计，并采用钢梁，被认为是现代高层建筑的开端。1889 年法国巴黎建成高 300m 的埃菲尔铁塔，使用熟铁近 8000t。

土木工程的施工方法在这个时期开始了机械化和电气化的进程。蒸汽机逐步应用于抽水、打桩、挖土、轧石、压路、起重等作业。19 世纪 60 年代内燃机问世和 19 世纪 70 年代电机出现后，很快就创制出各种各样的起重运输、材料加工、现场施工用的专用机械和配套机械，使一些难度较大的工程得以加速完工。1825 年英国首次使用盾构开凿泰晤士河河底隧道；1871 年瑞士用风钻修筑 8 英里长的隧道；1906 年瑞士修筑通往意大利的 19.8km 长的辛普朗隧道使用了大量黄色炸药以及凿岩机等先进设备。

产业革命还从交通方面推动了土木工程的发展。在航运方面，有了蒸汽机为动力的轮船，使航运事业面目一新，这就要求修筑港口工程，开凿通航轮船的运河。19 世纪上半叶开始，英国、美国大规模开凿运河。1869 年苏伊士运河通航，1914 年巴拿马运河凿成。在铁路方面，1825 年斯蒂芬森建成了世界上第一条铁路。以后，世界上其他国家纷纷建造铁路。1863 年，英国伦敦建成了世界第一条地下铁道。在公路方面，1819 年英国马克当筑路法明确了碎石路的施工工艺和路面锁结理论，提倡积极发展道路建设，促进了近代公路的发展。铁路和公路的空前发展也促进了桥梁工程的进步。早在 1779 年，英国就用铸铁建成了跨度 30.5m 的拱桥。1826 年，英国特尔福德用锻铁建成了跨度 177m 的麦内悬索桥。现代桥梁的三种基本形式（梁式桥、拱桥、悬索桥）在这个时期相继出现。

随着近代工业的发展，人类需求的不断增长，房屋建筑的相关配套功能逐步完善。电力的应用，电梯等附属设施的出现，使高层建筑实用化成为可能；电气照明、给水排水、供热通风、道路桥梁等市政设施与房屋建筑结合配套，开创了市政建设和居住条件的新局面。

第一次世界大战以后，近代土木工程发展日趋成熟。这个时期的一个标志是道路、桥梁、房屋大规模建设的出现。在交通运输方面，由于汽车在陆路交通中具有快速和机动灵活的特点，道路工程的地位日益重要。沥青和混凝土开始用于铺筑高级路面。1931～1942 年，德国首先修筑了长达 3860km 的高速公路网，美国和欧洲其他一些国家相继效法。钢铁质量的提高和产量的上升，使建造大跨桥梁成为现实。1937 年，美国旧金山建成金门悬索桥，跨度 1280m，全长 2825m，是公路桥的代表性工程；1932 年，澳大利亚建成悉尼港桥，为双铰钢拱结构，跨度 503m，是世界上大跨度城市钢拱桥之一。工业的发达和城市人口的集中，使各类工业与公共建筑向大跨度发展，民用建筑向高层发展。日益增多的影剧院、体育场馆、工业生产车间等都要求采用大跨度结构。1925～1933 年在法国、苏联和美国分别建成了跨度达 60m 的圆壳、扁壳和圆形悬索屋盖。1931 年美国纽约的帝国大厦落成，共 102 层，高 378m，有效面积 160000m²，结构用钢约 50000 余 t，内装电梯 67 部，还有各种复杂的管网系统，可谓集当时技术成就之大成，它保持世界房屋最高纪录达 40 年之久。

中国清朝实行闭关锁国政策，近代土木工程进展缓慢。直到清末洋务运动，才引进一些西方技术。中国富有代表性的近代建筑为 1929 年建成的中山陵和 1931 年建

牛顿（1643—1727），人类历史上最伟大、最有影响的科学家，同时也是物理学家、数学家和哲学家。他发表的不朽著作《自然哲学的数学原理》用数学方法阐明了宇宙中最基本的法则——万有引力定律和三大运动定律。这四条定律构成了一个统一的体系，被认为是"人类智慧史上最伟大的一个成就"。牛顿为人类建立起"理性主义"的旗帜，开启了工业革命的大门。

帝国大厦，是位于美国纽约市的一栋著名的摩天大楼，共有 102 层，1930 年动工，1931 年落成，只用了 410 天。落成后，雄踞世界最高建筑的宝座达 40 年之久，直到 1971 年才被世贸中心超过。

金门大桥，是世界著名大桥之一，被誉为近代桥梁工程的一项奇迹，也被认为是旧金山的象征。金门大桥于 1933 年动工，1937 年 5 月竣工，用了 4 年时间和 10 万多 t 钢材，耗资达 3550 万美元。整个大桥造型宏伟壮观、朴素无华。桥身呈朱红色，横卧于碧海白浪之上，华灯初放，如巨龙凌空，使旧金山市的夜色更加壮丽。

成的广州中山纪念堂。1934 年在上海建成了钢结构的 24 层的国际饭店，直到 20 世纪 80 年代以前一直是中国最高的建筑。中国近代市政工程始于 19 世纪下半叶。1865 年，上海开始供应煤气。1879 年，旅顺建成近代给水工程。相隔不久，上海也开始供应自来水和电力。在路桥方面，1909 年，中国著名工程师詹天佑主持建成京张铁路，全长约 200km，达到当时世界先进水平。1894 年，首次采用气压沉箱法施工建成了滦河桥。1901 年，建成了全长 1027m 的松花江桁架桥。1905 年建成了全长 3015m 的郑州黄河桥。1937 年，我国著名桥梁专家茅以升主持兴建了公路铁路两用钢桁架的钱塘江桥，长 1453m，是我国近代土木工程的优秀成果。

（三）现代土木工程

现代土木工程以社会生产力的现代发展为动力，以现代科学技术为背景，以现代工程材料为基础，以现代工艺与机具为手段高速度地向前发展。第二次世界大战结束后，社会生产力出现了新的飞跃。现代科学技术突飞猛进，土木工程进入一个新时代。这个时期内土木工程的设计理论日趋完善，尤其随着计算机技术的发展，使得设计计算方法更加精确，设计手段自动化程度不断提高。钢材、混凝土、预应力混凝土等材料应用更为成熟和广泛，铝合金、塑料、纤维等新材料迅速发展，建筑材料呈现轻质高强的发展趋势。施工技术和设备更为先进，大型吊装设备、混凝土搅拌运输车、盾构机等设备的出现解决了大型工程、高难工程的建造问题，施工效率显著提高。土木工程建设更注重节能、环保和可持续发展，节能环保材料的利用、建筑垃圾回收利用、污水处理、生态建筑、智能建筑等为成为土木工程发展的新方向。在这样的背景下，土木工程结构呈现出以下特点。

1. 城市建设立体化

随着经济的发展，人口的增长，城市用地更加紧张，交通更加拥挤，人类对空间的利用更加充分，城市建设呈现出立体化的趋势，房屋建筑和道路交通等向高空和地下发展。

越来越多的高层建筑和超高层建筑的出现成了城市建设立体化的特征之一。现代高层建筑由于设计理论的进步和材料的改进，促成了新的结构体系的出现，如剪力墙、筒中筒结构等，这也极大促进了高层建筑的发展。美国的高层建筑数量最多，其中高度超过 200m 以上的建筑达 100 多幢。1974 年，芝加哥建成高达 433m 的西尔斯大厦，超过 1931 年建造的纽约帝国大厦，成为当时世界上最高的建筑物，并将这一记录保持了 20 多年，目前仍是美国最高的建筑。近十几年来，高层建筑在亚洲地区也得到了迅猛的发展。1998 年，我国上海建成的金茂大厦，高度达到 420m，是我国首座高度超过 400m 的高层建筑。2008 年竣工的环球金融中心大厦高度更是达到 492m。

城市道路和铁路很多已采用高架，同时又向地层深处发展。地下铁道在近几十年得到进一步发展，地铁早已电气化，并与建筑物地下室连接，形成地下商业街。北京地下铁道在 1969 年通车后，1984 年又建成新的环形线。地下停车库、地下油库日益增多。城市道路下面密布着电缆、给水、排水、供热、供燃气的管道，构成城市的脉络。现代城市建设已经成为一个立体的、有机的系统，对土木工程各个分支以及它们之间的协作提出了更高的要求。

2. 工程设施大型化

20 世纪 90 年代以来，随着电子信息技术革命的兴起，带来了社会经济高速发展，城市化进程不断加快，由此产生强劲的基础设施建设需求，不断推动土木工程快速发展。工程设施建设规模大型化的趋势日益明显。

在高层建筑方面，2010 年建成的世界最高建筑阿联酋迪拜塔高达 828m，几乎是 1972 年建成的纽约世界贸易大厦的两倍，比现世界第二高楼台北 101 大厦高出了 320m。

在高耸结构方面，2011 年落成的日本东京天空树塔高度 634m，是目前世界第一高的自立式电视塔。2009 年落成的广州电视塔高度达 616m，位列世界第二，也是目前我国国内最高的建筑物。加拿大多伦多电视塔，高 549m 位居第三。

在大跨度桥梁方面，世界最大跨度的斜拉桥苏通大桥最大跨径 1088m。大桥主墩基础由 133 根长约 120m、直径 2.5~2.8m 的群桩组成。承台长 114m，宽 48m，面积相当于一个足球场大小。世界最大跨度的悬索桥为日本的明石海峡大桥，主桥墩跨度 1991m。两座主桥墩海拔 297m，基础直径 80m，水中部分高 60m。两条主钢缆每条约 4000m，直径 1.12m，由 290 根细钢缆组成，重约 50000t。

在隧道方面，世界最长的铁路隧道圣哥达铁路隧道全长 57km。英吉利海峡海底隧道是世界上最长的海底隧道，它横穿英吉利海峡最窄处，全长 50.5km。我国最长的隧道青藏铁路新关角隧道全长 32.64km。

在大跨度建筑方面，中国国家体育场馆"鸟巢"的长轴最大跨度达 333m，短轴最大跨度达 297m。美国西雅图的金群体育馆为钢结构穹顶球顶，直径达 202m。法国巴黎工业展览馆的屋盖跨度为 218m，由装配式薄壳组成。

水利工程筑坝蓄水，对灌溉、航行、发电有许多益处。目前世界上最高的重力坝为瑞士的大狄克桑坝，高 285m；其次是俄罗斯的萨杨苏申克坝，高 245m。三峡水电站大坝全长 2309m，最大坝高 181m，坝顶宽度 15m，底部宽度为 124m，总装机容量 1820×10^4 kW，是世界上规模最大的水电工程。

土木工程不断展示其强大的生命力和创造力，不断挑战高、大、重、特工程，创造了一个又一个新的里程碑。

3. 功能要求多样化

现代土木工程的特征之一，是工程设施同它的使用功能或生产工艺更紧密地结合。日益提高的生活水平和复杂的现代生产过程，对土木工程提出了各种专门的要求。现代的公用建筑和住宅建筑不再仅仅是传统意义上徒具四壁的房屋，而要求同采暖、通风、给水、排水、供电、供燃气等种种现代技术设备结成一体。

由于电子技术、精密机械、生物基因工程、航空航天等高科技工业的发展，许多工业建筑提出了恒温、恒湿、防微震、防腐蚀、防辐射、防磁、无微尘等要求，并向跨度大、分隔灵活、工厂花园化的方向发展。现代土木工程的功能化问题日益突出，为了满足更多样的功能需要，土木工程需要更多地与各种现代科学技术相互渗透。例如，为了提高结构自身抵抗地震、风等自然灾害的作用，科研人员与工程技术人员尝试着在建筑结构内部安装阻尼器等减震耗能装置，利用控制理论降低建筑结构在地震荷载和风荷载作用下的位移响应。为保证重大建筑结构安全运营，降低结构因材料老化、自然灾害等因素导致的可靠性下降，对建筑结构进行必要的检测工作必不可少。但是，传统的检测技术往往需要涉及大量的人力、设备等，通常是结构表现出安全隐患之后才对结构采取相应的检测措施，另外无损检测多数情况下只能对结构的局部进行检测。在这样的背景下，一种全新的结构检测技术——结构健康监测受到学者和工

哈利法塔，又称迪拜塔、迪拜大厦或比斯迪拜塔，是位于阿拉伯联合酋长国迪拜的一栋已经建成的摩天大楼，有 160 层，总高 828m。迪拜塔由美国芝加哥公司的建筑师阿德里安·史密斯（Adrian Smith）设计，韩国三星公司负责实施。建筑设计采用了一种具有挑战性的单式结构，由连为一体的管状多塔组成，具有太空时代风格的外形，基座周围采用了富有伊斯兰建筑风格的几何图形——六瓣的沙漠之花。哈利法塔加上周边的配套项目，总投资超 70 亿美元。哈利法塔 37 层以下是世界上首家 ARMANI 酒店，45 层至 108 层则作为公寓。第 123 层为观景台，站在上面可俯瞰整个迪拜市。建筑内有 1000 套豪华公寓。该项目于 2004 年 9 月 21 日开始动工，2010 年 1 月 4 日竣工启用，同时正式更名为哈利法塔，是目前世界上最高的建筑物。

程技术人员的广泛关注。结构健康监测通过在结构内部安置各种类型的传感器，并与计算机系统相连接，自动、实时的测量结构在各类荷载作用下的响应。再通过计算机系统中的损伤识别算法对结构健康状态给予评估。结构振动控制技术和健康监测技术使结构在满足人们传统功能需求的基础上，具备了防灾减灾的功能。

4. 施工过程的机械化

工程机械的广泛应用，大大提高了施工速度、效率和施工质量，减少了安全事故，减轻了工人的劳动强度，而且使大型工程建设变成可能。

目前大型隧道施工已经比较广泛地使用盾构机。世界上最大的盾构机直径达14.44m，我国生产的最大盾构机直径为12m，刀头加盾身的重量就达到1600t。大型吊装机械在高层建筑施工中起到不可替代的作用。上海环球金融中心吊装中采用的两台M900D塔吊，是目前国内房屋建筑领域中起重量最大、高度可达500m的巨型变臂塔吊，总重量达225.40t。大厦封顶后，该塔吊在500m高空拆卸，属世界首创。高强度、高耐久、高流态、高泵送混凝土技术在工程中得到普遍推广应用。上海环球金融中心基础施工中使用19台泵车、350辆混凝土搅拌车一次连续40h浇筑主楼底板3.69万m³混凝土，同时在主体结构施工中将混凝土一次泵送至492m高空，创造了世界混凝土浇筑高度的新纪录。

5. 设计理论完善化

结构理论的发展与完善也是现代土木工程快速发展的重要基础和标志。现代社会对土木工程的要求日益多样化，土木工程技术不仅要能快速建设大量的一般工程，还要解决大量复杂工程的关键问题，同时要使所建造的工程具有预定的功能和抵御各种自然灾害的能力。如没有理论的发展和完善，这些要求就不可能实现。传统的依靠经验建造工程的时代，不仅不能解决大量一般工程的快速建设问题，更不能建设超高、大跨等复杂工程的设计和施工问题，因为无法解决复杂工况的计算分析及复杂条件与环境的施工问题。由于实验设备与技术、结构非线性分析理论、材料多轴循环本构关系以及计算机技术的高度发展，结构分析计算理论与方法有了重大突破，结构设计方法实现了从经验方法、安全系数法到可靠度设计方法的过渡。进入21世纪，基于性能设计理论、抗连续倒塌设计理论、结构耐久性理论、结构的振动控制理论、结构实验技术等又有了重大发展，所形成的理论逐渐在实际工程中应用，在工程结构的防灾减灾中发挥着巨大作用。

三、土木工程专业及人才培养

土木工程专业是为培养土木工程专门技术人才而设置的。早在1747年，法国就创立了巴黎路桥学校。我国土木工程教育则始于1895年天津大学。目前全国有近500余所高等院校开设了土木工程专业。

从1872年清政府第一批官办留学开始到20世纪初，我国派遣了一批优秀人才到国外学习桥梁工程、采矿工程、地质工程等工科专业。这些留学生回国后不仅为我国的工程技术与工业发展作出了开创性的贡献，而且大都奠定了各学科的基础。如我们熟知的铁道专家詹天佑1872年留学耶鲁大学，桥梁专家茅以升1916年留学美国康奈尔大学，地质学家李四光1913年留学英国伯明翰大学。他们为中国的土木工程事业的发展作出了卓越的贡献。新中国成立以后，我国的土木工程专业教育有了很大的发展，也涌现了大批卓有成绩的专家学者。

目前，从我国土木工程专业人才培养层次上划分有专科、本科（工学学士）、硕士

东京天空树，直立在东京墨田区、台东区，正式命名前称为新东京铁塔，是在日本东京都墨田区预定兴建的电波塔。自2008年7月14日起动工，原定2011年12月完工，但3·11大地震令建筑物料供应短缺，至2012年2月29日终于举行竣工仪式。整项工程共投入了58万名建筑工人，单是铁塔本身，已耗资650亿日元（约合人民币50亿元）。塔身将用2000盏LED灯进行照明，用纯粹的水色与雅致的紫色这两种具有江户风情的颜色装扮整个塔身。它建在一个三角形的底座上，呈圆柱形，随着高度上升塔身逐渐变细，顶端呈圆球形。据说这种类似日本国宝"五重塔"的结构造型，主要是为了有效抵抗地震和强风。

（工学硕士）、博士（工学博士）等几个层次。按照"大土木"的人才培养目标与方案，土木工程本科下设建筑工程、道路工程、桥梁工程等若干专业方向，但专业都统一为土木工程。在本科教育阶段，土木工程专业属于大的一级学科专业，到硕士或博士阶段则具体分为二级学科专业，如结构工程、岩土工程、防灾减灾与防护工程、桥隧工程等。

高等土木工程专业本科教育课程包括基础理论和应用理论两个方面。基础理论主要包括高等数学、物理和化学。应用理论内容较多，包括基本工程力学（理论力学、材料力学）、结构力学、流体力学、土力学与工程地质学等。土木工程的专业知识与技术包括建筑结构（如钢结构、混凝土与砌体结构等）的设计理论和方法、土木工程施工技术与组织管理、房屋建筑学、工程经济、建筑法规、土木工程材料、基础工程、结构试验、土木工程抗震设计等。学习土木工程需要的相关知识还包括给排水、供暖通风、电工电子、工程机械等。土木工程需要掌握的技能或工具有工程制图、工程测量、材料与结构试验、外语和计算机在土木工程中的应用等。

我国高等学校土木工程专业的培养目标是：培养适应社会主义现代化建设需要，德、智、体全面发展，掌握土木工程学科的基本理论和基本知识，经过土木工程师基本训练的，具有创新精神的高级技术人才。毕业生能从事土木工程的设计、施工与管理工作，具有初步的工程项目规划和研究开发能力。

作为刚跨入高等学校大门的学生，理解本专业的培养目标，就是懂得"为什么学习"这个根本问题。这是由高等教育区别于中等教育的特点所决定的。高等教育是指一切建立在普通教育基础上的专业教育。高等教育学校里一个专业的培养目标，就是这个专业教育活动的基本出发点和归宿，也是高等学校所培养的人才在毕业时预期的素质特征。大学生在学习过程中要按照这个目标接受教育，进行学习，在思想、知识、技能、能力、体魄等各方面严格要求自己。毕业时，用人单位将根据这个目标评价和选择毕业生；学生自己则要按照这个目标自我评价，选择利于自己发展的工作岗位。

在土木工程学科的系统学习中，不仅要注意知识的积累，更应该注意能力的培养。土木工程专业对所培养人才的素质要求，体现在以下几个方面。

（一）掌握相关学科的知识

掌握数理化基础理论的原理和方法，了解当代科学技术发展的主要方面和应用前景；掌握与专业相关的工程图学、工程力学、材料学、计算机科学、测量学等原理；掌握本专业主要的工程技术的知识和方法；掌握与经济分析、技术经济、管理、建设法规、环境治理等有关的知识；掌握哲学及方法论、经济学、历史、法学、伦理、社会学、文学、公共关系、艺术等人文社会科学及军事方面的基础知识。

（二）技能和能力方面的培养

培养获取、储存、记忆、交流信息的技能，由此形成很强的自主学习能力；培养运算、实验、测试、计算机应用、设计、绘图、操作等技能，由此形成较强的解决实际技术问题的能力；培养交谈、联络、协调、合作、管理等方面的技能，由此形成初步的组织管理能力；掌握科学锻炼身体的基本技能，养成良好的体育锻炼和卫生习惯，接受必要的军事训练，达到国家规定的有关合格标准，能履行建设和保卫祖国的神圣义务。

（三）思想和感情方面的培养

政治上要做到热爱祖国，拥护中国共产党和国家的路线方针，懂得政策，有法制观念，对思潮有辨别力；思想上要做到懂得马列主义、毛泽东思想、邓小平理论及三个代表的基本原理，树立辩证唯物主义世界观，走与工农群众、与劳动相结合的道路，对土木工程事业有情感、有信念、有责任心；道德品质上要做到遵纪守法，有良好的品德修养和文明的行业准则，有鲜明的职业道德。

（四）意识和意志方面的培养

培养实践意识，一切从实际出发，实践是检验真理的唯一标准；培养质量意识，能够对质量方针政策、现象、原因、危害全面认识；培养协作意识，能与周围群众协同工作，协调配合；培养竞争意识，力争上游，在相互竞争中求发展；培养创新意识，追求新意境、新见解；培养坚毅意志，克服困难、调节行动，顽强实现预定目标。

（五）心理和体魄方面的培养

学风上要勤奋、严谨、求实、进取；作风上要谦虚、谨慎、朴实、守信；要具有健全的体质、良好的体能、旺盛的精力和活跃的思维。

四、土木工程专业课的学习建议

对于刚刚跨入大学校门并且选择了土木工程专业的同学们来说，学好各门课程是摆在他们面前的首要问题。大学的课程设置，总体可分为基础课和专业课。如果说扎实地学好基础课是进一步学好各门专业课的前提，那么学好专业课则能够为今后步入工作岗位打下坚实的基础。土木工程专业教学主要包括课堂教学、实验教学、课程设计以及实习等环节。这些环节在教学中所发挥的作用各不相同，但是不可或缺。

（一）课堂教学

课堂教学是学校学习的最主要形式，即通过老师的讲授、学生听课而开展的教学活动。大学的课堂教学与中学相比有很大区别。一是进度快、内容多；二是合班授课，听课学生数量多；三是教学内容可能随时代的发展而增添新的内容。

学生在课堂教学过程中，要注意老师讲授的思路、重点、难点和主要结论。建议在课堂上对重要的知识点记笔记，以便课后复习。在大学的课堂上，特别是一些专业课程，老师经常会针对某个知识点开展讨论，以便使同学们能够深刻理解、灵活运用。因此，同学们要积极参与。

课堂教学后，要复习巩固，整理笔记，进行课后思考题训练。对于不懂的问题不要放过，可自己思索，也可与同学交流，适当的时候要与老师沟通答疑。

课堂教学是各个环节中最重要的过程，它是获取知识的直接途径。如果课堂教学环节欠缺，想通过其他环节弥补，也难以取得良好的效果。因此，同学们一定要重视课堂学习过程，及时地将课上知识做到融会贯通，往往会取得良好的学习效果。

（二）实验教学

实验教学的目的是通过实验手段掌握实验方法，观察实验现象，同时与理论知识点进行对比，从而加深对知识点的理解。土木工程专业包含丰富的实验教学环节，除物理实验外，还开设有材料力学实验、结构力学实验、钢筋混凝土实验、结构检测实验、抗震实验等。通过实验教学，同学们不但熟悉有关实验规程，熟悉实验方法和仪器，而且加深了对课本所学重要知识点的理解。同学们切莫怀有轻视实验教学的思想，认真对待每一次实验，并积极参与学校开设的一些自主设计、自主规划的开放性实验。

（三）课程设计

课程设计是培养学生综合运用所学知识，发现、提出、分析和解决实际问题，锻炼实践能力的重要环节，是对学生实际工作能力的具体训练和考察过程，是将教学环节中学习到的知识点向工程实际应用转换的过渡。土木工程专业的课程设计一般包括建筑制图、混凝土结构楼盖设计、单层工业厂房设计、房屋建筑学设计、钢结构课程设计、基础工程设计、施工组织设计以及最后的毕业设计。

在课程设计过程中，同学们要依据设计题目，综合运用所学知识，提出自己的设想和技术方案，并以工程图及说明书来表达自己的设计意图。通过毕业设计，同学们可以使自己所学知识得到进一步升华。

（四）实习

实习的目的是贯彻理论联系实际的原则，使学生到施工现场或管理部门学习生产技术和管理知识。实习不仅是对学生的知识技能的一种训练，也是对学生敬业精神、劳动纪律和职业道德的综合检验。土木工程专业的相关实习内容包括测量实习、认识实习、生产实习以及毕业实习等。

在实习过程中，同学们要怀有认真的态度，做到多学、多问、多看，处处留心，虚心向工程技术人员、工人师傅请教。不但可以检验书本所学知识，也可以学到许多课外技能。

第一章 土木工程材料

土木工程材料是构成土木工程结构的最基本要素，任何建筑物和构筑物都是由多种工程材料结合相应的施工措施建造而成。所谓土木工程材料是指土木工程中使用的各种材料及制品，它在土木工程中占据着重要地位。

首先，作为土木工程的物质基础，土木工程材料直接影响着工程的总造价。在我国，工程材料费用能够占到土木工程结构总造价的 50%～60%。因此土木工程材料的价格直接影响工程投资。其次，土木工程材料与工程设计和施工工艺之间存在着相互制约、相互促进和相互依存的关系。一种新型土木工程材料的出现，必将促进建筑形式的创新，同时，结构设计和施工工艺也将要进行相应的改进和提高。如高强混凝土的推广应用，要求新的钢筋混凝土结构设计和施工技术规范。同样，新的建筑形式和结构布置也呼唤着新的土木工程材料。再次，土木工程结构的功能和使用寿命在很大程度上取决于材料的性能。如钢筋的锈蚀和混凝土的碳化直接影响钢筋混凝土结构的承载力，钢结构表层涂抹防火涂料可有效提高结构的抗火性能等。因此，正确选择和合理使用土木工程材料对整个工程结构的功能、安全、美观、耐久和造价有着重大的意义。

土木工程材料可从不同的角度进行分类。按照使用性能可分为承重结构材料、非承重结构材料及功能材料；按照材料来源可分为天然材料和人造材料；按照材料的化学成分可分为无机材料、有机材料和复合材料。

纵观土木工程材料的发展历史，始终伴随着人类科技进步的步伐。远古时期，人类缺乏改造自然的能力，过着穴居的生活。随着社会生产力的发展，人类学会利用简单的工具，过上了凿石为洞、搭木为棚的生活。在与大自然的长期斗争中，人类又逐渐学会用黏土烧制砖、瓦，用青石烧制石灰、石膏，土木工程材料由天然取材阶段进入到人工生产阶段。进入 18 世纪后，随着西方产业革命的爆发，土木工程材料进入了一个新的发展阶段，钢材、水泥、混凝土等材料相继问世，为现代工程材料的发展奠定了基础。进入 20 世纪后，由于社会生产力的突飞猛进以及材料和工程学的系统发展，土木工程材料不仅在性能和质量上有了明显提高，品种也在不断增加。一些具有特殊功能和结构的材料相继诞生，如绝热材料、高分子材料、耐腐蚀材料等。进入到 20 世纪后半叶，人居环境与可持续发展成为世界关注的焦点。人类开始逐渐反思在与自然界进行物质交换过程中对地球资源、环境和生态平衡造成的负面影响，"绿色"、"环保"、"低碳"成为当前土木工程材料制造和使用的主题。"绿色建材"将是今后土木工程材料的主要发展方向。

第一节 | 砖、瓦、砂、石、木材

砖、瓦、砂、石、木材是土木工程领域中最为基本的建材。它们有着悠久的使用历史，至今仍然具有不可替代的地位。

一、砖与砌块

（一）砖

在土木工程领域中，砖是一种用于砌筑的建筑材料。在我国，砖的生产和使用具有悠久的历史。早在春秋战国时期陆续创制了方形和长形砖。到了秦汉时期，制砖的技术和生产规模、质量和花式品种都有显著发展，世称"秦砖汉瓦"。我国古代的宫殿庙宇建筑、北方地区传统的四合院、文明世界的万里长城都是用砖砌制的。砖的制造工艺简单、取材广泛、价格低廉、使用灵活，且具有一定的强度、耐久性，隔热和防火性能俱佳，作为传统的建筑材料至今仍然在建筑领域中占据着重要的地位。

砖具有抗压强度高，而抗拉、抗折强度低的力学特点，保温、耐热、防火、耐久性能好，但其容重大、体积小、吸水吸湿性大。

砖的种类很多，从不同的角度出发可将砖划分为不同的类型。根据原材料的不同可分为黏土砖、炉渣砖、灰砂砖、水泥砖、混凝土砖、粉煤灰砖、煤矸石、砖页岩砖等。根据生产工艺的不同可分为烧结砖、蒸压砖和蒸养砖等。按照是否有空洞及孔洞率的多少可分为实心砖、多孔砖和空心砖等（图1-1～图1-4）。

图1-1 烧结普通砖

图1-2 空心砖

图1-3 多孔砖

图1-4 大型砌块

烧结普通砖曾在我国使用非常广泛，是传统的墙体材料，也可用于砖柱、砖拱、烟囱、基础等结构构件的砌筑。标准的烧结普通砖外形为直角六面体，其工程尺寸为240mm×115mm×53mm（长×宽×厚），规定灰缝为10mm，大致成4:2:1的比例以利于尺寸规格化。由于该类砖的烧制过程需要耗费大量的黏土资源，占用耕地、能源消耗以及环境污染的问题十分严重。国家为了促进墙体材料结构调整和技术进步，提高建筑工程质量和改善建筑功能，出台了一系列政策，逐步限制烧结实心砖的使用。

长城，是古代中国为抵御塞北游牧部落联盟侵袭而修筑的规模浩大的军事工程。长城东西绵延上万华里，因此又称作万里长城。现存的长城遗迹主要为始建于14世纪的明长城，西起嘉峪关，东至辽东虎山，全长8851.8km，平均高6～7m，宽4～5m。长城是我国古代劳动人民创造的伟大的奇迹，是中国悠久历史的见证。

辽阳白塔，全国六大高塔之一，属国家级文物保护单位。塔高71m，八角十三层密檐式结构，是东北地区最高的砖塔。

与普通砖相比，多孔砖和空心砖具有明显的优势，可明显降低结构自重，节省砂浆用量，提高砌筑效率，并且改善了隔声、隔热性能，降低黏土消耗量。多孔砖和空心砖属于轻质砖，符合砌体材料向轻质方向发展的趋势。但其强度一般比实心砖低，因此使用范围受到限制，多用于非承重墙或低层建筑。

为缓解因生产黏土砖而毁田取土的局面，利用工业废料制砖的技术得到大力推广，取得了显著的经济和社会效益。常用的工业废料主要有粉煤灰、煤矸石、炉渣等。这些工业废料与其他原料掺和，或经焙烧，或经蒸压，形成的砖材均可成为传统黏土砖的替代品。但是，这些工业废料的一些性能与黏土相比存在着一定的缺陷，因此相应的砖体在某些方面还达不到黏土砖的技术指标。在砌筑的时候应充分考虑使用条件，做好技术防范措施，避免给结构带来不利影响。

（二）砌块

为了适应现代建筑发展的需求，改善和解决墙体材料使用砖材的不足，近些年来，我国增加了对砌块的使用推广。砌块是指砌筑用的人造材料，外形多为直角六面体，也有各种异型体。砌块系列中主要规格的长度、宽度或高度有一项或一项以上分别大于 365mm、240mm 或 115mm。但高度不大于长度或宽度的 6 倍、长度不超过高度的 3 倍。

砌块按用途分为承重砌块和非承重砌块（如保温砌块、隔墙砌块）；按有无空洞分为实心砌块与空心砌块；按使用原材料分为混凝土砌块、工业废渣砌块、石膏砌块等；按生产工艺分为烧结砌块与蒸压砌块；按照产品规格分为大型砌块（主规格的高度大于 980mm）、中型砌块（主规格的高度介于 380～980mm）和小型砌块（主规格的高度介于 115～380mm）。

与砖材相比，砌块具有以下优势：

（1）有利于工程定型、加工生产，便于采用机械化，对建筑业向工业化、机械化发展起到了推动作用。

（2）改变了传统砖材靠手工操作繁重而落后的施工方法，减轻了工人的劳动强度，提高了劳动生产率。

（3）施工速度快，可以缩短工期，降低工程造价。

我国最早的砌块建筑出现于 20 世纪 20 年代，但时至今日才得以迅速发展。砌块使用灵活、适应性强，无论在严寒地区或是温带地区，地震区或是非地震区以及各种类型的多层和低层建筑中都能适用并满足高质量的要求。因此，砌块在世界上发展很快，目前已有 100 多个国家和地区生产砌块。近年来，我国一直倡导使用新型墙体材料，并制定了有关改革的政策。实际上，我国具有广泛的生产砌块的原材料，发展砌块使之成为新型墙体材料，非常适合我国国情。

二、瓦

在我国，瓦作为屋面材料已有三千年的使用历史。早在西周初年，瓦就已经出现。到了西汉时期，瓦的工艺又取得明显的进步，表面有各种精美的图案，质量也有较大提高，因称"秦砖汉瓦"。与现代的屋面防水材料不同，瓦的作用在于"导水"。瓦的使用通常配合坡度较大的屋顶，以便能使雨水及时的排走而不至于下漏。传统的瓦多以黏土作为原料（图 1-5），生产工艺与黏土砖相似，但对黏土的质量要求较高，如含杂质少、塑性高、泥料均化程度高等。

依据外形的不同，可将传统的瓦分为曲瓦和平瓦。瓦在使用时，还要配置相应的配件瓦，如檐口瓦和脊瓦等。有些时候，为了提高瓦的防水性能以及美观性，将其外表烧制成釉面。琉璃瓦就是一种高级的釉面瓦（图 1-6），这种瓦常作为中国帝王之家的专属用品，也成为中国古代建筑的象征。

图 1-5　黏土瓦

图 1-6　琉璃瓦

　　砖瓦房曾在我国广大城乡地区广泛流行。如今，随着屋面防水材料和施工工艺的不断发展，一般的建筑已经很少采用瓦作为屋面材料了。一些乡村建筑、老旧建筑和文物古迹还能看到瓦的身影。新建房屋采用瓦作为屋面主要是从美观的角度考虑，采用的瓦片与传统的黏土瓦相比，无论是在外形上还是在材质上都有了很大的区别，如水泥彩瓦、合成树脂瓦、彩色涂层钢板等。这些利用新材料、新工艺制成的瓦片具有质轻、高强、色泽丰富、施工方便快捷、抗震、防火、防雨、寿命长、免维护等特点，现已被广泛推广应用。

　　石棉水泥瓦是一种常见的轻型屋面材料，以水泥和石棉纤维为原料，经加水搅拌、压滤成型、养护而成的一种波形瓦。它具有良好的防火、防腐、耐热、耐寒、绝缘、耐腐蚀、韧性大、抗拉强度高等性能。广泛应用于散热车间、仓库及临时建筑物的屋面及墙壁等，具有较好的经济价值。

　　三、砂

　　砂是指岩石风化后经雨水冲刷或由岩石轧制而成的粒径为 0.074~2mm 的颗粒料。在土木工程领域砂是不可缺少的大宗材料之一，主要作为砂浆和混凝土的配料使用。砂一般分为天然砂和人工砂两类。由自然条件作用（主要是岩石风化）而形成的，粒径在 5mm 以下的岩石颗粒，称为天然砂。人工砂是由岩石轧碎而成，成本较高。按其来源的不同又可为河砂、海砂和山砂。山砂表面粗糙，颗粒多棱角，含泥量较高，有机杂质含量也较多，故质量较差。海砂和河砂表面圆滑，但海砂含盐分较多，对混凝土和砂浆有一定影响，河砂较为洁净，故应用广泛。

　　砂的粗细程度是指不同粒径的砂粒混合在一起的平均粗细程度。通常有粗砂、中砂、细砂、粉砂之分。其中，平均粒径在 0.5mm 以上的砂为粗砂；平均粒径在 0.35~0.50mm 之间的砂为中砂；平均粒径为 0.25~0.35mm 之间的砂为细沙；平均粒径在 0.25mm 以下的砂为粉砂。配置混凝土的砂为中砂时，应提高砂率，并保持足够的水泥用量；当采用细砂时，宜适当降低砂率。在拌制砂浆时，一般砌筑砂浆适于选择中砂；用于抹面或勾缝的砂浆，适于选择细砂。

　　四、天然石材

　　凡由天然岩石开采的，经加工或未经加工的石材，统称为天然石材。天然石材是最古老的土木工程材料之一，具有抗压强度高、耐久性好、取材广泛、生产成本低等优点，在古今中外的各类工程中有着广泛的应用。古埃及的金字塔、古希腊的帕特农

神庙、意大利的比萨斜塔、我国的赵州桥等都是由石材建成的。在当前建筑领域中使用的天然石材有散粒石材、毛石、料石和石板等（图1-7、图1-8）。

图1-7　碎石　　　　　　　　　　　　　图1-8　花岗岩板材

（一）散粒石材

散粒石材俗称"石子儿"，主要作为拌制混凝土的粗骨料，粒径大于5mm，有碎石和卵石之分。碎石是由大块岩石破碎筛分而得，卵石多为自然形成的河卵石经筛分而得。另外，碎石也常用于路桥工程和铁路工程的路基道砟，卵石也可作为花园景观道路的装饰路面。

（二）毛石

毛石是由爆破直接获得的石块。依其平整程度的不同又可分为乱毛石和平毛石。乱毛石形状不规则，用于砌筑基础、勒脚、墙身、堤坝、挡土墙等，也可作为毛石混凝土的集料。平毛石是乱毛石略经加工而成，形状较乱毛石整齐，其形状基本上有两个平行的面，但表面粗糙。常用于砌筑基础、墙身、勒脚、墩柱、涵洞等。

（三）料石

料石是由人工或机械开采出的较规则的六面体石块，经略加凿琢而成。按其加工后的外形规则程度，分为毛料石、粗料石、半细料石和细料石四种。料石主要用于砌筑墙身、踏步、地坪、拱和纪念碑等；形状复杂的料石制品用于柱头、柱脚、楼梯踏步、窗台板、栏杆和其他装饰。

（四）石板

石板是石材经过深加工的产物，常用于建筑装饰。材质上以大理石板材和花岗岩板材最为常见。大理石板材是室内高级饰面材料，可用于墙面、地面、柱面、栏杆、踏步等。当用于室外时，因碳酸钙在大气中受硫化物及水作用，容易腐蚀，使面层很快失去光泽，并逐渐破损。所以只有少数几种，如汉白玉、艾叶青等质地较纯、杂质少的品种可用于室外饰面。花岗岩石材，是用花岗岩石荒料加工而成的，主要用于建筑工程室外饰面，具有良好的耐久性。

五、木材

木材在土木工程中具有重要的地位，是人类最早使用的建筑材料之一。许多木质建筑已有千年历史，至今还保存完好。山西省境内的应县木塔建于辽代，是我国现存唯一一座纯木结构阁楼式塔。还有许多古代宫殿、庙宇和园林建筑，都是木质结构。尽管近、现代涌现出许多新型建筑材料，但仍不能完全替代木材的使用。木材在当今仍是一种重要的建筑材料。木材有许多优良的性能，如质轻、高强，弹性和韧性好，易于加工，纹理美观，绝热性和热工性能好。当然，木材也存在不足，如易燃、易腐蚀、易干裂、质地不均匀、各方向强度不一致等。不过，这些缺点经过加工处理后可得到很大程度的改善。

　　我国树种繁多，木材种类也多种多样，按照材质可分为针叶木材和阔叶木材。针叶树叶细如针，多为常绿树，如松、柏、杉等。其材质一般较软，树干通直高大，易得大材，质地均匀。常用于制作梁柱门窗等。阔叶树叶片宽大，大多是落叶树，如曲柳、榆、桦、柞等。其材质较硬，树干较短，难以加工。但是强度高，纹理美观，宜做室内装修及家具。

　　由于木材内部组织的不均匀性和生长环境的影响，木材的顺纹强度和横纹强度有很大的区别。顺纹是指木材沿树干方向的纹路；横纹是指垂直树干方向的纹路。两个方向的力学性能对比见表1-1。木材的顺纹方向抗拉和抗压强度都很高，利用这一特点，木材常常用作柱、桩等承压构件。另外，木材的抗弯强度也较高，也常作为受弯构件，如梁、板等。

表1-1　　　　　　　　　　　木 材 强 度 比 较

抗压强度		抗拉强度		抗弯强度	抗剪强度	
顺　纹	横　纹	顺　纹	横　纹		顺　纹	横　纹
1	1/10～1/3	2～3	1/20～1/3	1.5～2	1/7～1/3	2/3～1

　　工程中常见的木材有原条、原木、锯材以及各类人造板材（图1-9，图1-10）。原条是指去根、去梢、去皮，但未加工成固定尺寸规格的木料，用于脚手杆和模板支撑等；原木是去根、去梢、去皮，按一定长短尺寸加工成的木料，可作为屋架、檩木、桩木等。将原木按尺寸进一步加工就形成锯材，包括板材和方材，可用于加工门窗、室内装饰、混凝土模板等。人造板材是利用木材加工过程中的下脚料和废料，经过加工处理生产出的人工合成材料，主要有胶合板、纤维板、刨花板、密度板及合成地板等。人造板材有着巨大的市场需求量，在装饰装修工程中占据着重要的地位。值得注意的是，许多人造板材中含有甲醛等有害物质，可能会对人体产生危害。因此，室内装修宜选择环保等级高的人造板材。

图1-9　原条

图1-10　锯材

第二节｜胶 凝 材 料

　　胶凝材料，又称胶结料。在物理、化学作用下，能从浆体变成坚固的石状体，并能胶结其他物料，制成有一定机械强度的复合固体的物质。根据化学组成的不同，胶凝材料可分为无机与有机两大类。石灰、石膏、水泥等属于无机胶凝材料，而沥青、天然或合成树脂等属于有机胶凝材料。

应县木塔， 位于山西省朔州市应县县城内西北角的佛宫寺院内，是佛宫寺的主体建筑。它建于辽清宁二年（公元1056年），金明昌六年（公元1195年）增修完毕。它是我国现存最古老、最高大的纯木结构楼阁式建筑，是我国古建筑中的瑰宝，是世界木结构建筑的典范。

一、石膏与石灰

石膏与石灰是土木工程领域中常用的建材，且都属于气硬性胶凝材料。所谓气硬性材料是指调制使用后，其凝结硬化过程只能在空气中完成并能长久保持强度或继续提高强度的胶凝材料。气硬性胶凝材料只适用于空气或干燥的环境，不适宜用于潮湿环境，更不可用于水下。

（一）石膏

我国石膏资源极其丰富、储量大、分布广，而且生产工艺简单，成本较低，加上石膏的性能优良，近年来得到了快速的发展。生产石膏的原料主要是天然二水石膏（$CaSO_4 \cdot 2H_2O$），又称为生石膏。将生石膏在 107～170℃ 条件下煅烧脱去部分结晶水而制成的半水石膏（$CaSO_4 \cdot 0.5H_2O$），即为建筑石膏。

建筑石膏的凝结硬化速度快，一般在加水 5min 左右开始凝结，在 30min 内即可完全凝结。凝结硬化后体积微膨胀（膨胀率在 1% 左右），因此硬化后不会出现裂缝，可作为填缝材料，这是其他胶凝材料不具备的特性。建筑石膏的保温、防火性能也很好。建筑石膏的应用很广，除了可以用于建筑室内抹灰、粉刷、拌制砌筑砂浆外，还可以用来制造各种石膏制品，如石膏板、石膏装饰条、石膏浮雕、纤维石膏板以及石膏夹心砌块等。石膏的耐水性较差、强度低，在使用和储存时应注意做好防潮措施，避免承受过大的荷载。

除建筑石膏外，生石膏在不同条件下煅烧还可以得到高强石膏、无水石膏水泥以及高温煅烧石膏等。它们的某些性能指标高于建筑石膏，弥补了建筑石膏的不足，在使用时可满足更高的要求。

（二）石灰

石灰是一种古老的建筑材料，它分布广、生产工艺简单、成本低廉，是土木工程领域中不可或缺的建筑材料。石灰的原料是石灰石，主要成分为碳酸钙（$CaCO_3$）。石灰石经过高温煅烧后生成生石灰（CaO），生石灰加水生成熟石灰 [$Ca(HO)_2$]，也称为消石灰。生石灰加水反应的同时，释放大量的热量，这一过程称为石灰的"熟化"或"消解"。

石灰的保水性好，但硬化慢、强度低。同石膏一样，石灰的耐水性差。存放时应注意防潮。另外石灰在存放过程中，会吸收空气中的水分和二氧化碳生成碳酸钙，因此不宜久存。

石灰的用途很广，可制造各种无熟料水泥及碳化制品、硅酸盐制品等。在建筑工程中，以石灰为原料可制成石灰砂浆、石灰水泥砂浆等，用于砌筑与抹面工程，还可用于制造墙体涂料。利用熟石灰粉与黏性土、砂、碎砖、粉煤灰、碎石等材料可制成灰土、碎砖三合土、粉煤灰石灰土、粉煤灰碎石土等材料，大量应用于建筑的基础、地面、道路及堤坝等工程。

二、水泥

水泥在胶凝材料中占有重要地位，是基本建设中的最主要材料之一。水泥呈粉末状，与适量水拌和成塑性浆体，经过物理化学过程浆体能变成坚硬的石状体，并能将散粒状材料胶结成为整体。它与水拌和后形成的浆体，既能在空气中硬化，又能更好地在水中硬化，并保持发展其强度，因此水泥属于水硬性胶凝材料。水泥广泛应用于工业、农业、国防、交通、城市建设、水利以及海洋开发等工程建设中，常用来制造各种形式的钢筋混凝土、预应力混凝土构件和建筑物，也常用于配置砂浆，以及用作灌浆材料等。水泥从诞生至今已有近 180 年的历史，为人类社会进步及经济发展作出了巨大贡献。由于水泥原料资源广泛、生产成本低廉等优越性，在当今乃至未来相当长的时期内，它仍将是不可替代的主要土木工程材料。

水泥按其用途及性能分为三类：通用水泥、专用水泥、特性水泥。按其主要水硬性物质不同可分为硅酸盐水泥、铝酸盐水泥、硫铝酸盐水泥、氟铝酸盐水泥、磷酸盐水泥等。

（一）硅酸盐系列水泥

在水泥的系列中，品种繁多。常用的通用水泥品种有硅酸盐水泥、普通硅酸盐水泥、火山灰质硅酸盐水泥、矿渣硅酸盐水泥、粉煤灰硅酸盐水泥以及其他品种的硅酸盐水泥，它们统称为硅酸盐系列水泥。该系列水泥的主要成分为硅酸盐熟料，另外还包括石膏调凝剂和混合料。石膏的作用是调节水泥的凝结时间。混合料的作用是改善和调节水泥的某些性能。在混凝土结构工程中，这些水泥有各自的使用范围，具体见表 1-2。

表 1-2　　　　　　　　　　　五种水泥的成分、特征与应用

名称	硅酸盐水泥 （P.I P.II）	普通硅酸盐水泥 （P.O）	矿渣硅酸盐水泥 （P.S）	火山灰质硅酸盐 水泥（P.P）	粉煤灰硅酸盐水泥 （P.F）
成分	1. 水泥熟料及少量石膏（I型） 2. 水泥熟料，5%以下的混合材料，适量石膏（II型）	在硅酸盐水泥中掺活性混合材料 6%～15%或非活性混合材料 10%以下	在硅酸盐水泥中掺入 20%～70%的粒化高炉矿渣	在硅酸盐水泥中掺入 20%～50%的火山灰质混合矿渣	在硅酸盐水泥中掺入 20%～40%的粉煤灰
主要特征	1. 早期强度高 2. 水化热高 3. 耐冻性好 4. 耐热性差 5. 耐腐蚀性差 6. 干缩较小	1. 早强 2. 水化热较高 3. 耐冻性较好 4. 耐热性较差 5. 耐腐蚀性差 6. 干缩较小	1. 早期强度低，后期强度增长较快 2. 水化热较低 3. 耐热性较好 4. 抵抗水性较好，抗硫酸盐侵蚀性较好 5. 抗冻性较差 6. 干缩性较大 7. 抗渗性差 8. 抗碳化能力差	1. 早期强度低，后期强度增长较快 2. 水化热较低 3. 耐热性较差 4. 抵抗水性较好，抗硫酸盐侵蚀性较好 5. 抗冻性较差 6. 干缩性较大 7. 抗渗性较好	1. 早期强度低，后期强度增长较快 2. 水化热较低 3. 耐热性较差 4. 抵抗水性较好，抗硫酸盐侵蚀性较好 5. 抗冻性较差 6. 干缩性较小 7. 抗碳化能力较差
使用范围	1. 地上、地下及水中的各类混凝土结构，包括处于低温严寒地区的结构以及对早期强度要求较高的工程 2. 配置建筑砂浆	与硅酸盐水泥基本相同	1. 大体积工程 2. 高温车间和耐热耐火要求高的混凝土结构 3. 蒸汽养护的构件 4. 一般地上和水下混凝土结构 5. 有硫酸盐侵蚀的工程 6. 配置建筑砂浆	1. 地下、水中的大体积混凝土结构 2. 有抗渗要求的工程 3. 蒸汽养护的构件 4. 有硫酸盐侵蚀的工程 5. 一般混凝土工程 6. 配置建筑砂浆	1. 地上、地下、水中和大体积混凝土工程 2. 蒸汽养护的构件 3. 抗裂性要求较高的构件 4. 有硫酸盐侵蚀的工程 5. 一般混凝土工程 6. 配置建筑砂浆
不宜使用	1. 大体积混凝土工程 2. 受化学及海水侵蚀的工程	同硅酸盐水泥	1. 早期强度要求较高的工程 2. 有抗冻要求的混凝土工程	1. 早期强度要求较高的工程 2. 有抗冻性要求的工程 3. 干燥环境的工程 4. 有耐磨性要求的工程	1. 早期强度要求较高的工程 2. 有抗冻性要求的工程 3. 抗碳化要求的工程

水泥的由来

1756 年，英国工程师 J. 斯米顿在研究某些石灰在水中硬化的特性时发现：要获得水硬性石灰，必须采用含有黏土的石灰石来烧制；用于水下建筑的砌筑砂浆，最理想的成分是由水硬性石灰和火山灰配成。这个重要的发现为近代水泥的研制和发展奠定了理论基础。

1824 年，英国建筑工人阿斯普丁取得了波特兰水泥的专利权。他用石灰石和黏土为原料，按一定比例配合后，在类似于烧石灰的立窑内煅烧成熟料，再经磨细制成水泥。因水泥硬化后的颜色与英格兰岛上波特兰地方用于建筑的石头相似，被命名为波特兰水泥。它具有优良的建筑性能，在水泥史上具有划时代意义。

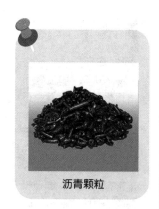

沥青颗粒

（二）专用水泥及特性水泥

在土木工程中，除了前述介绍的通用水泥外，在特殊情况下还需使用专用水泥和特性水泥，例如白色和彩色硅酸盐水泥、道路硅酸盐水泥、快硬水泥、膨胀水泥及自应力水泥等。

1. 白色和彩色硅酸盐水泥

白色硅酸盐水泥是采用含极少量的白色物质的原料，如高岭土、纯石英砂、纯石灰石或白垩等，在较高温度下烧制而成的，其主要成分仍然是硅酸盐。将白色硅酸盐水泥熟料、石膏和耐碱矿物质颜料共同磨细，可制成彩色硅酸盐水泥。耐碱矿物颜料对水泥不起有害作用，常用的有：氧化铁（红、黄、褐、黑）、氧化锰（褐、黑）、氧化铬（绿）、赭石（赭）、群青（蓝色）以及普鲁士红等。但制造红色、黑色或棕色水泥时，可在普通硅酸盐水泥中加入耐碱矿物质颜料，而不一定使用白色硅酸盐水泥。白色和彩色硅酸盐水泥，主要用于建筑内外的表面装饰工程中，如地面、楼面、楼梯、台阶等，也可做成水磨石、水刷石、彩色砂浆等饰面。

2. 道路硅酸盐水泥

道路硅酸盐水泥的主要成分仍是硅酸盐，同时含有较多的铁铝酸钙。该类水泥具有强度高、耐磨性好、干缩性小、抗冲击性好、抗冻性和抗硫酸盐侵蚀性比较好的特点，特别适合用于道路路面、机场跑道、城市广场等工程。

3. 快硬水泥

按照成分不同可分为快硬硅酸盐水泥和快硬铝酸盐水泥等，该类型水泥的最大特点是早期凝结速度快、早期强度增长快。快硬水泥的强度是以施工后 3d 强度确定的。快硬水泥主要用于要求早期强度高的工程，如紧急抢修工程、抗冲击及抗震性工程、冬季施工工程、军事工程等。另外，铝酸盐快硬水泥还具有抗渗、抗硫酸盐侵蚀的优点。

4. 膨胀水泥及自应力水泥

将水泥熟料与适量石膏、膨胀剂共同磨细制成的水泥称为膨胀水泥。该类水泥在凝结硬化过程中不产生收缩，而是具有一定的膨胀性能。普通的水泥凝结硬化后会产生收缩进而造成裂纹、透水而不适合某些工程的应用。膨胀水泥恰能弥补这一缺点。膨胀水泥适用于收缩补偿混凝土，用作防渗混凝土；也可用于填灌结构或构件的接缝及管道接头、结构的加固与修补、浇筑机器底座及固结地脚螺栓等，还可用于制造自应力钢筋混凝土构件。

在膨胀水泥中有一类具有较强的膨胀性能，当它用于钢筋混凝土中时，由于它的膨胀性能，使钢筋受到较大的拉应力，而混凝土则受到相应的压应力。当外界因素使混凝土结构产生拉应力时，就可被预先具有的压应力抵消或降低。这种靠水泥自身水化产生膨胀来张拉钢筋达到的预应力称为自应力。该类水泥就是自应力水泥。

三、有机胶凝材料——沥青

沥青是一种有机胶凝材料，由高分子碳氢化合物及非金属（氧、硫、氮等）衍生物所组成的复杂混合物，在常温下呈褐色或黑褐色固体、半固体及液体状态。

沥青也是憎水材料，几乎不溶于水，具有较好的黏结性、柔性和不透水性，不导电、耐酸碱、耐化学侵蚀，具有热软、冷硬的特点。广泛应用于房屋建筑、道路桥梁、水利工程的防水、防潮、防酸碱侵蚀等，也可用于公路路面的铺设，还可用作配置沥青混凝土、沥青防水涂料等。沥青作为防水材料的历史由来已久，直到现代仍然以沥青防水材料为主。

沥青按产源不同分为地沥青与焦油沥青两大类。地沥青中有石油沥青与天然沥青；焦油沥青则包括煤沥青、木沥青、页岩沥青及泥炭沥青等。土木工程中主要使用的是石油沥青和煤沥青。

第三节 | 建 筑 钢 材

钢材是土木工程中大量使用的建筑材料之一，在工程建设乃至国民经济中都占有重要的位置。人类从 19 世纪初开始将钢材用于建筑房屋和桥梁结构。到了 19 世纪中叶，钢材的品种、规格、生产规模大幅度增长，强度不断提高，钢材的加工技术也得到发展，为建筑结构向高耸、大跨方向发展奠定了重要基础。

一、钢的概念、特点及分类

（一）钢的概念与特点

含碳量小于 2% 的铁碳合金称为钢。它是以铁、碳为主要元素，并含有硅、锰、磷、硫及少量的其他元素组成的。

与石材、混凝土等材料相比，钢材具有强度高，弹性、塑性及抗拉、抗压、承受冲击振动荷载性能良好的优点。并具有很好的加工工艺性能，可以铸造、锻压、焊接、铆接和切割，便于装配。因此被广泛应用于建筑工程和国民经济建设中。

（二）钢的分类

钢材从不同角度可以进行如下分类：

按照化学成分的不同分为碳素钢和合金钢。碳素钢是指含碳量低于 1.7%，并含有少量的锰、硅、磷、硫等杂质的铁碳合金。碳素钢按其含碳量又可分为低碳钢（含碳量低于 0.25%）、中碳钢（含碳量为 0.25%～0.6%）和高碳钢（含碳量为高于 0.6%）。合金钢是指在碳素钢中加入一定量的合金元素，如锰、铬、钨、钒等，使其具有比钢还好的性能。合金钢按加入合金量又可分为低合金钢、中合金钢和高合金钢。

按照冶炼方法不同分为平炉钢、转炉钢、电炉钢等。平炉钢的质量好，但成本高。转炉钢又分为空气转炉钢和氧气转炉钢。空气转炉钢设备简单，生产效率高、成本低，但钢的质量差。氧气转炉可炼制优质的碳素钢和合金钢，是较先进的炼钢方法。电炉只能用来冶炼优质钢和其他特种钢。建筑用钢多采用转炉或平炉冶炼。

按冶炼时的脱氧程度不同可分为沸腾钢、半镇静钢、镇静钢。钢材在冶炼过程中，必须脱除残留在钢水中的氧气。沸腾钢是指脱氧不完全的钢，由于浇入钢锭模时产生许多一氧化碳气体，使钢水产生沸腾现象。这种钢成本较低，但质量不好。半镇静钢是指脱氧比较完全的仅有少量沸腾现象的钢。这种钢成本、质量都介于沸腾钢与镇静钢之间。镇静钢是脱氧充分的钢，浇注时钢液平静。这种钢质量致密均匀，杂质少，但成本高。

另外，钢还可以按照有害元素含量不同分为普通钢、优质钢和高级优质钢；按照用途不同分为结构钢、工具钢、特殊用钢等。

二、钢材的主要性能

钢材的力学性能主要包括抗拉性能、冲击韧性和耐疲劳性能等。

埃菲尔铁塔，位于法国巴黎战神广场上，建成于 1889 年，是一座镂空结构铁塔，高 300m，天线高 24m，总高 324m。铁塔设计新颖独特，是世界建筑史上的技术杰作，因而成为法国巴黎的一个重要景点和突出标志。

抗拉性能是钢材最基本的性能，也是最重要的性能。图 1-11 是低碳钢在拉力作用下产生的荷载—变形曲线。曲线上的任意一点都表示在一定荷载作用下，钢材的拉力和变形之间的关系。从钢材开始受荷到破坏，整个过程共分为四个阶段。其中阶段 I 为弹性阶段，在这一阶段荷载与变形之间为线性关系。A 点对应的荷载为弹性极限荷载。阶段 II 为屈服阶段，当荷载超过 A 之后，荷载与变形之间失去线性关系。当荷载达到 B_1 时，钢材暂时失去对外力的抵抗作用，在荷载不增加的情况下，变形迅速

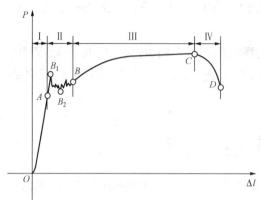

图 1-11　低碳钢的荷载—变形曲线

增长，钢材内部发生"屈服"现象，这标志着钢材的性质由弹性转变为塑性。曲线上的 B_1 称为屈服上限，B_2 称为屈服下限。由于 B_2 比较稳定，且容易测得，故一般以 B_2 点对应的荷载作为屈服荷载。阶段 III 称为强化阶段，在这一阶段钢材的性质从弹性转化为塑性。随着荷载缓慢增加，钢材的变形急剧增大，C 点对应的荷载为材料所承受荷载的极值，即极限荷载。之后材料进入阶段 IV，即颈缩阶段。在这一阶段，钢材逐渐丧失承载力，变形仍不断增大，钢材薄弱处断面显著减小，即发生"颈缩"，直至断裂。从上述过程可以看出低碳钢的拉伸破坏具有明显的征兆，同时伴有较大的塑性变形，因此将这种破坏称为塑性破坏。

高碳钢（包括高强度钢筋和钢丝）受拉时的荷载—变形曲线与低碳钢完全不同，其特点是没有明显的屈服阶段，抗拉强度高，变形小，断裂前没有明显征兆，呈脆性破坏。

钢材在瞬间动荷载作用下，抵抗破坏的能力称为冲击韧性。冲击韧性的大小是用带有 V 形刻槽的标准试件的弯曲冲击试验确定的，如图 1-12 所示。试验时将试样放置在固定支座上，然后将一摆锤抬高并释放，使试样承受冲击弯曲以致断裂。试件单位截面积上所消耗的功，即为钢材的冲击韧性指标，以冲

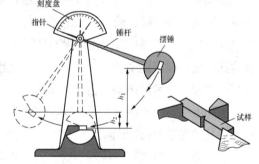

图 1-12　低碳钢的荷载—变形曲线

击功 a_k 表示。a_k 值越大，表示冲断试件时消耗的功越多，钢材的冲击韧性越好。钢材的冲击韧性受其化学成分、质量、环境温度等因素的影响。温度越低、加载越快、钢材质量差，相应的 a_k 值越低。

冷弯性能是指钢材在常温下承受弯曲变形的能力，它是钢材的重要工艺性能。冷弯是将钢材试件以规定的弯心进行试验，弯曲至规定的程度，检验钢材承受弯曲塑性变形的能力及其缺陷，如因冶炼、轧制过程中产生的气孔、杂质、裂纹、偏析等。

三、化学成分对钢的性能影响

普通钢材的基本元素为铁，含量超过 98%，是钢材的主要成分。碳和其他元素（如硫、氧、氮、磷、锰、硅等）只占 2%，但它们对钢材的性能有着决定性的影响。

　　碳元素是钢中仅次于铁的主要元素，也是影响钢材强度的主要因素，随着含碳量的增加，钢材强度提高，但塑性和韧性降低，同时可焊性、耐腐蚀性、冷弯性能明显降低。硫是一种有害元素，会降低钢材的塑性、韧性、可焊性、抗锈蚀性等，在高温时使钢材变脆，即热脆。磷也是一种有害元素，严重降低钢材的塑性、韧性、可焊性和冷弯性能等，特别是在低温时使钢变脆，称为冷脆。但是磷的存在可使钢材的强度和抗锈蚀能力得到提高。氧和氮都是有害元素，氧的作用和硫相似，使钢材产生热脆，而氮的作用与磷相似，使钢产生冷脆。锰是一种弱脱氧剂，适量的锰可提高钢材的强度，又能消除氧、硫对钢的影响，而不显著降低钢材的塑性和韧性。硅是一种强脱氧剂，适量的硅可提高钢材的强度，而对塑性、韧性、冷弯性能和可焊性无明显不良影响。

四、土木工程常用钢材

　　土木工程领域中使用的钢材根据用途的不同可划分为钢结构用钢材和钢筋混凝土用钢材两大类。

　　其中钢结构用钢材常被称为型材或型钢。它是具有一定断面形式和外形尺寸的钢材，主要包括钢管、角钢、槽钢、工字型钢和钢板等（图 1-13）。在土木工程中，型钢主要用来制作各种钢结构构件，如钢屋架、钢梁、钢柱、钢檩条等。也可与混凝土共同构成型钢混凝土结构。

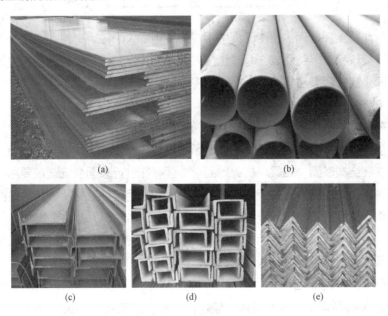

图 1-13　各种型钢
（a）钢板；（b）钢管；（c）工字钢；（d）槽钢；（e）角钢

　　钢筋混凝土用钢材称为线材，主要包括各种热轧钢筋和预应力钢丝等（图 1-14）。其中热轧钢筋是将钢锭加热后轧制而成的。热轧钢筋按其规格分为直径 6～40mm，按断面形状分为光圆钢筋和螺纹钢筋。光圆钢筋直径通常为 6～12mm，常卷成盘状，称为盘条。直径 12mm 以上的螺纹钢筋轧制长度为 6～12m 每根。普通钢筋按机械性能分为四级，Ⅰ级钢筋采用普通碳素结构钢轧制，Ⅱ级和Ⅲ级钢采用普通低合金钢轧制；Ⅳ级钢采用优质合金钢轧制。Ⅱ、Ⅲ、Ⅳ级均为螺纹钢筋、热轧钢筋。Ⅰ级钢筋多为光圆钢筋，主要用于普通混凝土的受力钢筋和构造钢筋，并在使用中常进行冷加工，以提高钢材的利用率。Ⅱ级、Ⅲ级钢筋主要用于大、中型非预应力

砂浆的强度，砂浆的抗压强度是以标准立方体试件（7.07cm），一组6块，在标准养护条件下，测定其28d的抗压强度值而定的。根据砂浆的平均抗压强度，将砂浆分为M20、M15、M10、M7.5、M5.0、M2.5等6个强度等级。

混凝土构件的受力钢筋，经冷拉后可用于预应力混凝土结构。Ⅳ级钢筋主要用于预应力混凝土中。

图1-14 各种线材

（a）盘条;（b）螺纹钢;（c）预应力钢绞线

冷加工是指在常温下对热轧钢筋进行再加工的方法。主要有冷拉、冷拔、冷轧。热轧钢筋经过冷加工后可明显提高屈服点，使钢筋的强度提高，从而达到节约钢材的目的。但塑性和韧性、可焊性都明显下降。用于预应力混凝土结构的钢丝，如钢绞线、刻痕钢丝、高强度钢丝等都可采用冷加工的方法获得。

第四节 | 砂 浆 与 混 凝 土

砂浆与混凝土都是现代土木工程中用途广、用量大的建筑材料。二者都是由无机胶凝材料、集料和水拌制而成，有时也掺入外加剂和掺和料。砂浆的集料为细集料，混凝土除细集料外还需粗集料。因此，也将砂浆称为无骨料混凝土。

一、砂浆

砂浆在土木工程中起黏结、铺垫、传递荷载的作用。它可以将砖、石、砌块等材料黏结为整体，修建成各种建筑物，如桥涵、堤坝和房屋的墙体等。在装饰工程中，砂浆可涂抹在结构表面，如梁、柱、地面、墙面等在进行表面装饰之前要用砂浆找平抹面，来满足功能的需要，并保护结构的内部。在采用各种石材、面砖等贴面时，一般也用砂浆作为黏结和嵌缝。

砂浆按所用的胶凝材料分为水泥砂浆、水泥混凝土砂浆、石灰砂浆、石膏砂浆和聚合物砂浆等。按照用途可分为砌筑砂浆、抹面砂浆和特种砂浆。

砌筑砂浆主要用于各类砌体结构的砌筑，以水泥砂浆或水泥石灰砂浆为主。由于砌体结构大都要承受一定的荷载，砂浆在砌体中的主要作用是传递压力，这就要求砌筑砂浆应具有一定的抗压强度。另外，砌筑砂浆还应具有足够的黏结力，以便将砖石黏结成坚固的砌体。砌筑砂浆的黏结力随其强度的增大而提高。砂浆强度等级越高黏结力越大。此外，砂浆的黏结力与砖石表面状态、清洁程度、潮湿情况、养护条件等有关。所以砌砖前砖要浇水湿润，以提高砂浆与砖之间的黏结力，保证砌筑质量。

抹面砂浆也称为抹灰砂浆，以薄层抹于建筑物的表面，既可保护建筑物，增加了建筑物的耐久性，又使其表面平整、光洁美观。为了保证抹灰表面平整，避免裂缝和脱落，施工时应分两层或三层进行，各层抹灰要求不同，所用的砂浆也不同。底层砂浆主要起到与基层的黏结作用，多用石灰砂浆；有防水、防潮要求时用水泥砂浆；混凝土构件的底层抹灰用混合砂浆。中层砂浆主要起找平作用，多用混合砂浆或石灰砂浆。面层主要起装饰作用，要求表面平整细腻、不易开裂，多采用细砂配置的混合砂浆。

除砌筑和抹面外，还有一些特殊用途的砂浆，如绝热砂浆、膨胀砂浆、耐腐蚀砂浆、防辐射砂浆以及聚合物砂浆等。

二、混凝土

混凝土是以胶凝材料、水、细集料、粗集料，必要时掺入化学外加剂和矿物质混合材料，按适当比例配合，经过均匀伴制、密实成型及养护硬化而成的人工石材，简称为砼。由于混凝土的原料丰富，能源消耗与成本较低，具有适应性强、强度高、耐久性好、施工方便，并能消纳大量工业废料等优点，因此被广泛应用于工业与民用建筑、道路桥梁、水工、海工、原子能与军事等工程中，成为不可缺少的重要的工程材料。

当前混凝土的品种日益增多，它们的性能和应用也各不相同。混凝土按其胶凝材料可分为无机胶凝材料混凝土和有机胶凝材料混凝土两大类，具体包括水泥混凝土、沥青混凝土、石膏混凝土及聚合物等。在土木工程中用量最大、用途最广的是水泥混凝土。按照表观密度的不同，可分为重混凝土、普通混凝土、轻混凝土。按照功能不同，分为结构用混凝土、道路用混凝土、水工混凝土、耐热混凝土、耐酸混凝土及防辐射混凝土等；按施工工艺不同，又可分为泵送混凝土、喷射混凝土、振动灌浆混凝土等。为了克服混凝土抗拉强度低、易开裂的缺点，人们将混凝土与其他材料复合，出现了钢筋混凝土、预应力混凝土、各种纤维增强混凝土及聚合物浸渍混凝土等。

（一）普通混凝土

普通混凝土是由水泥、普通碎（卵）石、砂和水配置的，表面密度为 1950～2600kg/m³。普通混凝土的结构及各组成材料的比例如图 1-15 和图 1-16 所示。集料约占混凝土体积的 70%，其余是水泥和水组成的水泥浆和少量的残留空气。

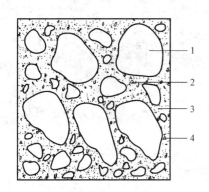

图 1-15 普通混凝土结构示意图

1—粗骨料；2—细骨料；3—水泥浆；4—气孔

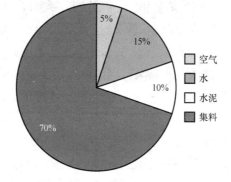

图 1-16 普通混凝土组成体积比

在混凝土中，水泥浆的作用是包裹在集料表面并填满集料间的空隙，作为集料之间的润滑材料，使尚未凝固的混凝土拌和物具有流动性、并通过水泥浆的凝结硬化将集料胶结成整体。石子和砂起骨架作用，称为"集料"或"骨料"。石子为"粗集料"，砂为"细集料"。砂子填充石子的空隙，砂石构成的坚硬骨架可抑制由于水泥浆硬化和水泥石干燥而产生的收缩。

混凝土之所以被广泛应用于工程领域，是因为它具有许多优越性：

钢筋混凝土的由来

钢筋混凝土源于法国。法国花匠莫尼埃是一名园艺师。莫尼埃有个很大的花园，一年四季开着美丽的鲜花，但是花坛经常被游客踏碎。为此，莫尼埃常想："有什么办法可使人们既能踏上花坛，又不容易踩碎呢？"有一天，莫尼埃移栽花时，不小心打碎了一盆花，花盆摔成了碎片，花根四周的土却紧紧抱成一团。"花木的根系纵横交错，把松软的泥土牢牢地连在了一起！"他从这件事上得到启发，将铁丝仿照花木根系编成网状，然后和水泥、砂石一起搅拌，做成花坛，果然十分牢固。根据这个花盆的构造，诞生了钢筋混凝土。

混凝土搅拌机

（1）混凝土具有较高的抗压强度，可以满足结构承载要求。

（2）混凝土在未凝固前具有良好的可塑性，可以满足结构不同造型的需求。

（3）混凝土防腐、耐久性好，可以抵抗一些有害物质的侵蚀，使用耐久，可以满足建筑物长时期使用的要求。

（4）混凝土不易燃、防火性能好，可以满足建筑物防火方面的要求。

（5）混凝土是人造石材，但优于天然石材。天然石材的强度性质都是固定的，而混凝土则可按需要拌制成各种强度和性能的人造石材。

当然混凝土也存在一定的不足，如自重大、抗拉强度低、易开裂等。为此，人们一直在研究并逐步加以改进，以使混凝土的性能更好。

混凝土的强度等级是混凝土的重要性能指标，应按立方体抗压强度标准值确定。混凝土立方体抗压强度标准值是指标准方法制作养护的边长为 150mm 的立方体试件，在 28d 龄期用标准方法测得的具有 95%保证率的抗压强度。混凝土强度等级以混凝土英文名称 Concrete 的第一个字母加上其立方体抗压强度标准值来表示，如 C20、C30 等。如 C30 表示立方体抗压强度标准值为 30MPa，亦即混凝土立方体抗压强度≥30 MPa 的概率要求 95%以上。

目前，我国经济飞速发展，国家不断加大对基础设施建设的投入，对混凝土的需求也逐年增加。随着混凝土工程的大型化、多功能化、施工与应用环境的复杂化、应用领域的扩大化以及资源与环境的优化，对传统的混凝土生产工艺提出了更高的要求。由于施工现场搅拌一般都是些临时性设施，条件较差，原材料质量难以控制，制备混凝土的搅拌机容量小且计量精度低，也没有严格的质量保证体系。因此，质量很难满足现在混凝土具有的高性能化和多功能化的需要。而商品混凝土在商品混凝土搅拌站集中生产，规模大、便于管理，能实现建设工程结构设计的各种要求，有利于新技术、新材料的推广应用，特别有利于散装水泥、混凝土外加剂和矿物掺和料的推广应用，这是保证混凝土具有高性能化和多功能化的必要条件，同时能够有效地节约资源和能源。商品混凝土大规模的商业化生产和罐装运送，并采用泵送工艺浇筑，施工进度得到很大的提高，明显缩短了工程建造周期（图 1-17～图 1-19）。而且减少了施工现场建筑材料的堆放，明显改变了施工现场脏、乱、差等现象，提高了施工现场的安全性。当施工现场较为狭窄时，

图 1-17　商混搅拌站

这一作用更显示出其优越性，施工的文明程度得到了根本性的提高。

图 1-18　商混运输车

图 1-19　商混泵车

（二）钢筋混凝土与预应力混凝土

为了克服混凝土抗拉强度低的弱点，通常将混凝土与钢筋联合应用。在混凝土构件内部合理的配置钢筋，以钢筋来承担拉力，混凝土则承担压力，两种材料各自的优势得到充分的发挥，从而使混凝土构件满足受力的要求。目前，钢筋混凝土是使用最广泛的结构材料。

预应力混凝土大桥

钢筋与混凝土是两种截然不同的材料，可以共同工作是由它们自身的性质决定的。首先钢筋与混凝土有着近似的线膨胀系数，不会由环境不同产生过大的应力。其次钢筋与混凝土之间有良好的黏结力，特别是带肋钢筋，表面被加工成有间隔的肋条，提高了混凝土与钢筋之间的机械咬合，当此仍不足以传递钢筋与混凝土之间的拉力时，通常将钢筋的端部做成弯钩。此外混凝土中的氢氧化钙提供的碱性环境，在钢筋表面形成了一层钝化保护膜，使钢筋相对于中性与酸性环境下更不易腐蚀。

普通钢筋混凝土在使用阶段是带缝工作的，对某些工程结构是不允许的。为了避免钢筋混凝土结构的裂缝过早出现，设法在混凝土结构或构件承受使用荷载前，通过张拉钢筋产生预应力，使得构件受到的拉应力减小，甚至处于压应力状态，这就是预应力混凝土构件。预应力混凝土的优点是抗裂性好、耐久性好、刚度大、节省材料、减轻自重等。预应力混凝土按照施加张拉钢筋的先后顺序可分为先张法和后张法；按照张拉钢筋的方法可分为机械法、电热法和化学法；按预加应力值大小对构件截面裂缝控制程度的不同分为全预应力和部分预应力；按预应力筋与混凝土之间有无黏结分为有黏结预应力和无黏结预应力等。近年来，预应力混凝土得到迅速发展，在居住建筑、大跨与重载结构、大空间公共建筑、高层建筑、高耸结构、地下结构、海洋结构及道路桥梁结构等领域得到广泛应用。预应力的概念和技术已成为新型结构体系创新的重要手段之一。

（三）其他品种混凝土

伴随着工程材料质量和施工技术的不断提高，一般的普通混凝土已经不能满足工程的需要。因此，研制和制备具有特殊用途和性能的混凝土，如高强混凝土、轻骨料混凝土、高性能混凝土以及纤维混凝土等，是十分必要的。

1. 高强混凝土

一般把强度等级为 C60 及其以上的混凝土称为高强混凝土。高强混凝土作为一种新的建筑材料，以其抗压强度高、抗变形能力强、密度大、孔隙率低的优越性，在高层建筑结构、大跨度桥梁结构以及某些特种结构中得到广泛的应用。高强混凝土最大的特点是抗压强度高，一般为普通强度混凝土的 4~6 倍，可减小构件的截面，因此最适宜用于高层建筑。试验表明，在一定的轴压比和合适的配箍率情况下，高强混凝土框架柱具有较好的抗震性能。而且柱截面尺寸减小，减轻自重，避免短柱，对结构抗震也有利。高强混凝土材料为预应力技术提供了有利条件，可采用高强度钢材和人为控制应力，从而大大地提高了受弯构件的抗弯刚度和抗裂度。因此世界范围内越来越多地采用施加预应力的高强混凝土结构，应用于大跨度房屋和桥梁中。此外，利用高强混凝土密度大的特点，可用作建造承受冲击和爆炸荷载的建（构）筑物，如原子能反应堆基础等。利用高强混凝土抗渗性能强和抗腐蚀性能强的特点，建造具有高抗渗和高抗腐要求的工业用水池等。

2. 轻骨料混凝土

以天然多孔轻骨料或人造陶粒作粗骨料，天然砂或轻砂作细骨料，用硅酸盐水泥、

聚丙烯纤维

有机仿钢丝纤维

钢纤维

水和外加剂（或不掺外加剂）按配合比要求配制而成的干表观密度不大于 1950kg/m³ 的混凝土称为轻骨料混凝土。轻骨料混凝土按其组成成分可分为轻集料混凝土、多孔混凝土和大孔混凝土三种类型。与普通混凝土相比，轻骨料混凝土具有表观密度小、自重轻、弹性模量低、极限应变大、热膨胀系数小、保温性好、抗震性好等优点，适用于高层及大跨度建筑，具有较强的经济技术优势和广泛的应用前景。

3. 纤维混凝土

纤维混凝土是指以普通混凝土为基体，掺入各种有机、无机或金属的不连续短切纤维而成的纤维增强混凝土。普通混凝土在受荷载之前内部已存在一些原生的微裂缝，在不断增长的外力作用下，这些微裂缝迅速扩展并形成宏观裂缝，导致混凝土的最终破坏。纤维的掺入可起到很好的阻裂、增强作用，能够提高混凝土的抗拉、抗弯强度，有效改善混凝土的脆性性质。纤维混凝土目前主要用于对抗冲击、抗裂性能要求较高的工程结构构件，如路面、桥面、机场跑道、断面较薄的轻型结构、压力管道及屋面、地下、游泳池等刚性防水结构等。随着纤维混凝土研究的不断深入，各类纤维性能的改善和成本的降低，纤维混凝土将在土木工程中得到更为广泛的应用。

4. 高性能混凝土

为了适应土木工程发展对混凝土材料性能要求的提高，混凝土研究领域开始了高性能混凝土的研究和开发。1990 年 5 月，美国国家标准与技术研究所（NIST）和混凝土协会（ACI）首先提出了高性能混凝土的概念。所谓高性能混凝土是以耐久性和可持续发展为基本要求，并适应工业化生产与施工的混凝土。高性能混凝土应具有高抗渗性（高耐久性的关键性能）、高体积稳定性（低干缩、低徐变、低温度应变率和高弹性模量）、适当高的抗压强度、良好的施工性（高流动性、高黏聚性，达到自密实）。虽然高性能混凝土是由高强混凝土发展而来，但高强混凝土并不就是高性能混凝土。高性能混凝土比高强混凝土具有更为有利于工程长期安全使用与便于施工的优异性能，它将会比高强混凝土有更为广阔的应用前景。

第五节 | 建 筑 功 能 材 料

以材料力学性能以外的功能为特征的材料，称为建筑功能材料。由于建筑功能材料的存在，赋予了建筑物具有防水、保温、美观、防火等功能。目前国内外现代建筑中常用的功能材料有防水材料、保温隔热材料以及装饰材料等。

一、防水材料

防水材料具有防止雨水、地下水与其他水分等侵入建筑物的功能，它是建筑工程中重要的建筑材料之一。防水材料质量的优劣与建筑物的使用寿命紧密相连。建筑物防水处理的部位主要有屋面、墙面、地面和地下室、卫生间等。防水材料具有品种多、发展快的特点，有传统的沥青防水材料，还有当前广泛使用的改性沥青防水材料和合成高分子防水材料。

防水卷材是建筑防水材料的重要品种，它是具有一定宽度和厚度并可卷曲的片状防水材料，如图 1-20 所示。目前防水卷材有沥青防水卷材、高聚物改性沥青防水卷材和合成高分子防水卷材三大系列。沥青防水卷材是我国传统的防水材料，生产历史悠久、成本较低、应用广泛，沥青材料的低温柔性差，温度敏感性大，在大气作用下易老化，防水耐用年限较短，它属于低档防水材料，目前已经逐步被后两个系列的防水材料所取代。高聚物改性沥青防水卷材是以合成高分子聚合物改性沥青为涂盖层，纤维织物或纤维毡为胎体，粉状、粒状、片状或薄膜材料为覆盖材料制成的可卷曲状防水材料。它有效改善了传统沥青防水材料的不足，且价格适中，因此得到广泛的应用。合成高分子卷材是用再生胶、氯化聚乙烯树脂、三元乙丙橡胶等不同的高分子合成材料，分别掺入适量的化学助剂和填充材料，再采取橡胶加工工艺，经熔炼、压延成形的一类防水材料。这类卷材具有抗拉强度高，弹性、不透水性、低温柔韧性、耐腐蚀、耐久性好的特点，是一种易进行冷操作的良好防水材料。它改变了过去屋面防水的传统施工方法，使施工操作更加简便，防水效果也更好。

防水涂料也是一种常用的防水材料，它是一种流态或半流态物质，可用刷、喷等工艺涂布在基层表面，经溶剂或水分挥发或各组分间的化学反应，形成具有一定弹性和一定厚度的连续薄膜，使基层表面与水隔绝，起到防水、防潮作用。防水涂料固化成膜后的防水涂膜具有良好的防水性能，特别适合用于各种复杂不规则部位的防水，能形成无接缝的完整防水膜（图 1-21）。它大多采用冷施工，不必加热熬制。涂布的防水涂料既是防水层的主体，又是黏结剂，因而施工质量容易保证，维修也比较简单。

图 1-20　各类防水卷材

图 1-21　利用防水涂料处理的屋面

二、保温隔热材料

随着各国工业化进程的发展，地球上可供人类利用的石化燃料已日渐枯竭，世界性能源危机的出路只有一条，即在开发新能源的同时注意节约能源。建筑能耗在人类整个能源消耗中所占比例甚高（尤其是欧美发达国家，一般在 30%～50% 之间），故建筑节能意义重大。建筑保温隔热材料是建筑节能的物质基础。在建筑上合理采用保温隔热材料，可以减少基本建筑材料的用量；减轻围护结构的自重，提高建筑施工的工业化程度（隔热构件及制品适合工厂预制），可以大幅度节能降耗。

保温隔热材料的品种很多，按材质可分为无机绝热材料和有机绝热材料两大类。无机保温隔热材料一般是用矿物质原料制成，呈散粒状、纤维状或多孔状构造，可制成板、片、卷材或套管等形式的制品，包括石棉、岩棉、矿渣棉、玻璃棉、膨胀珍珠岩、膨胀蛭石、多孔混凝土等。有机保温隔热材料是由有机原料制成的保温隔热材料，包括软木、纤维板、刨花板、聚苯乙烯泡沫塑料、聚氨能泡沫塑料、聚氯乙烯泡沫塑料等。

目前在我国的建筑领域中，苯板是一种用量广泛的保温材料，尤其在广大的北方地区，苯板已经成为不可或缺的建筑材料（图 1-22）。苯板是可发性聚苯乙烯板的俗称，属于有机保温隔热材料。它是由原料经过预发、熟化、成型、烘干和切割等工艺制成，既可制成不同密度、不同形状的泡沫制品，又可以生产出各种不同厚度的泡沫板材。广泛用于建筑、保温、包装、冷冻、日用品、工业铸造等领域，可用于展示会场、商品橱、广告招牌及玩具制造。目前为适应国家建筑节能要求，在建筑领域主要应用于墙体外墙外保温、外墙内保温、地暖。

图1-22　苯板及墙体保温施工

三、装饰材料

建筑装饰材料是指用于建筑物表面（如墙体、柱面、地面及顶棚等）起装饰作用的材料。一般是在建筑主体工程完成后，最后铺设、粘贴或涂刷在建筑物表面。装饰材料除了起装饰作用，满足人们的美感需求外，通常还起着保护建筑物主体结构和改善建筑物使用功能的作用，是房屋建筑中不可缺少的一类材料。

依据不同的角度可将建筑装饰材料划分为不同的种类。按照化学成分可将装饰材料分为有机装饰材料和无机装饰材料，无机装饰材料又可分为金属和非金属材料。按材料的使用部位可分为外墙装饰材料、内墙装饰材料、地面装饰材料和天花板装饰材料。室外装饰材料的作用是使建筑物美观和对建筑物进行保护。建筑物外部直接受到风吹、日晒、雨淋等各种自然因素的作用，耐久性是非常重要的指标。选取的装饰材料应能有效提高建筑物的耐久性、降低维修费用。室内装饰材料的作用是对室内环境起到美化和保护，选取时应注重色彩、材质的合理搭配，不能对使用者或居住者产生负面影响，重点选择绿色环保材料。

常见的建筑装饰材料主要有建筑石材、建筑陶瓷材料、各类玻璃、建筑塑料、金属装饰物、各类木质板材、油漆涂料及各类纺织物等。

第二章 土木工程的勘察、测量与设计

勘察、测量、设计是土木工程建设不可缺少的重要环节。土木工程的建设，离不开必要的勘察、测量与设计过程。

常见的土木工程结构有楼房、工厂、公路、铁路、桥梁、大坝等，它们都要将自身的重量传递给地基。地基是指承托土木工程基础部分的场地。大部分地基土体的承载力状况是不理想的，因此要对其进行必要的处理工作，首先要对建设场地进行必要的勘察，掌握不良地基的基本情况。若此工作不到位，不良工程地质问题将不能被发现，会给工程建设带来不利的影响。可见，岩土工程勘察的目的主要是查明工程地质条件，分析存在的地质问题，对建筑地区做出工程地质评价。

测量技术是一个很古老的学科。早在两千多年前，我国就已经绘制了水平很高的"地形图"。到了近代，测绘技术已拓展成为一门庞大的、系统的多分支的学科。特别是近年来，随着计算机、电子、通信等先进技术在测绘领域的应用，已基本实现了传统测量技术向数字化技术体系的转变。工程测量是直接为各项建设项目的勘测、设计、施工、安装、竣工、监测以及营运管理等一系列工程工序服务的。没有测量工作为工程建设提供数据和图纸，并及时与之配合和进行指挥，任何工程建设都无法进展和完成。

作为与人类生活和生产活动密切相关的工程结构，其基本功能要求是安全、适用与耐久。同时要求在满足基本功能的前提下，尽量做到经济、美观、科学、合理。一幢建筑物或构筑物能建造起来，必须进行设计与结构计算。设计与结构计算的目的一般有两个，一是满足使用功能要求，二是经济问题。其中满足使用功能要求又可分为两个方面考虑。首先要保证建筑物或构筑物在施工过程中和建成以后安全可靠，结构构件不会破坏，整个结构不会倒塌；其次要满足使用者提出的适用性要求，如建筑物的梁变形太大，虽然没有破坏，但站在下面的人将会感到很不安全，不敢停留，这就不能满足人的适应性要求。再如厂房里的吊车梁，如果变形太大，吊车将会卡轨，无法使用，这样不能满足机械的适用件要求。所谓经济问题，即是如何用最经济的方法实现上述的安全可靠性和适用性，将建筑物的建造费用降至最少。结构的安全可靠性、使用期间的适用性和经济性是对立统一的，也是结构设计所研究和考虑的主要问题。

第一节 | 岩 土 工 程 勘 察

岩土工程勘察是根据建设工程的要求，查明、分析、评价建设场地的地质、环境特征和岩土工程条件，编制勘察文件的活动。任何一项土木工程在建设之初都要进行岩土工程勘察，然后提供岩土工程勘察报告。随着我国国民经济不断高速发展，众多基础建设项目和现代化超高层建筑物不断兴建，基础和基坑开挖深度越来越深，各种公共建筑物的建筑风格迥异，对岩土工程勘察的要求也越来越高。

一、岩土工程勘察方法

岩土工程勘察是为了进一步查明地表以下工程地质问题，取得深部地质资料而进行的勘察活动。勘探方法主要有钻探、井探、槽探、洞探和地球物理勘探等。

（一）钻探

钻探是勘探方法中应用最广泛的一种，它是采用钻探机具向下钻孔，以鉴别和划分地层、观测地下水位，并采取原状土样以供实验室内实验，确定土的物理性质、力学性质指标。需要时还可以在钻孔中进行原位测试。

现场钻探

钻探按钻进方式可分为回转式、冲击式、振动式和冲击回转式四种，每种钻进方法各具特点，分别适用于不同地层。回转钻探是利用钻具回转使钻头的切削刃或研磨材料削磨岩石使之破碎进行钻进。冲击钻探是用一字形或十字形钻头，与钢丝绳或钻杆相连上下运动冲击岩石，捞出岩屑、岩粉，形成钻孔。这是起始于中国的一种古老的钻井方法，于11世纪传入西方。目前在中国和国外都还在应用。振动钻探是将机械动力所产生的振动力，通过连接杆及钻具传到圆筒形钻头周围土中。由于振动器高速振动，使土的抗剪力急剧降低，这时圆筒钻头依靠钻具和振动器的重量切削土层进行钻进。冲击回转钻探是以钻杆带动钻头缓慢回转，在轴向钻头压力作用下，再利用通过钻杆中心的液体或气体产生的冲击力，以冲击和回转两种方式破碎岩石，充分发挥冲击和回转切削两种作用形成钻孔。

（二）探井、探槽和探洞

探槽

当钻探方法难以准确查明地下情况时，可采用探井、探槽和探洞进行勘探，探井、探槽和探洞就是用人工或机械方式进行挖掘，以便直接观察土层的天然状态以及各地层之间接触关系等地质结构，取得准确的资料和采取原状土样。

（三）地球物理勘探

探洞

地球物理勘探简称物探，它通过研究和观测各种地球物理场的变化来探测地层岩性、地质构造等地质条件。由于组成地壳的不同岩层介质往往在密度、弹性、电导率、磁性、放射性以及导热性等方面存在差异，这些差异将引起地球物理场的局部变化。通过测量这些物理场的分布和变化特征，结合已知地址资料进行分析研究，就可以达到推断地质性状的目的。该方法兼有勘探与试验两种功能。和钻探相比，具有设备轻便、成本低、效率高、工作空间广等优点。但由于不能取样，不能直接观察，故多与钻探配合使用。

在岩土工程勘察中，物探可以作为钻探的先行手段，了解隐蔽的地质界线、界面或异常点；还可以作为钻探的辅助手段，在钻孔之间增加地球物理勘探点，为钻探成果的内插、外推提供依据；作为原位测试手段，测定岩土体的波速、动弹性模量、特征周期、土对金属的腐蚀等参数。常用的物探方法有直流电勘探、交流电勘探、重力勘探、磁法勘探、地震勘探、声波勘探、放射勘探等。在应用物理勘探方法时，应具备下列条件：被探测对象与周围介质之间有明显的物理性质差异；被探测对象具有一定的埋藏深度和规模，且地球物理异常有足够的强度；能抑制干扰，区分有用信号和干扰信号；要求地形起伏不能过大。

二、原位测试

原位测试指的是在岩土体的本来位置，对处于天然状态下的岩土体所进行的工程性质的测试，是岩土工程勘察工作的重要内容。一般来说，原位测试能在现场条件下直接测定土的性质，避免试样在取样、运输以及室内试验操作过程中被扰动后导致结果的失真，因而其结果较为可靠。但是需要注意的是，原位测试的试件与工程岩体相比，其尺寸还是小得多，所测参数也只能代表一定范围内的岩体力学性质。因此，要取得整个工程岩体的力学参数，必须有一定数量试件的试验数据用统计方法求得。

原位测试技术发展很快，土体原位测试方法很多，主要包括荷载试验、静力触探试验、旁压试验、十字板剪切试验、标准贯入度试验、波速测试以及其他现场试验。

（一）荷载试验

荷载试验是一项使用最早、应用最广泛的原位试验方法，该试验是在天然地基上通过承压板向地基施加竖向荷载，观察所研究地基土的变形和强度规律的一种原位实验。试验前在实验点开挖试坑，试坑宽度或直径不应小于承压板宽度或直径的 3 倍；深度与被测土层深度相同。荷载实验采用堆载或液压千斤顶均匀加荷，承压板形状宜采用方形或圆形，面积可采用 $0.25 \sim 0.50 \mathrm{m}^2$，试验装置如图 2-1 所示。

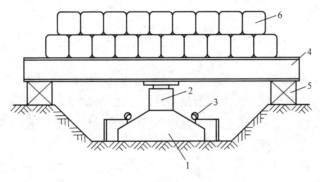

图 2-1 载荷试验装置

1—承压板；2—千斤顶；3—百分表；4—平台；5—支墩；6—堆载

（二）旁压试验

如果基础埋置深度较大，则试坑开挖很深，开挖工作量非常大，不太适于采用荷载试验的方法；如地下水位较浅，基础埋置在地下水位以下，则荷载试验无法采用。在这些情况下可采用旁压试验。

旁压试验的原理就是将圆柱形旁压器竖直地放入土中，通过旁压器在竖直的孔内加压，使旁压膜膨胀，并由旁压膜（或护套）将压力传给周围土体（或岩层），使土体或岩层产生变形直至破坏，通过量测施加的压力和土变形之间的关系，可得到地基土在水平方向上的应力应变关系（图 2-2）。旁压试验适用于黏性土、粉土、砂土、碎石土、残积土和软岩等。

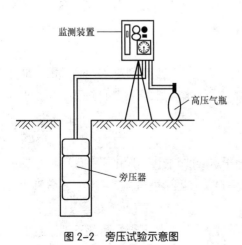

图 2-2 旁压试验示意图

监测装置

高压气瓶

旁压器

旁压试验仪

现场旁压试验

触探探头

十字剪切板试验仪

变形观测，是对建筑物及其地基由于荷重和地质条件变化等外界因素引起的各种变形（空间位移）的测定工作。其目的在于了解建筑物的稳定性，监视它的安全情况，研究变形规律，检验设计理论及其所采用的计算方法和经验数据，是工程测量学的重要内容之一。

（三）静力触探试验

静力触探试验是通过静压力将一个内部装有传感器的触探头，以匀速压入土中，由于地层中各种土的软硬不同，探头所受阻力自然也不一样。传感器将感受到大小不同的贯入阻力，通过电信号输入到电子量测仪中。因此，通过贯入阻力变化情况，可以达到了解土层的工程性质的目的。静力触探设备主要由三部分组成：触探头、触探杆和记录器。常用的静力触探探头可分为单桥探头和双桥探头两种。

（四）十字板剪切试验

十字板剪切试验是一种用十字板测定软黏性土抗剪强度的原位试验。将十字板头由钻孔压入孔底软土中，以均匀的速度转动，通过一定的测量系统，测得其转动时所需力矩，直至土体破坏，从而计算出土的抗剪强度。十字板剪切仪是一种使用方便的原位测试仪器，通常用以测定饱和黏性土的原位不排水强度，特别适用于均匀饱和软黏土。

（五）标准贯入试验

标准贯入试验仍属于动力触探类型之一，不同的是触探头不是圆锥形，而是标准规格的圆筒形（由两个半圆管合成的取土器），称之为贯入器。因此，标准贯入试验是用63.5kg的穿心锤，以76cm的落距，将标准规格的贯入器，自钻孔底部预打15cm，记录再打入30cm的锤击数，判定土的力学特性。

第二节｜工 程 测 量

土木工程建设在勘测、规划、设计、施工、管理各个阶段都要使用工程测量的技术和方法。在工程勘测规划阶段需要参照各种比例尺的地形图、数字地形图；在施工阶段需要使用高精度的GPS技术；在结构施工和使用阶段则需定期或不定期进行变形沉降测量等。土木工程测量有地形图测绘、施工测量、变形观测三个任务。

工程测量遵循的原则是从整体到局部、先控制后碎步，前一步工作未作检核不进行下一步工作。从整体到局部、先控制后碎步的原则可以减少误差积累，保证测图的精度，还可以分幅测绘，加快测图进度。前一步工作未作检核不进行下一步工作的原则则可以减少误差积累，避免错误发生，提高工作效率。

一、工程测量中常用的仪器

工程测量中使用的仪器包括水准仪、经纬仪、全站仪、测距仪及GPS。其中水准仪、经纬仪和全站仪是最常用的仪器。

（一）水准仪

高程测量是测绘地形图的主要工作之一，大量的工程、建筑施工也必须量测地面高程，利用水准仪进行水准测量是高程测量的主要方法。水准测量的原理是利用水准仪提供的水平视线，读取竖立于两个点上的水准尺的读数，来测定两点间的高度，在根据已知点高程来计算未知点的高程（图2-3）。

水准仪按照工作原理分为光学水准仪和电子水准仪（图2-4和图2-5）。我国的水准仪按精度等级可分为DS05、DS1、DS3和DS10四个型号。其中D、S分别代表"大地测量"和"水准仪"汉语拼音的第一个字母，后接数字表示精度等级。建筑工程测量广泛使用的是DS3水准仪。水准仪主要由望远镜、水准器和基座三部分组成。望远镜是用来瞄准远处的目标和读取读数，由物镜、目镜、十字丝分划板和对光螺旋组成；水准器是用来指示视准轴是否水平或仪器竖轴是否竖直的装置，有管水准器和圆水准器两种；基座则是用来承托仪器的上部并与三脚架连接，主要由轴座、脚螺旋和连接板组成。

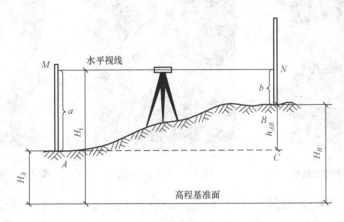

图 2-3　高层测量原理

图 2-4　光学水准仪

图 2-5　电子水准仪

水准仪的技术操作包括安置仪器、粗略整平、瞄准水准尺、精确与读数等步骤。安置仪器是将仪器脚架快速、稳定地安置到测站位置，并使高度适中、架头大致水平；粗略整平是通过调整脚螺旋，将圆水准气泡居中，使仪器竖轴处于铅垂位置，视线概略水平；瞄准就是用望远镜照准水准尺，清晰地看清目标和十字丝；精确与读数则是慢慢转动微倾螺旋，使符合水准气泡的影像符合，这样视线就水平了，然后用望远镜十字丝的横丝在尺上读数。

（二）经纬仪

经纬仪是角度测量常用的仪器。经纬仪的种类繁多，如按读数系统区分，可分为光学经纬仪、游标经纬仪和电子经纬仪等（图 2-6～图 2-8），现在使用的大多数是光学经纬仪。光学经纬仪体积小、质量轻、密封好、读数方便，被广泛应用于测量作业中。光学经纬仪按精度分为 DJ0.7、D J1、DJ2、DJ6、DJI5、DJ60 六个等级。"D"、"J"分别为"大地测量"和"经纬仪"汉语拼音的第一个字母；0.7、1、2、6、15、60 分别是该级仪器一测回方向观测中误差的秒数。DJ6、DJ2 为两种常用的中等精度光学经纬仪，仪器的总体结构基本相同，主要区别在读数设备上。目前土木工程测量中常用的是光学经纬仪，一般用 DJ6，精度要求较高时用 DJ2。各种型号的DJ6 级光学经纬仪的构造大致相同。它主要由照准部（包括望远镜、竖直度盘、水准器、读数设备）、水平度盘、基座三部分组成。

超站仪，是集合全站仪测角功能、测距仪量距功能和 GPS 定位功能，不受时间地域限制，不依靠控制网，无须设基准站，没有作业半径限制，单人单机即可完成全部测绘作业流程的一体化的测绘仪器。主要由动态 PPP、测角测距系统集成。

图 2-6　光学经纬仪

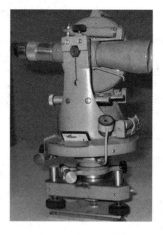

图 2-7　游标经纬仪

图 2-8　电子经纬仪

经纬仪的技术操作包括：对中（centering）、整平（leveling）、瞄准和读数。其中对中的目的是使仪器的竖轴与测站点的标志中心在同一铅垂线上，从而使水平度盘和横轴处于水平位置，竖直度盘位于铅垂面内。对中的方式有垂球对中和光学对中两种，而整平分为粗平和精平。

经纬仪一般是用来观测水平角。在水平角观测中，为发现错误并提高测角精度，一般要用盘左和盘右两个位置进行观测。当观测者对着望远镜的目镜，竖盘在望远镜的左边时称为盘左位置，又称正镜；竖盘在望远镜的右边时称为盘右位置，又称倒镜。水平角观测方法，一般有测回法和方向观测法两种（图 2-9）。测回法是对两个方向的单角进行观测，而方向观测法可以一次观测三个以上的方向。

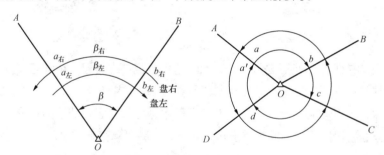

图 2-9　经纬仪观测方法

（三）全站仪

全站型电子速测仪是由电子测角、电子测距、电子计算和数据存储等单元组成的三维坐标测量系统，是能自动显示测量结果、能与外围设备交换信息的多功能测量仪器。由于仪器较完善地实现了测量和处理过程的电子一体化，通常称之为全站型电子速测仪，或简称全站仪，如图 2-10 所示。

全站仪的基本功能是测量水平角、竖直角和斜距。借助机内固化的软件，可以组成多种测量功能，如可以计算并显示平距、高差以及镜站点的三维坐标，进行偏心测量、悬高测量、对边测量、面积计算等。

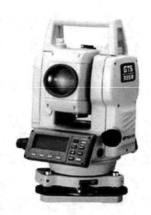

图 2-10　全站仪

全站仪具有如下特点：

（1）三同轴望远镜：全站仪的望远镜视准轴、测距红外光发射光轴和接收光轴同轴。因此测量时使用望远镜照准目标棱镜的中心，就能同时测定水平角、竖直角和斜距。

（2）键盘操作：全站仪测量是通过键盘输入指令进行操作的，键盘上的键分为硬键和软键两种。每个硬键有一个固定功能，或者有第二、第三功能；软键的功能通过屏幕最下一行相应位置显示的字符提示，在不同的菜单下，软键一般具有不同的功能。

（3）数据存储与通信：主流全站仪机内一般都带有可以存储至少3000个点观测数据的内存，有些还配有存储卡来增加存储容量。仪器上设有一个标准的通信接口，使用专用电缆与计算机进行连接，通过专门软件可以实现全站仪与计算机的双向数据传输。

（4）倾斜传感器：为了消除全站仪竖轴倾斜误差对角度观测的影响，全站仪一般设置有倾斜传感器，当它处于打开位置时可以进行倾斜补偿。

（四）GPS

GPS（Global Positioning System）即全球定位系统，是由美国建立的一个卫星导航定位系统，利用该系统，用户可以在全球范围内实现全天候、连续、实时的三维导航定位和测速；另外，利用该系统，用户还能够进行高精度的时间传递和高精度的精密定位。

北斗一号空间定位导航系统，是我国自主设计的。北斗一号由两颗静止在赤道上空的同步卫星构成，它们由 2000 年底发射升空，分别位于东经 80° 和 140°。其服务范围包括中国大陆、台湾、南沙及其他岛屿、中国海、日本海、太平洋部分海域及我国部分周边地区。

GPS 系统由三部分构成，分别为空间星座部分、地面监控部分、用户设备部分（图 2-11）。空间星座和地面监控部分由美国国防部控制，用户使用 GPS 接收机接收卫星信号进行高精度的精密定位以及高精度的时间传递。目前，二十多颗 GPS 卫星已覆盖了全球，每颗卫星均在不间断地向地球播发调制在两个频段上的卫星信号。在地球上任

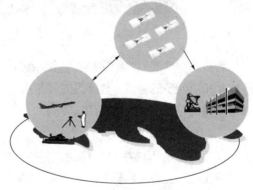

图 2-11 GPS 组成图

何一点，均可连续地同步观测至少 4 颗 GPS 卫星，从而保障了全球、全天候的连续的三维定位，而且具有良好的抗干扰性和保密性。因此，全球定位系统已成为美国导航技术现代化的最重要标志，并且被视为本世纪美国继阿波罗登月计划和航天飞机计划之后的又一重大科技成就。

GPS 系统的特点是：

（1）全球、全天候工作，能为用户提供连续、实时的三维位置，三维速度和精密时间，而且不受天气的影响。

（2）定位精度高。单机定位精度优于 10m，采用差分定位，精度可达厘米级和毫米级。

（3）功能多，应用广。随着人们对 GPS 认识的加深，GPS 不仅在测量、导航、测速、测时等方面得到更广泛的应用，而且其应用领域不断扩大。

二、工程测量方法

工程测量中常用的方法包括像片成图法、遥感技术和实地测绘法。

（一）像片成图法

像片成图法实际上就是数字摄影测量。数字摄影测量就是利用航摄飞机拍摄一定

4D 产品，是指线划地图（DLG）、数字正射影像图（DOM）、数字高程模型（DEM）和数字地形模型（DTM）等信息产品。

VirtuoZo NT 系统，是适普软件有限公司与武汉大学遥感学院共同研制的全数字摄影测量系统，属世界同类产品的五大名牌之一。此系统是基于WindowsNT 的全数字摄影测量系统，利用数字影像或数字化影像完成摄影测量作业。

数量的航摄像片，然后将像片信息传递给数字摄影工作站，应用计算机技术、数字影像处理、影像匹配、模式识别等多学科的理论与方法，提取所摄对象以数字方式表达的几何与物理信息，并将这些信息应用到工程中（图 2-12）。

数字摄影测量工作站的工作流程主要包括影像扫描、影像内定向和相对定向、核线影像的生成、绝对定向、影像匹配、生成数字高程模型等。影像匹配是数字摄影测量系统的核心，是确定被摄物体三维坐标的关键，它是利用计算机视觉技术和数字影像处理技术在左右影像上自动、高效地寻找出大量的同名点，并利用匹配的结果经后方交会后内插出数字高程模型。我国最早建立的数字摄影工作站是武汉适普公司的 VirtuoZo 摄影工作站。

图 2-12　航空摄影测量的拍摄过程

与实地测绘法相比数字摄影测量系统具有自动化程度高、可处理多种资料、产品多样化和功能多的特点。数字摄影测量系统。可以生成 4D 产品，具备三维景观实现、城市建模和 GIS 空间数据采集功能。

（二）遥感技术

遥感技术是 20 世纪 60 年代兴起的一种探测技术，是根据电磁波的理论，应用各种传感仪器对远距离目标所辐射和反射的电磁波信息，进行收集、处理，并最后成像，从而对地面各种景物进行探测和识别的一种综合技术。目前利用人造卫星每隔 18 天就可送回一套全球的图像资料。利用遥感技术，可以高速度、高质量地测绘地图。

遥感技术系统是由遥感平台、传感器、信息传输装置、数字或图像处理设备以及相关技术组成。遥感平台是装载传感器的工具，如卫星、飞机、气球等。传感器是远距离感测地物环境辐射或反射电磁波的仪器，它是遥感系统的关键装置，常用的传感器有航空摄影机、全景摄影机、多光谱扫描仪、HRV 扫描仪，侧视雷达等。

遥感技术的工作流程包括利用传感器获取电磁波并用影像胶片或数据磁带记录下来，传感器将信息传给地面站，地面站利用专业软件（如 ERDAS 等）对信息进行处理、判读、校正和分析，并制作成专题地图供用户应用。

（三）实地测图法

实地测图法包括经纬仪测绘法、红外测距平板仪测绘法、全站仪测绘法等（图 2-13）。它们主要的区别在于使用的仪器不同。经纬仪测绘法使用光学或者电子经纬仪。红外测距平板仪测绘法使用红外测距照准仪和平板仪。而全站仪测绘法使用全站型电子速测仪，不仅可以自动显示出距离、水平角、竖直角等，而且可以直接测算出高差、点的坐标，甚至实现测图自动化。这里主要介绍经纬仪测图法和全站仪测图法。

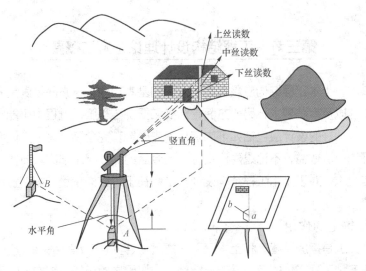

图 2-13 经纬仪测图法

用经纬仪测绘地形图是一种按极坐标法测定点位元素，按比例缩绘定点的方法。测绘时，将经纬仪安置在测区内的控制点上，在旁边放有展绘控制点的测图板；经纬仪对中、整平，水平度盘对准 0°，瞄准已知方向定向；再用望远镜观测各地物与地貌点，测出各点的水平距离和高程；按测图比例尺和所测得的数据在测图板上标定各地物与地貌点位，并注出高程，经过逐站、逐点测绘，最后在图板上测绘出地形图。此法操作简单、灵活，适用于各类地区的地形图测绘。

全站仪测绘法原理同经纬仪测绘法，但用全站型电子速测仪不仅可以自动显示出距离、水平角、竖直角等，而且还可以直接测算出高差、点的坐标，甚至实现测图自动化。全站仪采集的数据自动记录在电子手簿中，通过电脑处理成图大大地提高了测绘成图的速度和精度（图 2-14）。

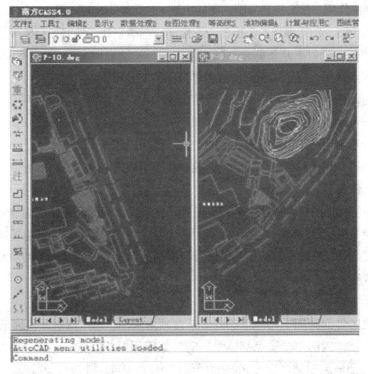

图 2-14 全站仪内业成图

法国 SPOT 5 卫星，是 HRG（High Resolution Geometry）传感器，HRG 有以下新的特征：更高的地面分辨率，以 5m 或 2.5m 的分辨率替代全色波段 10m 分辨率的数据，波段范围调整到从 0.61～0.68μm 调整到 0.49～0.69μm；以 10m 分辨率替代多光谱波段 20m 的数据；而对短波红外波段，仍维持 20m 的地面分辨率。SPOT 5 卫星是目前国际上最优秀的对地观测卫星之一。

第三节 | 工程结构设计理论与方法概要

一般来讲，土木工程结构应具有两个方面的基本功能：一方面是满足人类生活和生产服务要求以及审美要求；另一方面是承受和抵御结构服役过程中可能出现的各种环境作用。一项好的设计应包括如下内容：首先要能够完全满足客户的使用要求；其次要有很好的经济效益，不论是建设资金还是今后的保养费用都比较节省；最后当然要符合审美要求。对于土木工程结构设计，重点在于对结构承受和抵御各种环境作用能力的设计。

一、结构上的作用

结构广义上是指房屋建筑和土木工程的建筑物、构筑物及其相关组成部分的实体，狭义上是指各种工程实体的承重骨架。结构上的作用是指施加在结构上的集中或分布荷载以及引起结构外加变形或约束变形的因素的总称。

（一）工程结构的各类作用

施加在结构上的集中荷载和分布荷载称为直接作用。地震、地基沉降、混凝土收缩、温度变化、焊接等因素虽然不是荷载，但可以引起结构的外加变形或约束变形，称为结构上的间接作用。结构上的作用可以按时间、空间的变异以及结构的反应进行划分，它们适用于不同的场合。

1. 按时间的变异分类

（1）永久作用：在设计基准期内，其值不随时间变化，或其变化可以忽略不计。如结构自重、土压力、预加应力、混凝土收缩、基础沉降、焊接变形等。

（2）可变作用：在设计基准期内，其值随时间变化。如安装荷载、屋面与楼面活荷载、雪荷载、风荷载、吊车荷载、积灰荷载等。

（3）偶然作用：在设计基准期内可能出现，也可能不出现，而一旦出现其值很大，且持续时间较短。例如爆炸力、撞击力、雪崩、严重腐蚀、地震、台风等。

2. 按空间位置的变异分类

（1）固定作用：在结构空间位置上具有固定的分布。

（2）可动作用：在结构空间位置一定范围内可以任意分布。

3. 按结构的反应分类

（1）静态作用：对结构不产生动力效应，或可以忽略。

（2）动态作用：对结构产生动力效应，且不可以忽略。

（二）作用效应

施加在结构上的各种作用，将在支座处产生反力，同时还将使结构产生内力与变形，甚至使结构出现裂缝。内力包括弯矩、轴力、剪力与扭矩，变形包括挠度、侧移和转角，裂缝有与杆轴垂直的正裂缝以及与杆轴成斜角的斜裂缝等多种情况，它们总称为作用效应。

1. 内力与应力

外力是由外部施加于物体上的力。外力分为两种：通过接触面传递的外力，如表面压力；物体内部每个质点都感受到的外部作用力，如重力、磁力等。内力是指同一物体内部任意相邻两部分之间的相互作用力。内力同样分为两种：其一为固有内力，它使物体在未受到外力作用时，使物体保持一定的形状，内部各质点处于一定的平衡状态；其二为附加内力，当物体受到外力作用时，其内部质点的相互位置会发生变化，此时物体内质点间的相互作用力将随外力的增加而加大，它阻止物体继续变形并力图恢复物体原来的形状，这种内力的改变量称为附加内力。我们所说的内力即指这种附加内力。这种内力随外力的改变而改变。但是，它的变化是有一定限度的，不能随外力的增加而无限地增加，当内力加大到一定限度时，构件就会破坏。

作用于物体内单位面积上的内力称为应力。材料所能承受的最大应力就是该种材料的强度。强度是指材料承受外力而不被破坏（不可恢复的变形也属被破坏）的能力。工程中应力的采用要满足一定的强度要求。

2. 变形与应变

对于构件上任"一点"材料的变形，只有线变形和角变形两种基本变形，它们分别由线应变和切应变来度量。线应变即单位长度上的变形量，为无量纲量，其物理意义是构件上一点沿某一方向线变形量的大小；切应变则是微单元体两棱角直角的改变量，为无量纲量。

材料在荷载作用下产生的变形量小，表明其具有较高的刚度。刚度是表征材料抵抗变形能力的量度，在工程中应用的材料也要满足一定的刚度要求。

3. 弹性与塑性

变形固体在外力作用下会产生两种不同性质的变形：一种是当外力消除时，变形也随着消失，这种变形称为弹性变形；另外一种是在外力消除后，变形不能全部消失而留有残余，这种不能消失的残余变形称为塑性变形。一般情况下，物体受力后，既有弹性变形，又有塑性变形。只有弹性变形的物体称为理想弹性体。只产生弹性形变的外力范围称为弹性范围。

二、概率极限状态设计法基本理论

我国目前现行规范采用的结构计算方法是以概率理论为基础的极限状态设计法，以可靠度指标度量结构构件的可靠度，采用分项系数的设计表达式进行设计。

（一）结构可靠度

设计任何建筑物和构筑物时，必须使其满足下列各项预定的功能要求：

（1）安全性：即结构构件能承受在正常施工和正常使用时可能出现的各种作用，以及在偶然事件发生时及发生后，仍能保持必需的整体稳定性。

（2）适用性：即在正常使用时，结构构件具有足够的耐久性能，不出现过大的变形和过宽的裂缝。

（3）耐久性：即在正常的维护下，结构构件具有足够的耐久性能，不发生锈蚀和风化现象。

安全、适用和耐久，是结构可靠的标志，总称为结构的可靠性。

结构的可靠度是指结构在规定的时间内，在规定的条件下，完成预定功能的概率。这个规定的时间为设计使用年限，一般为 50 年；规定的条件为正常设计、正常施工和正常使用的条件，即不包括错误设计、错误施工和违反原来规定的使用情况；预定功能指的是结构的安全性、适用性和耐久性。因此，结构的可靠度是结构可靠性的概率度量。

设 R 为结构抗力，S 为作用效应，那么

$$Z = R - S \qquad （2-1）$$

胡克定律，胡克定律是力学基本定律之一，是适用于一切固体材料的弹性定律，它指出：在弹性限度内，物体的形变跟引起形变的外力成正比。这个定律是英国科学家胡克发现的，所以称为胡克定律。

胡克（1564-1642），英国物理学家和生物学家，在物理学研究方面，他提出了描述材料弹性的基本定律——胡克定律，且提出了万有引力的平方反比关系。在机械制造方面，他设计制造了真空泵、显微镜和望远镜，并将自己用显微镜观察所得写成《显微术》一书，细胞一词即由他命名。在新技术发明方面，他发明的很多设备至今仍然在使用。

称为结构的功能函数。随着条件的变化，结构的功能函数 Z 有下面三种可能性：

（1）$Z > 0$，即结构抗力大于作用效应，意味着结构可靠；

（2）$Z < 0$，即结构抗力小于作用效应，意味着结构失效；

（3）$Z = 0$，即结构抗力等于作用效应，意味着结构处于极限状态。

因此，结构安全可靠的基本条件是

$$Z \geq 0 \text{ 或 } R \geq S \qquad (2-2)$$

由于结构抗力 R 和作用效应 S 都是随机变量，所以，结构的功能函数 Z 也是一个随机变量，而且是结构抗力和作用效应这两个随机变量的函数。R 和 S 相互独立，都是服从正态分布的函数。

结构可靠，即 $Z > 0$ 的概率一般用可靠概率 p_s 表示。结构失效，即 $Z < 0$ 的概率用 p_f 表示。p_s 和 p_f 具有以下关系

$$p_s = 1 - p_f \qquad (2-3)$$

讨论结构的可靠性时，既可以用结构的可靠概率 p_s 来度量，也可以用结构的失效概率 p_f 来度量。或者说，既可以用结构在规定时间内、规定条件下完成预定功能的概率不得低于多少，也可以用结构在规定时间内、规定条件下不能完成预定功能的概率不得高于多少来度量结构的可靠度。

（二）概率极限状态的设计方法

虽然，可靠度的设计方法在基本概念上比较合理，可以给出结构可靠度的定量概念，但是计算过程比较复杂，而且需要掌握足够的实测数据，包括各种影响因素的统计特征值，这只有在比较简单的情况下才可以确定。由于有许多因素具有不确定性，因此这个方法还不能普遍用于实际工程中。我国现行规范只是以可靠度作为设计的理论基础，实际设计时，采用一些分项系数代替可靠指标，以基本变量的标准值为基础，用极限状态法进行设计。这种极限状态设计法是以结构功能函数为目标函数，以概率理论为分析方法，故称为概率极限状态设计法。

极限状态是指整个结构或结构的一部分，超过某一特定状态就不能满足设计规定的某一功能（安全性、适用性和耐久性）要求，此特定状态称为该功能的极限状态。结构的极限状态分为承载能力极限状态和正常使用极限状态。

（1）承载能力极限状态是指结构或结构构件达到最大承载能力或不适于继续承载的变形状态。当结构或结构构件出现下列状态之一时，即认为超过了承载能力极限状态（图2-15）：

1）整个结构或结构的一部分作为刚体失去平衡（如倾覆等）。

2）结构构件或连接因超过材料强度而破坏（包括疲劳破坏），或因过度变形而不适于继续承载。

3）结构转变为机动体系。

4）结构或结构构件丧失稳定（如压屈等）。

（2）结构或构件达到正常使用或耐久性能中某项规定限度的状态称为正常使用极限状态。当结构或结构构件出现下列状态之一时，即认为超过了正常使用极限状态：

1）影响正常使用或外观的变形。

2）影响正常使用或耐久性能的局部损坏（包括裂缝）。

3）影响正常使用的振动。

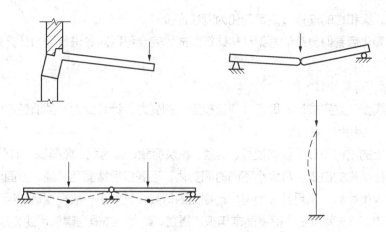

图 2-15 承载能力极限状态

4）影响正常使用的其他特定状态。

进行结构和结构构件设计时，既要保证它们不超过承载能力极限状态，又要保证它们不超过正常使用极限状态。我国规范采用以概率理论为基础的极限状态设计法和用多个分项系数表达式的设计式进行设计。结构构件的承载力设计应根据荷载效应的基本组合和偶然组合进行，其一般公式为

$$\gamma_0 S \leqslant R \qquad (2-4)$$

式中　γ_0——结构构件的重要性系数；

　　　S——内力组合设计值；

　　　R——结构构件的承载力设计值。

对于正常使用极限状态，应根据不同的设计要求，采用荷载的标准组合、频遇组合或准永久组合，并应按下列设计表达式进行设计

$$S \leqslant C \qquad (2-5)$$

式中　C——结构或结构构件达到正常使用要求的规定限制，例如变形、裂缝、振幅、加速度、应力等的限值。

三、结构设计的基本步骤

结构设计就是实现可靠性与经济性的最佳平衡，建筑工程的结构设计步骤一般可分为建筑结构模型的建立、结构荷载的计算、构件内力计算和构件选择、施工图绘制四个阶段。

1. 建筑结构类型选取和建立

进行建筑工程的结构设计前，必须先清楚需选用的结构类型，可依据建筑的要求选用合理的结构类型。因此需要结构设计人员了解各种结构体系的形式、适用范围、结构传力体系等。

结构模型的建立：一般的建筑若完全按其实际结构来计算，那工作量将是惊人的，为简化计算，常需将结构进行简化，以形成利于计算的模型，这个过程即为结构模型的建立过程。

以框架结构为例，讲述框架结构的模型建立过程。

（1）整体结构的简化。框架结构虽然是空间结构，但为简化计算，可去除其中的一榀框架，将其简化为平面框架进行计算。

（2）构件的简化。梁和柱的界面尺寸相对于整个框架来说较小，因此可以将其简

化为杆件，梁和柱的连接节点可简化为刚性连接。

经过简化后看似复杂的框架结构建筑即成为完全可以对其进行受力计算分析的简化模型。

2. 结构荷载计算

结构模型建立完成后，即可计算该模型上的受力。计算受力必须清楚该结构所受的荷载的种类和传力路线。

建筑上的结构荷载主要有恒载、活载、积灰荷载、雪荷载、风荷载、地震荷载等。恒载主要指结构的自重，其大小不随时间变化。活载包括楼面活荷载、屋面活荷载，主要考虑人员荷载、家具及其他可移动物品的荷载，其大小一般视建筑物用途，根据规范值而定。积灰荷载主要指屋面常年积灰重量，其大小亦根据建筑用途查规范定出。雪荷载和风荷载依据当地所属地区依据规范的雪荷载和风荷载的地区分布图而定。地震荷载依据当地所属的抗震等级而定。

传力路线是指结构上的荷载传递到地基的途径。在框架结构中，荷载是由板传递给次梁，再由次梁传递给主梁，由主梁传递给柱，柱将荷载传递给基础，基础再传递给下面的地基。

荷载计算是根据规范和结构的布置，计算出各种荷载，并将其换算为作用于平面框架上的线荷载，将荷载作用于框架的计算模型上（图2-16）。

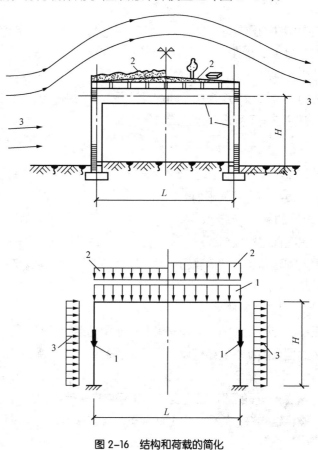

图2-16 结构和荷载的简化

1—结构自重；2—雪荷载和施工荷载；3—风荷载

3. 构件内力计算和构件选择

绘制出计算模型和其所受力后，即可针对该模型进行内力计算：

（1）先依据经验估计梁柱的截面尺寸，然后即可进行该模型的受力计算，模型受力的计算方法将在结构力学课程中学到。

（2）计算出构件的内力后，再依据内力，进行梁柱配筋的计算和梁柱的强度、稳定、变形的计算，这些计算方法将在混凝土结构、钢结构等课程中学到。

这个阶段有一个反复的过程，即当选定的梁柱截面尺寸无法满足要求时，需重新选择截面，重新计算，直至满足要求。

4. 施工图纸的绘制

构件的截面尺寸和配筋确定后，下一步即是如何将其反映到施工图纸上。如何绘制施工图纸将在画法几何和建筑制图课程中学习。施工图纸的绘制必须规范，因施工人员是按图纸施工的，只有按规范绘制的图纸，施工人员才能识别，也才能按照图纸施工。

第三章 地基与基础工程

地基与基础工程在建筑结构中具有重要的作用。任何建筑物重量最终都要通过基础传递给地基，由地球表面来承担相应的重量，即使是海洋工程，也需要将其结构植根于海底。因此，地基与基础工程的有关理论是土木工程专业知识体系的重要组成部分。

地基是指承受上部建筑结构荷载的那一部分土体。地基不属于建筑的组成部分，但它对保证建筑物的坚固耐久具有非常重要的作用，是地球的一部分。与上部结构相比，土层相对软弱，所以不能将上部结构直接支撑在地基上，这就需要一个过渡结构，这个过渡的结构就是基础。基础是指工程结构物地面以下部分的结构构件，其作用是将上部结构荷载传给地基，是房屋、桥梁、码头及其他构筑物的重要组成部分。地基与基础密切联系，基础将上部结构的力传递给地基，地基同时又对基础有反作用力（图3-1）。在基础工程中，需要解决的问题就是地基和基础的问题，即一方面要使基础自身有足够的能力承受上部结构传来的荷载，并把这部分荷载传给地基，完成承上启下的中间传递作用，同时也必须保证地基坚固、稳定而可靠，有足够的能力承受基础传来的荷载。

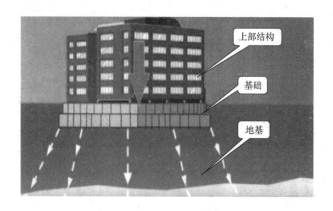

图3-1 地基及基础示意图

地基与基础工程的内容包括基础设计、地基与基础的处理等。基础设计中，首先应根据工程勘探报告提供的工程地质情况、土层承载能力及基础设计建议，确定基础类型。基础形式的选择主要与两个因素有关，一是工程上部结构的形式、规模、用途、荷载大小与性质、整体刚度以及对不均匀沉降的敏感性等；二是场地的工程地质条件、岩土工程性质、地下水位及性质等。基础选型后才能进行具体的基础设计，确定基础的截面尺寸、配筋等。

另外，工程场地土的性能差别很大，经常会遇到软弱地基、不良地基、液化地基等问题。为提高地基的承载力及稳定性、减小地基沉降变形和不均匀变形、防止地震时的地基液化，常常需要对地基进行处理。本章将重点介绍基础的类型及地基的处理方法等内容。

第一节 | 基 础

基础形式有很多，分类方法也很多，可以按材料、埋置深度、受力性能及结构形式等进行分类。

按使用的材料基础分为灰土基础、砖基础、毛石基础、钢筋混凝土基础。灰土基础是由石灰、土和水按比例配合，经分层夯实而成的基础。砖基础是以砖为砌筑材料，砌筑成的建筑物基础。毛石基础是由毛石和砂浆砌筑成的。钢筋混凝土基础就是在混凝土中配置钢筋浇注成的基础。

按受力性能可分为刚性基础和柔性基础。刚性基础是指主要承受压应力的基础，一般用抗压性能好，抗拉、抗剪性能较差的材料（如混凝土、毛石、三合土等）建造。柔性基础是由抗拉、抗压、抗弯、抗剪均较好的材料建造的基础，一般是指钢筋混凝土基础。

按结构形式可分为扩展基础、联合基础、柱下条形基础、筏形基础、箱形基础、壳体基础、桩基础、墩基础、地下连续墙和沉井基础等。

按埋置深度可分为浅基础和深基础。浅基础一般是指基础埋深不超过 5m 或埋深虽然超过 5m 但埋深小于基础宽度的基础，其基础竖向尺寸与其平面尺寸相当，侧面摩擦力对基础承载力的影响可忽略不计。相反，一般将基础埋深大于基础宽度且深度超过 5m 的基础称为深基础。

以下将从浅基础和深基础的角度出发，对各种不同形式的基础进行详细的介绍。

一、浅基础

浅基础埋置深度不大，施工方法简单、造价低廉，应用范围非常广泛。因此，当场地的浅层土质可以满足建筑物对地基承载力和变形的要求时，首选浅基础方案。浅基础根据结构形式可分为扩展基础、联合基础、柱下条形基础、柱下交叉条形基础、筏形基础、箱形基础和壳体基础等。以下对这些基础形式进行介绍。

（一）扩展基础

柱下独立基础和墙下条形基础统称为扩展基础（图 3-2）。扩展基础的作用是把墙或柱下的荷载沿侧向扩展到土中，使之满足地基承载力的要求。扩展基础的截面可以是锥形、台阶形和有肋等多种形式。

墙下条形基础又可分为刚性条形基础和柔性条形基础。刚性条形基础是墙基础中常见的基础形式，通常用砖或毛石砌筑，不配筋。为保证基础的耐久性，砖的强度等级不能太低，在严寒地区宜用毛石，且毛石需用未风化的硬质岩石。当土质潮湿或有地下水时要用水泥砂浆砌筑。刚性基础台阶宽高比及基础砌体材料最低强度等级的要求在规范中都有相应的规定。当基础宽度较大，若再用刚性基础，则用料多、自重大，有时还需要增加基础埋深，不经济，此时可采用柔性条形基础，实现宽基浅埋。柔性条形基础一般是指混凝土中配置钢筋形成的条形基础。

柱下独立基础是柱基础中最常用和最经济的形式，也可分为刚性基础和柔性基础两大类。刚性基础可用砖、毛石或素混凝土砌筑，基础台阶高宽比（刚性角）要满足规范规定。当上部荷载较大，需要基础的底面积较大时，刚性基础的应用就会受到限制，因为如果采用刚性基础，由于受刚性角限制，就需要做得很高，不经济，此时同样可采用柔性钢筋混凝土基础。柔性钢筋混凝土基础，靠混凝土中的钢筋承受拉应力，不受刚性角限制，即使在基础底面积较大时，基础高度也不需要很高。

扩展基础

柱下独立基础

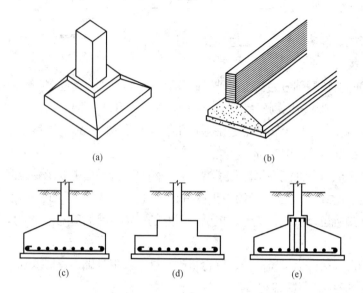

(a) (b)

(c) (d) (e)

图 3-2 不同形式的扩展基础

（a）柱下独立基础；（b）墙下条形基础；（c）锥形；（d）台阶形；（e）有肋的扩展基础

（二）联合基础

当建筑或结构因设计要求，两柱间距较小时，如果每个柱下分别按设计独立基础的要求进行设计，这两个柱下设计的基础就会出现相交的部分，为解决这一问题，可采用联合基础。联合基础主要指同列相邻两柱公共的钢筋混凝土基础，即双柱联合基础。联合基础也可用于调整相邻两柱的沉降差或防止两者之间的相向倾斜等。

（三）柱下条形基础

实际工程中，一般钢筋混凝土柱下都采用柔性钢筋混凝土独立基础。但是，当地基较为软弱、柱荷载或地基压缩性分布不均匀，以至于采用独立基础可能产生较大的不均匀沉降时，常将同一方向上若干柱子的基础连成一体而形成柱下条形基础，如图3-3所示。这种基础抗弯刚度大，因而具有调整不均匀沉降的能力。

当地基软弱且在两个方向上分布不均匀时，需要基础在两个方向都具有一定的刚度来减少结构不均匀沉降，此时，可在柱网下纵横两向设置钢筋混凝土条形基础，从而形成柱下交叉条形基础，如图3-4所示。

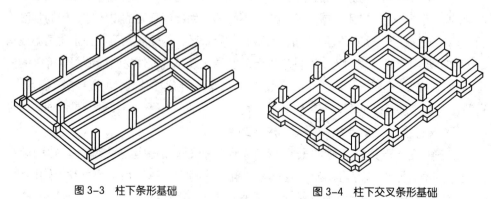

图 3-3 柱下条形基础　　　　图 3-4 柱下交叉条形基础

（四）筏形基础

当柱下交叉条形基础底面积占建筑物平面面积的比例较大，或者建筑物在使用上有要求时，如做地下室，可以在建筑物的柱、墙下做成一块满堂基础，称为筏形基础或筏板基础。此基础用于多层与高层建筑，分为平板式和梁板式，如图3-5所示。筏形基础整体刚度很大，能将各个柱子的沉降调整得比较均匀。此外筏形基础还具有跨越地下浅层小洞穴、增强建筑物的整体抗震性能，以及作为地下室、油库、水池等的防渗底板等功能。但是筏形基础的钢筋用量很大，造价很高。

筏板基础

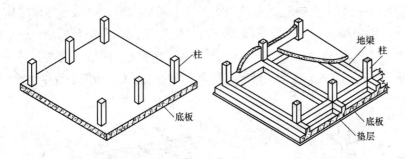

图3-5 平板式（左）和梁板式（右）筏形基础

（五）箱形基础

箱形基础是由钢筋混凝土底板、顶板和纵横墙体组成的整体结构，如图3-6所示，其抗弯刚度很大，整体性好，在沉降时，只能发生接近均匀的下沉，因此要严格控制倾斜。箱形基础是高层建筑广泛采用的基础形式，但其材料用量较大，且为保证箱基刚度要求需设置较多的内墙，为保证基础的整体刚度，内墙的开洞率也有限制，故箱基作为地下室时，会给使用带来一些不便。

（六）壳体基础

壳体基础是用于烟囱、水塔、储仓、中小型高炉等各类筒形构筑物的基础，其平面尺寸较一般独立基础大，采用壳体，可节约材料，同时也使基础结构有较好的受力特性，使混凝土抗压性能好的优点能够充分发挥，如图3-7所示。常见的形式有：正圆锥壳、M形组合壳和内球外锥壳。但是壳体基础施工工期长、工作量大且技术要求高，因此在实际工程中应用较少。

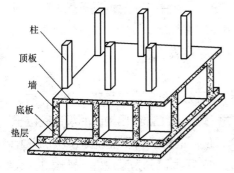

图3-6 箱形基础

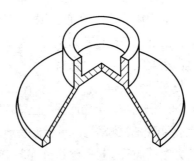

图3-7 壳体基础

二、深基础

当建筑场地的浅层土质不能满足建筑物对地基承载力和变形的要求时，基础设计可以采用两种方法：一种是对浅层土质进行处理，即后面介绍的地基处理，提高地基的承载和变形能力，使其满足要求；另一种是选用深层的好的土质作为地基，即采用深基础。深基础以下部坚实土层或岩层作为持力层，埋深较大，并把所承受的荷载相对集中地传递到地基的深层，而不像浅基础那样，是通过基础底面把所承受的荷载扩散分布于地基的浅层。深基础按结构形式分，主要有桩基础、墩基础、地下连续墙、沉井基础和沉箱基础等类型。以下将对这些基础形式进行介绍。

（一）桩基础

桩基础具有悠久的使用历史，早在几千年前，人类就开始利用桩基础建造房屋。桩基础是设置于土中的竖直或倾斜的柱形基础构件，其横截面尺寸比长度小得多。桩基础由基桩和连接于桩顶的承台共同组成，如图 3-8 所示。桩基础具有承载力高、稳定性好、沉降量小而均匀等特点，因此成为不良土质地区修建各种建筑物所采用的基础形式。在高层建筑、桥梁、港口和近海结构等工程中也得到了广泛应用。

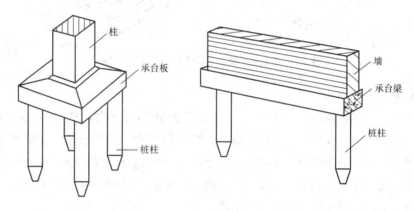

图 3-8　桩基础的组成

桩基础具有如下特点：桩支承于坚硬的或较硬的持力层，因此具有很高的竖向单桩承载力或群桩承载力，足以承担高层建筑的全部竖向荷载（包括偏心荷载）；桩基具有很大的竖向刚度，在自重或相邻荷载影响下，不会产生过大的不均匀沉降；桩身穿过可液化土层而支承于稳定的坚实土层或嵌固于基岩，在地震造成浅部土层液化与震陷的情况下，桩基凭靠深部稳固土层仍具有足够的抗压与抗拔承载力，从而确保高层建筑的稳定，且不产生过大的沉陷与倾斜。桩基一般是在天然地基承载力不足或沉降量过大时采用，设有大吨位的重级工作制吊车的重型单层厂房、高耸建筑物、高层建筑等都应优先考虑桩基方案。当建筑物或构筑物荷载较大，地基上部软弱而下部不太深处藏有坚实地层时，最宜采用桩基。

桩基础分类有多种：按承台在土中的位置可分为低承台桩和高层台桩，前者指桩身全部埋于土中，承台底面与土体接触，后者是桩身上部露出地面而承台底位于地面以上，建筑桩基通常为低承台桩基础；按照桩使用的材料，可分为预制钢筋混凝土桩、预应力钢筋混凝土桩、钢管桩等；按施工方法的不同可分为灌注桩、预制桩两大类；按达到承载力极限状态时荷载的传递效应方式，可分为端承桩和摩擦桩两大类，如图 3-9 所示。

（二）墩基础

一般将埋深大于 3m、直径不小于 800mm，且埋深与墩身直径的比小于 6 或埋深与扩底直径的比小于 4 的独立刚性基础称为墩基础。墩也称大直径灌注桩，对于人工成孔的墩也称为挖孔桩，其性质介于桩基与天然基础之间，一般以端承受力为主。墩基础结构可分为三部分：墩帽、墩身和扩大头，如图3-10所示。

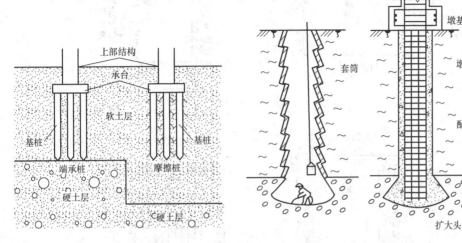

图 3-9　端承桩和摩擦桩　　　　图 3-10　墩基础构造示意图

墩基础一般采用一柱一墩，墩身比桩具有更大的刚度和强度，墩柱穿过深厚的软弱土层而直接支撑在岩石或密实土层上。这种基础的优点是很突出的：由于墩基础直径大、承载力高，避免了采用桩基础群桩所带来的相互影响而产生的承载力降低；浇灌混凝土质量易于保证，成本较低且施工速度快，易于在狭窄的场地上施工。除了建筑工程外，桥梁工程和煤矿建设工程都大量采用墩基础形式。

（三）地下连续墙

地下连续墙是利用各种挖槽机械，借助于泥浆的护壁作用，在地下挖出窄而深的沟槽，并在其内浇筑适当的材料而形成的一道具有防渗（水）、挡土和承重功能的连续的地下墙体，如图3-11所示。

地下连续墙施工震动小、噪声低，墙体刚度大，防渗性能好，对周围地基无扰动，可以组成具有很大承载力的任意多边形连续墙代替桩基础、沉井基础或沉箱基础。对土壤的适应范围很广，在软弱的冲积层、中硬地层、密实的砂砾层以及岩石的地基中都可施工。但在一些特殊的地质条件下（如很软的淤泥质土，含漂石的冲积层和超硬岩石等），施工难度很大，如果施工方法不当或施工地质条件特殊，可能出现相邻墙段不能对齐和漏水的问题。同时，地下连续墙如果用做临时的挡土结构，比其他方法所用的费用要高些，并且在城市施工时，废泥浆的处理比较麻烦。地下连续墙初期用于坝体防渗，水库地下截流，后发展为挡土墙、地下结构的一部分或全部。房屋的深层地下室、地下停车场、地下街、地下铁道、地下仓库、矿井等均可应用。

（四）沉井基础

沉井基础是以沉井法施工的地下结构物，是深基的一种形式。它是先在地表制作成一个井筒状的结构物（沉井），然后在井壁的围护下通过从井内不断挖土，使沉井在自重作用下逐渐下沉，达到预定设计标高后，再进行封底，构筑内部结构，如图3-12所示。沉井既是基础，又是施工时的挡土墙和围堰结构物，施工工艺也不复杂。沉井基础的优点是埋置深度可以很大，整体性强、稳定性好，能承受较大的垂直荷载和水平荷载。缺点是施工期较长，对细砂及粉砂类土在井内抽水易发生流砂现象，造成沉井倾斜；如下沉过程中遇到大孤石、树干等，均会给施工带来一定困难。

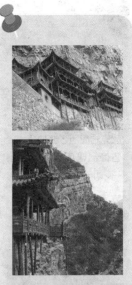

山西大同恒山悬空寺，悬挂在大同市北岳恒山金龙峡西侧翠屏峰的半崖峭壁间，始建于北魏太和15年（公元491年）。悬空寺共有殿阁四十间，利用力学原理半插飞梁为基，巧借岩石暗托，梁柱上下一体，廊栏左右相连，曲折出奇，虚实相生。

地下连续墙的历史

地下连续墙开挖技术起源于欧洲。它是根据打井和石油钻井使用泥浆和水下浇筑混凝土的方法而发展起来的，1950年在意大利米兰首先采用了护壁泥浆地下连续墙施工，20世纪50～60年代该项技术在西方发达国家及前苏联得到推广，成为地下工程和深基础施工中有效的技术。

经过几十年的发展，地下连续墙技术已经相当成熟，其中以日本在此技术上最为发达，已经累计建成了1500万 m² 以上的地下连续墙，目前地下连续墙的最大开挖深度为140m，最薄的地下连续墙厚度为20cm。

　　1958 年，我国水电部门首先在青岛丹子口水库用地下连续墙技术修建了水坝防渗墙。到目前为止，全国绝大多数省份都先后应用了此项技术，估计已建成地下连续墙 120 万～140 万 m²。

沉井基础

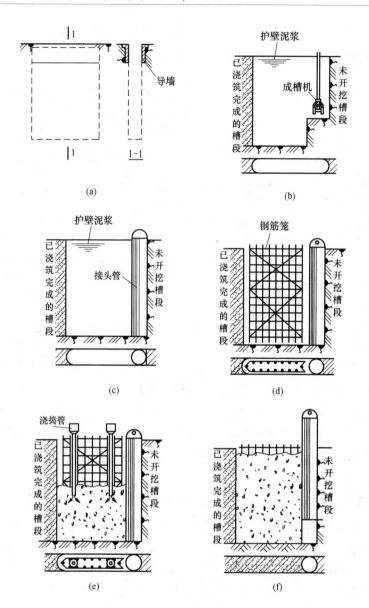

图 3-11　墩基础构造示意图

（a）挖导沟、筑导墙；（b）挖槽；（c）吊放接头管；（d）吊放钢筋笼；（e）浇筑混凝土；（f）拔出接头管

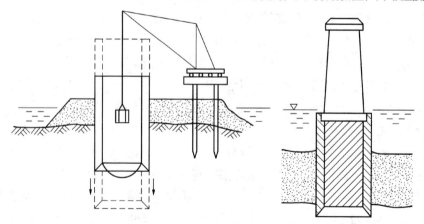

图 3-12　沉井基础

　　按沉井平面形状可分为单孔或多孔的圆形沉井、矩形沉井、圆端形沉井等，如图 3-13 所示。其中矩形沉井制作方便，但四角处的土不易挖除，河流水流也

不顺，圆形沉井受力好，但制作不方便，主要适用于河水主流方向容易改变的河流，圆端形沉井兼有两者的优点也在一定程度上兼有两者的缺点。按立面形状可分为柱形和阶梯形，如图 3-14 所示。按建筑材料可分混凝土沉井、钢筋混凝土沉井和钢沉井。

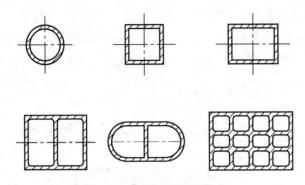

图 3-13　沉井基础的平面形式

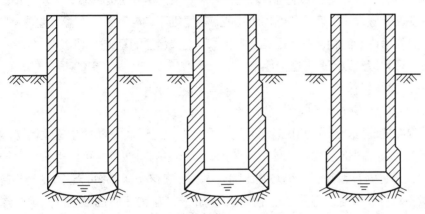

图 3-14　沉井基础的立面形式

沉井基础广泛应用于桥梁、烟囱、水塔的基础，水泵房、地下油库、水池竖井等深井构筑物和盾构或顶管的工作井。

（五）沉箱基础

沉箱基础是以气压沉箱来修筑桥梁或其他构筑物的基础。气压沉箱是一种无底的箱型结构，因为需要输入压缩空气来提供工作条件，故称为气压沉箱或简称沉箱。

图 3-15　沉箱基础

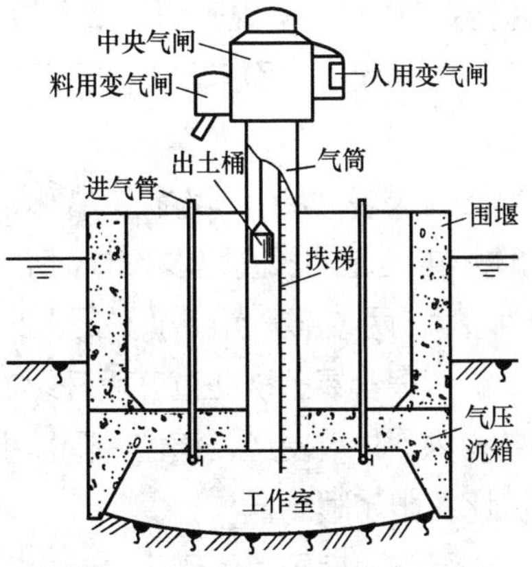

沉箱基础结构为有顶盖的沉井，顶盖留有孔洞，以安设向上接高的气筒（井管）和各种管路。气筒上端连以气闸，气闸由中央气闸、人用变气闸及料用变气闸（或进料筒、出土筒）组成，如图 3-15 所示。在沉箱顶盖上安装围堰或砌筑永久性外壁。当把沉箱沉入水下时，在沉箱外用空气压缩机把压缩空气通过储气筒、油质分离器经输气管分别输入气闸和沉箱工作室，把工作室内的水压出室外。工作人员就可经人用变气闸，从中央气闸及气筒内的扶梯进到工作室内工作。人用变气闸的作用是通过逐步改变

杭州钱塘江二桥，位于中国浙江，建成于 1991 年，主跨 80m，为公路、铁路并行分离的两用桥。箱梁采用三向预应力，纵筋采用钢绞线、群锚体系，最大张拉力达 2000kN 以上。基础采用墩、气压沉箱基础。

沉箱基础历史

沉箱是从潜水钟发展起来的。1841 年法国工程师 M.特里热在采煤工程中为克服管状沉井下沉困难，把沉井的一段改装为气闸，成了沉箱，并提出了用管状沉箱建造水下基础的方案。1851 年赖特在英国罗切斯特梅德韦河建桥时，首次下沉了深 18.6m 的管状沉箱。1859 年法国弗勒尔-圣德尼在莱茵河上建桥时，下沉了底面和基底相同的矩形沉箱，以后被广泛应用。

早期的沉箱多用钢铁制造，以后又相继出现石沉箱、木沉箱、钢筋混凝土沉箱等。特大型的沉箱应推 1878～1880 年法国土伦干船坞钢沉箱，其平面为 41×144m²。下沉最深的沉箱为 1955 年位于密西西比河上的管道悬索桥，刃脚工作最低处静水位达 44m。中国最先采用沉箱基础的是 1892～1894 年的京山(北京—山海关)铁路滦河桥。

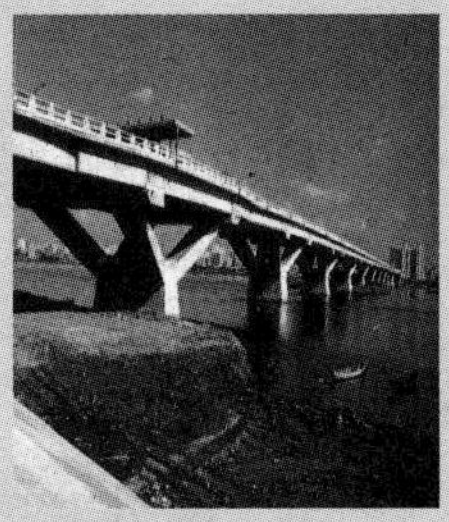

闸内气压而使工作人员适应室内外的气压差，同时又可防止由于人员出入工作室而导致高压空气外溢。顶盖下的空间称工作室。在沉箱工作室里，工作人员用挖土机具、水力机械（包括水力冲泥机、吸泥机）和其他机具挖除沉箱底下的土石，排除各种障碍物，使沉箱在其自重及其上逐渐增加的圬工或其他压重作用下，克服周围的摩阻力及压缩空气的反力而下沉。沉箱下到设计标高并经检验、处理地基后，用圬工填充工作室，拆除气闸气筒，这时沉箱就成了基础的组成部分。在其上面可在围堰保护下继续修筑所需要的建筑物，如桥梁墩台、地下铁道及其他水工、港口构筑物等。

第二节 | 基础不均匀沉降的防治措施

建筑物一般总会产生一定的沉降，软弱地基上的建筑物更容易产生不均匀沉降。过大的不均匀沉降易使上部结构开裂与破坏，造成建筑物各处渗水、下水道堵塞不畅等，严重影响建筑物的使用。如何防止或减轻基础不均匀沉降的损害，是设计和施工中必须认真考虑的问题。在工程实践中，除了选择合适的基础类型以减小地基不均匀沉降外，还可以从以下几方面入手。

一、建筑措施

（一）建筑物的体型应力求简单

建筑物的体型要从平面和立面两个方面评价。对于平面形状复杂的建筑物，在纵、横单元交叉处，基础密集，地基中各单元荷载产生的附加应力互相重叠，此处的附加应力大于它处，因此沉降也必然比别处大，加之这类建筑物的整体性差，各部分的刚度不对称，很容易遭受地基不均匀沉降的损害。对于立面复杂的建筑，建筑物高低（或轻重）变化大，因此引起地基的附加应力变化也大，附加应力大的地方基础沉降大，附加应力小的地方基础沉降小，这样也容易出现不均沉降。因此，当地基条件不好时，在满足使用要求的前提下，应尽量采用简单的建筑体型，如长高比小的等高一字形建筑物。实践表明，这样的建筑物，由于整体刚度好，地基受荷均匀，发生开裂的情况较少。图 3-16 为建筑高差太大而产生墙体开裂的示意图。

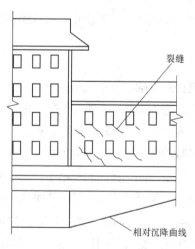

图 3-16 建筑物因高差过大开裂

（二）控制长高比及合理布置墙体

当砌体承重房屋的长高比很大时，房屋的中间部分沉降大，两端部分沉降小，如图 3-17 所示，因此纵墙很容易因挠曲过度而开裂。对于平面简单，内、外墙贯通，横墙间隔较小的房屋，长高比的控制可适当放宽。因此规范对长高比提出了限制。

另外，合理布置砌体承重结构房屋纵、横墙，也是增强房屋整体刚度，减少不均匀沉降的重要措施之一。一般房屋的纵向刚度较弱，故地基不均匀沉降的损害主要表现为纵墙的挠曲破坏。同时，内、外墙的中断、转折，都会削弱建筑物的纵向刚度。因此，当地基不良时，应尽量使内、外墙都贯通，缩小横墙的间距，以有效地改善房屋的整体性，从而增强调整不均匀沉降的能力。图 3-18 为承重墙体布置不规则引起的建筑开裂。

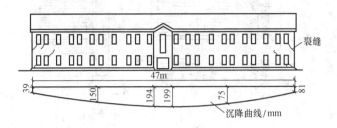

图 3-17　建筑物因长高比过大开裂

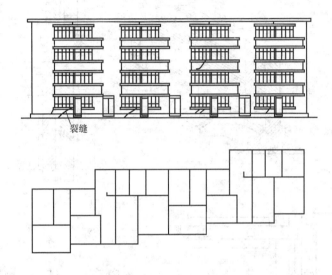

图 3-18　承重墙体布置不规则引起的建筑开裂

（三）设置沉降缝

当房屋相邻部分的高度、荷载和结构形式差别很大而地基又较弱时，房屋有可能产生不均匀沉降，致使某些薄弱部位开裂。为此，应在适当位置，如复杂的平面或体形转折处，高度变化处，荷载、地基的压缩性和地基处理的方法明显不同处，设置沉降缝。沉降缝的构造如图 3-19 所示。用沉降缝将建筑物（包括基础）分割为两个或多个独立的沉降单元，可有效地防止地基不均匀沉降产生的损害。分割出的沉降单元，原则上都要求具备体型简单、长高比小、结构类型不变以及所在处的地基比较均匀等条件。设置沉降缝时，应注意考虑缝两侧结构非均匀沉降倾斜和地面高差的影响。

（四）相邻建筑物基础间净距的考虑

地基中附加应力向外扩散，使得相邻建筑的沉降互相影响，在软弱地基上，两建筑物的距离太近时，相互影响产生的附加不均匀沉降，可能造成建筑物的开裂或互倾，如图 3-20 所示。这种相互影响主要表现为：同期建造的两相邻建筑物之间的彼此影响，特别是当两建筑物轻（低）重（高）差别太大时，轻（低）者受重（高）者的影响；原有建筑物受邻近新建重型或高层建筑物的影响。为了避免相邻影响的损害，软弱地基上的建筑物基础之间要有一定的净距，其值视地基的压缩性、影响建筑物的规模和重量，以及被影响建筑物的刚度等因素而定。

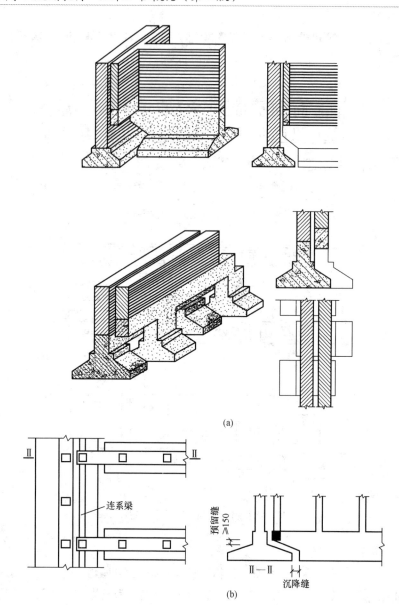

图 3-19 沉降缝构造示意图

（a）适用于砌体承重结构房层；（b）适用于框架结构房层

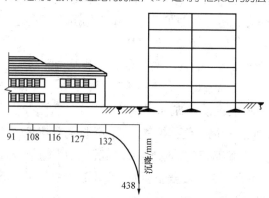

图 3-20 新旧建筑相距过近引起的不均匀沉降

二、结构措施

（一）减轻建筑物的自重

在建筑方面，应大力发展轻质高强高延性墙体材料，某些非承重墙可用轻质隔墙代替，不过要注意不使建筑物的整体刚度过于削弱；在结构方面，可采用预应力混凝土结构、轻钢结构及各种轻型空间结构等，减轻结构构件重量。另外，选用自重轻、回填土少的基础形式，如要求大量抬高室内地坪时，可考虑用架空地板代替室内回填土，也可减少地基承担的荷载。

（二）设置圈梁

对于砌体承重房屋，不均匀沉降的损害突出地表现为墙体的开裂。因此，实践中常在墙内设置圈梁来增强其整体性，当墙体弯曲时，圈梁的作用犹如钢筋混凝土梁中的受拉钢筋，它主要承受拉应力，弥补了砌体抗拉强度不足的弱点。另外，圈梁必须与砌体结合成整体，否则不能发挥应有的作用。每道圈梁应尽量贯通外墙、承重内纵墙及主要内横墙，并在平面内联成闭合系统，以利于增强建筑物的整体性。

（三）减小或调整基底附加应力

附加应力是指由于荷载的施加或增加，在土中产生的应力增量。基础底面的这个应力增量越小，其他条件相同时，基础的沉降就越小，每个基础下的附加应力越接近，基础产生的不均匀沉降也就越小。因此，可以通过减小或调整基底附加应力的方法控制不均匀沉降。具体措施可设置地下室或半地下室，改变基底尺寸等，但要针对工程具体情况考虑，做到既有效又经济合理。图 3-21 为基础尺寸设置不当，各基底的附加应力差别较大引起的损坏。

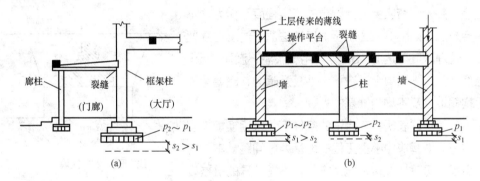

图 3-21　基底附加应力差较大引起的结构开裂

另外，在结构上还可以通过采用非敏感性结构等措施来避免不均匀沉降的损害。所谓非敏感性结构，是指在支座产生相对位移时，结构产生的变形和内力较小或不产生，如静定结构、铰接结构等。在工程上，如排架结构、三铰拱（架）结构等都属于非敏感结构。

三、施工措施

在软弱的地基上进行工程建设，合理地安排施工程序、注意某些施工方法，也能起到减少或调整部分不均匀沉降的效果。

当拟建的相邻建筑物之间轻（低）重（高）悬殊时，一般应按照先重后轻的程序进行施工，有时还需在重建筑物竣工后间歇一段时间，待重建筑物的沉降基本完成时，再建造轻的邻近建筑物。重的主体建筑物与轻的附属部分相连时，也可按上述原则处理。在已建成的轻型建筑周围，不宜堆放大量的建筑材料或土方等重物。拟建的密集建筑群内如有采用桩基础的建筑物，桩的设置应首先进行。在进行井点排水降低地下水位及挖深坑修建地下室（或其他地下结构）时，应密切注意对邻近建

强夯法

筑物可能产生的不良影响。

在淤泥及淤泥质土的地基上开挖基坑时，要注意尽可能不扰动土的原状结构，通常可在坑底保留 200mm 左右厚的原土层，待施工垫层时再临时铲除。如发现坑底软土已被扰动，可挖去扰动部分，用砂、碎石等回填处理。

第三节 | 地 基 处 理

地基有天然地基和人工地基两类。天然地基是指不需要对地基进行处理就可以直接放置基础的天然土层。人工地基是指天然土层的土质过于软弱或为不良的地质条件，需要人工加固或处理后才能修建的地基。当土层的地质状况较好，承载力较高时可以采用天然地基。在地质状况不佳的条件下，如坡地、沙地或淤泥地质，或虽然土层质地较好，但上部荷载过大时，为使地基具有足够的承载能力，则要采用人工加固对地基进行处理，即人工地基。

地基处理是指按照上部结构对地基的要求，对地基土进行必要的加固或改良，以提高地基土的承载力、保证地基的稳定、减少房屋的沉降或不均匀沉降、消除湿性黄土的湿陷性、提高抗液化能力等。以下是工程中常用的地基处理方法。

一、换填法

换填法是将基础下一定范围内的土层挖去，然后回填以强度较大的砂、砂石或灰土等，并分层夯实至设计要求的密实程度，作为地基的持力层，如图 3-22 所示。换填法适于浅层地基处理，处理深度可达 2～3m。可用于淤泥、淤泥质土、湿陷性黄土、素填土、杂填土地基及暗沟、暗塘等浅层软弱地基及不均匀地基的处理。

工程实践表明，在合适的条件下，采用换填垫层法能有效地解决中小型工程的地基处理问题。本法的优点是：可就地取材，施工方便，不需特殊的机械设备，既能缩短工期，又能降低造价，因此，得到较为普遍的应用。

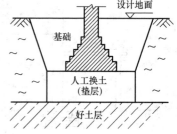

图 3-22 换填法

二、强夯法

强夯法是指为提高软弱地基的承载力，用重锤自一定高度下落夯击土层使地基迅速固结的方法，也称动力固结法。其夯实过程为首先利用起吊设备，将 10～25t 的重锤提升至 10～25m 高处使其自由下落，依靠强大的夯击能和冲击波作用夯实土层。强夯法主要用于砂性土、非饱和黏性土与杂填土地基。对非饱和的黏性土地基，一般采用连续夯击或分遍间歇夯击的方法；并根据工程需要通过现场试验以确定夯实次数和有效夯实深度。现有经验表明：在 100～200t·m 夯实能量下，一般可获得 3～6m 的有效夯实深度。适用于处理碎石土、砂土、低饱和度的粉土与黏性土、湿陷性黄土、杂填土和素填土等地基。

三、强夯置换法

强夯置换法是强夯法用于加固饱和软黏土地基的方法，该方法的加固机理与强夯法不同，它是利用重锤高落差产生的高冲击能将碎石、片石、矿渣等性能较好的材料强力挤入地基中，在地基中形成一个一个的粒料墩，墩与墩间土形成复合地基，以提高地基承载力，减小沉降。在强夯置换过程中，土体结构破坏，地基土体产生超孔隙水压力，但随着时间的增加，土体结构强度会得到恢复。粒料墩一般都有较好的透水性，利于土体中超孔隙水压力消散产生固结，此方法适用于高饱和度的粉土。强夯法和强夯置换法主要用来提高土的强度，减少压缩性，改善土体抵抗振动液化能力和消除土的湿陷性。

四、预压法

预压法是指为提高软弱地基的承载力和减少建筑物建成后的沉降量，预先在拟建构造物的地基上施加一定静荷载，使地基土压密后再将荷载卸除的压实方法，主要用来解决地基的沉降及稳定问题。预压法对软土地基预先加压，使大部分沉降在预压过程中完成，相应地提高了地基强度。预压法适用于处理淤泥、淤泥质土、冲填土等饱和黏性土地基。

五、砂桩法

砂桩法也称为挤密砂桩法或砂桩挤密法，是指用振动、冲击或水冲等方式在软弱地基中成孔后再将砂挤入土中，形成大直径的密实砂柱体的加固地基的方法。砂桩属于散体桩复合地基的一种。适用于挤密松散砂土、粉土、黏性土、素填土、杂填土等地基，用于提高地基的承载力和降低压缩性，也可用于处理可液化地基。对饱和黏土地基上变形控制不严的工程也可采用砂石桩置换处理，使砂石桩与软黏土构成复合地基，加速软土的排水固结，提高地基承载力。砂桩自引入我国后，在工业及民用建筑、交通、水利等工程建设中均得到了成功应用。

六、振冲法

振冲法又称振动水冲法，是以起重机吊起振冲器，启动潜水电机带动偏心块，使振动器产生高频振动，同时启动水泵，通过喷嘴喷射高压水流，在边振边冲的共同作用下，将振动器沉到土中的预定深度，经清孔后，从地面向孔内逐段填入碎石，使其在振动作用下被挤密实，达到要求的密实度后即可提升振动器，如此反复直至地面，在地基中形成一个大直径的密实桩体与原地基构成复合地基，提高地基承载力，减少沉降，是一种快速、经济有效的加固方法。

七、孔内深层强夯法

孔内深层强夯法地基处理技术是先在地基内成孔，将强夯重锤放入孔内，边加料边强夯或分层填料后强夯。孔内深层强夯法技术与其他技术不同之处是：通过孔道将强夯引入到地基深处，用异型重锤对孔内填料自下而上分层进行高动能、超压强、强挤密的孔内深层强夯作业，使孔内的填料沿竖向深层压密固结的同时对桩周土进行横向的强力挤密加固，针对不同的土质，采用不同的工艺，使桩体获得串珠状、扩大头和托盘状，有利于桩与桩间土的紧密咬合，增大相互之间的摩阻力，地基处理后整体刚度均匀，承载力可提高 2~9 倍；变形模量高，沉降变形小，不受地下水影响，地基处理深度可达 30m 以上。

孔内深层强夯法技术适用范围广，可适用于大厚度杂填土、湿陷性黄土、软弱土、液化土、风化岩、膨胀土、红黏土以及具有地下人防工事、古墓、岩溶土洞、硬夹层软硬不均等各种复杂疑难的地基处理。

八、高压喷射注浆法

高压旋喷注浆法是在化学注浆法的基础上，采用高压水射流切割技术而发展起来的。高压喷射注浆就是利用钻机钻孔，把带有喷嘴的注浆管插至土层的预定位置后，以高压设备使浆液成为 20MPa 以上的高压射流，从喷嘴中喷射出来冲击破坏土体。部分细小的土料随着浆液冒出水面，其余土粒在喷射流的冲击力、离心力和重力等作用下，与浆液搅拌混合，并按一定的浆土比例有规律地重新排列。浆液凝固后，便在土中形成一个固结体，与桩间土一起构成复合地基，从而提高地基承载力，减少地基的变形，达到地基加固的目的。按喷射方式的不同，高压喷射注浆法可分为旋转喷射（旋喷）、定向喷射（定喷）和摆动喷射（摆喷）三种，如图3-23所示。

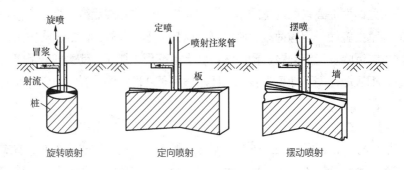

图3-23　高压喷射注浆法

第四节 | 地基与基础工程事故

在工程领域中，地基与基础事故发生层出不穷，对其发生的原因有必要进行深刻的了解，本节将着重对地基和基础事故的类别和原因进行探讨。

一、建筑工程地基事故类别

（一）地基失稳问题

地基失稳问题一般是指荷载密度超过地基承载力，地基产生剪切破坏（整体剪切、局部剪切和冲剪破坏）。加拿大特朗斯康谷仓就是一个典型的例子。

加拿大特朗斯康谷仓平面呈矩形，长59.44m，宽23.47m，高31.00m，容积36368m³。谷仓为圆筒仓，每排13个圆筒仓，共5排，共有65个圆筒仓。谷仓的基础为钢筋混凝土筏基，厚61cm，基础埋深3.66m。谷仓于1911年开始施工，1913年秋完工。谷仓自重20000t，相当于装满谷物后满载总重量的42.5%。1913年9月起往谷仓装谷物，仔细地装载，使谷物均匀分布。1913年10月，当谷仓装了31822m³谷物时，发现1h内垂直沉降达30.5cm。结构物向西倾斜，并在24h内谷仓倾倒，倾斜度离垂线达26°53′。谷仓西端下沉7.32m，东端上抬1.52m，如图3-25所示。

加拿大特朗斯康谷仓严重倾倒，是地基整体滑动强度破坏的典型工程实例。1913年10月18日谷仓倾倒后，上部钢筋混凝土筒仓坚如磐石，仅有极少的表面裂缝。加拿大特朗斯康谷仓地基滑动强度破坏的主要原因是：对谷仓地基土层事先未作勘察、试验和研究，采用的设计荷载超过地基土的抗剪强度，导致了这一严重事故。由于谷仓整体刚度较高，地基破坏后，筒仓仍保持完整，无明显裂缝，因而地基发生破坏而整体失稳。为了修复筒仓，在基础下设置了70多个支承于深16m基岩的混凝土墩，使用了388只千斤顶，逐渐将倾斜的筒仓纠正。谷仓于1916年起恢复使用，修复后的位置比原来降低了4m。

（二）地基变形事故

地基变形沉降或不均匀沉降导致建筑物上部结构产生裂缝、整体倾斜，严重的造成结构破坏。比萨斜塔就是这种情况，如图 3-25 所示。

图 3-24　加拿大特朗斯康谷仓

图 3-25　比萨斜塔

比萨斜塔是意大利比萨城大教堂的独立式钟楼，位于意大利托斯卡纳省比萨城北面的奇迹广场上。钟楼始建于 1173 年，设计时为垂直建造，但是在工程开始不久，便由于地基不均匀和土层松软而倾斜，至 1372 年完工，塔身向东南倾斜。比萨斜塔从地基到塔顶高 58.36m，钟楼墙体在地面上的宽度是 4.09m，在塔顶宽 2.4m，总重约 14453t，目前的倾斜约 10%，即 5.5°，偏离地基外沿 2.3m 顶层突出 4.5m。由于对意大利建筑技术的影响，被联合国教育科学文化组织评选为世界遗产。

到目前为止，比萨斜塔倾斜比较可信的原因是：土层强度不够，塔基的基础深度不够（只有 3m 深），再加上用大理石砖砌的塔身非常重，因而造成塔身不均匀下沉。这种情况的发生是由于结构师对当地地质构造缺乏全面、缜密的调查和勘测，使其设计有误造成的。工程师们也采用了一定的补救措施，采用不同长度的横梁和增加塔身相反方向的重量等来转移塔的重心。

（三）斜坡（滑坡）失稳事故

斜坡失稳常以滑坡形式出现，滑坡规模差异性很大，但对工程的危害很大，滑坡可以是缓慢的、长期的，也可以是突发性的，以每秒几米到几十米的速度下滑。

产生滑坡的原因一般是：边坡坡度倾角过大，土体因自重及地下水或地表水的侵入，使土体内聚力减弱，土体失稳而产生滑动；土层下有倾斜度较大的岩层，在填土和地下水的作用下，降低了土层之间、土层和岩层之间的抗剪强度，从而引起了土体沿岩层层面的滑动；在斜坡上堆置较大的荷载，增加了斜坡的重量，使土体失去了平衡而产生滑动等。发生于 2009 年 6 月 27 日的上海某住宅小区楼房倒塌事件就是由于滑坡失稳造成的，如图 3-26、图 3-27 所示。

该楼房倒塌的主要原因，目前的解释是紧贴该楼北侧的区域在短期内堆土过高，最高处达 10m 左右，与此同时，紧临大楼南侧的地下室车库基坑正在开挖，开挖深度达 4.6m。大楼两侧的压力差使土体产生了滑移，土体的滑移对桩产生了过大的水平推力，超过了桩基的抗侧移能力，从而导致了桩基的断裂，房屋的倒塌。

比萨斜塔的纠偏

从 1911 年开始的精确测量结果显示，在 20 世纪期间，塔的倾斜每年都在不可抗拒地增加。从 1930 年中期，倾斜率成倍增长。1990 年，这座斜塔塔顶中心偏离直线 4.5m。1990 年 1 月 7 日意大利政府关闭对游人的开放，1992 年成立比萨斜塔拯救委员会，向全球征集解决方案。

斜塔的拯救历经了很多的方案，但都未见效。最终拯救比萨斜塔的，是一项看似简单的新技术——地基应力解除法。其原理是，在斜塔倾斜的反方向（北侧）塔基下面掏土，利用地基的沉降，使塔体的重心后移，从而减小倾斜幅度。该方法于 1962 年，由意大利工程师 Terracina 针对比萨斜塔的倾斜恶化问题提出，当时称为"掏土法"，由于显得不够深奥而遭长期搁置，直到该法在墨西哥城主教堂的纠偏中成功应用，又被重新得到认识和采纳。比萨斜塔拯救工程于 1999 年 10 月开始，采用斜向钻孔方式，从斜塔北侧的地基下缓慢向外抽取土壤，使北侧地基高度下降，斜塔重心在重力的作用下逐渐向北侧移动。2001 年 6 月，倾斜角度回到安全范围之内，关闭了十年的比萨斜塔又重新开放，一个世纪的愿望终于实现了。

图 3-26　倒塌现场原图

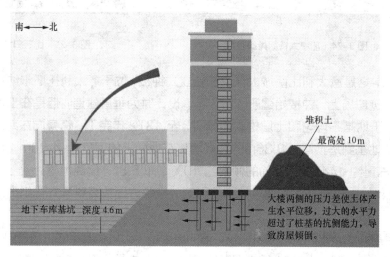

图 3-27　原因分析示意图

二、地基事故原因分析

通过以往的事件和上述分析，地基事故的发生一般可总结为以下几个方面：

（1）地质勘察问题：在勘察过程中不慎重，提供的指标及承载力不确切，地质报告不详细、不准确，造成地基基础方案错误。

（2）设计方案问题：设计方案不合理，盲目的套用图纸，不因地制宜，计算错误，荷载不准确。

（3）施工过程中的问题：不按图纸施工或未按操作规程施工，偷工减料以降低成本，也可能因管理不善、未按施工程序办事。

（4）建筑周围环境问题：基础工程的环境效应，地下水位的变化，使用条件的变化所引起的地基应力分布和形状变化，比如盲目加层、大面积堆载、改变功能等。

地基工程事故发生后，首先应认真细致的调查研究，然后根据事故发生原因和类型，因地制宜的选择相应的基础处理方法，严重的应拆除重建。基础发生事故造成的经济损失是巨大的，因此无论是设计还是施工，都应该对其高度重视。

第四章 土木工程
基本构件与结构

建筑物是用来形成一定空间及造型，并具有抵御人为和自然界施加于其上的各种作用力，满足人们的生活和使用需要的功能的结构，如我们居住的住宅、宿舍以及工作用的办公楼、学习用的教学楼等，都称为建筑物。建筑物包括承重结构和围护结构两个部分。承重结构是指建筑物中，由建筑材料做成的用来承受各种荷载或者作用，起骨架作用的空间受力体系。它就像人的骨骼支撑着人的身体一样，支撑着建筑物。围护结构是指建筑及房间各面的围挡物，如门、窗、墙等，能够有效地抵御不利环境的影响。维护结构和承重结构采用不同的组合形式，组成了外观和使用功能不同的建筑物。在工程上一般所说的结构都是指承重结构。

构成结构的各个元素，称为结构构件。结构构件连接在一起组成结构，就好像人的手骨、胸骨等结合在一起组成人的骨架一样。结构构件主要包括水平构件和竖向构件。水平构件是用以承受竖向荷载的构件，以受弯矩、剪力为主，轴力可忽略不计，如梁、板等；竖向构件是用以支承水平构件并承担水平荷载的构件，如柱、墙体、框架等。另外还有可同时承受水平和竖向荷载的构件，如拱、膜、壳、杆等。不同的结构构件以不同的方式组合连接在一起，构成不同的结构，如梁和柱按某种方式组合成空间框架结构，不同的壳体连接在一起组成空间壳体结构等。

工程上，采用哪种构件，采用哪种结构，这些主要是由构件和结构的力学性能决定的。因此，本章将主要从力学的角度，对组成土木工程结构的基本构件及结构进行介绍。

第一节 | 基 本 构 件

在日常生活中，最常见的结构基本构件形式包括梁、板、柱和墙，如住宅、宿舍、教学楼等都是由这些构件组成的。拱也经常可以看到，如拱桥，拱形门窗等。另外，结构构件还包括膜、壳、杆、索，它们组成的结构主要用于大跨度或有特殊造型的结构，如歌剧院、体育场等。实体构件主要用于大型建筑设施，如桥墩、坝体等。

一、板

板是指平面尺寸远大于其厚度的构件，通常是水平放置，有时也斜向设置（如楼梯板），以承受弯矩和剪力荷载为主。工程中应用的板主要包括屋面板、基础底板、楼面板、梯板等。

板的分类也有很多种。

按在建筑中的位置可分为屋面板、楼板和基础底板等。

按所用材料可分为钢板、钢筋混凝土板、木板、预应力钢筋混凝土板等。

实际工程中框架结构的梁、板、柱结构，从图中可以看到，主梁直接与柱子相连，将力直接传给柱子，次梁搭在主梁上，首先将力传给主梁，再由主梁传给柱子。另外，从图中也可以看出，主梁为钢筋混凝土梁、矩形梁，是与柱子固定连接的梁。

静定结构，几何特征为无多余约束且几何不变，是实际结构的基础。其反力和内力只用静力平衡方程就能确定。

超静定结构，几何特征为几何不变但存在多余约束的结构体系，是实际工程经常采用的结构体系。由于多余约束的存在，使得该类结构在部分约束或连接失效后仍可以承担外荷载。

按平面形式可分为方形板、矩形板、T形板、密肋板、三角形板及圆形板。

按受力形式可分为单向板和双向板（图4-1）。其中，单向板的板上荷载沿短边方向传递到支承构件上，双向板的板上荷载沿两边方向传递到支承构件上。《混凝土结构设计规范》（GB 50010—2010）规定，当板长边与短边之比不大于2.0时，应按双向板设计；当长边与短边之比大于3.0时，按单向板计算；介于2.0和3.0之间时，宜按双向板设计。

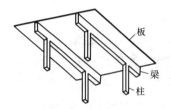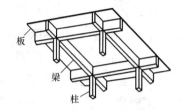

图4-1 单向板（左）和双向板（右）

二、梁

梁是工程结构中典型的受弯构件，通常水平放置，以受弯矩、剪力为主，轴力可忽略不计，有时也承受扭矩的作用。梁在外力作用下主要发生弯曲变形。一般的梁，其截面尺寸远小于其跨度。

梁按其在结构中的位置和作用可分为主梁、次梁、连梁、圈梁和过梁等。其中次梁承受板传递来的荷载，然后再将荷载传递给主梁；主梁不但承受板传递来的荷载，还承受次梁传递来的荷载，然后把荷载传递给竖向承重构件；连梁是指两端与剪力墙相连且跨高比小于5的梁；圈梁一般用于砖混结构，用于提高结构的整体性和抗震能力；过梁一般用于门窗洞口的上部，用以承受洞口上部的结构荷载。

按材料的不同可分为钢筋混凝土、钢梁、预应力混凝土梁、木梁和钢与混凝土组合梁等。

按截面形式的不同可分为矩形梁、T形梁、工字梁、槽形梁、倒T形梁、L形梁、Z形梁、箱形梁、H形梁、蜂窝梁等。

按常见的支承方式可分为简支梁、悬臂梁、一端简支一端固定梁、两端固定梁及连续梁等。简支梁是指梁的两端搁置在支座上，支座由竖向连杆和水平连杆组成，竖向连杆仅约束梁的竖向位移，水平连杆可约束梁的水平位移，但梁两端可以绕支座转动[图4-2（a）]，这种支座称为铰支座。悬臂梁是梁的一端固定在支座上[图4-2（b）]，该端不能转动也不能产生水平和垂直移动，这种支座称为固定支座，另一端可以自由转动和移动，称为自由端。在工程中也常会遇到一端采用固定支座一端采用铰支座[图4-2（c）]和两端采用固定支座的梁[图4-2（d）]，以及多跨简支梁组合在一起的静定多跨梁[图4-2（e）]。连续梁是有两个以上支座的梁[图4-2（f）]。

按受力特征梁可分为静定梁和超静定梁。在外力因素作用下全部支座反力和内力都可由静力平衡条件确定的梁即为静定梁，静定梁是没有多余约束的几何不变体系，其反力和内力只用静力平衡方程就能确定，这是静定梁的基本静力特征。内力不能由静力平衡条件确定的梁称为超静定梁。图4-2（a）、图4-2（b）及图4-2（f）为静定梁，其余为超静定梁。

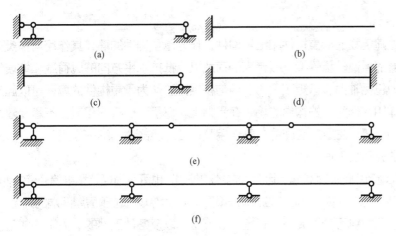

图 4-2　不同支撑方式的梁简图

（a）简支梁；（b）悬臂梁；（c）一端固定一端铰支梁；

（d）两端固定梁；（e）静定多跨梁；（f）连续梁

实际工程中的柱

实际工程中的填充墙

三、柱

柱是在结构中主要承受轴向压力及弯矩的竖向杆件，主要承受梁传来的压力、自身的重力，以及抵抗地震和风产生的水平力，并将荷载传至基础。柱是结构中非常重要的构件，柱的破坏将直接导致整个结构的破坏，在设计和施工中要引起高度重视。

柱在结构中为受压构件。受压构件是以承受轴力为主的构件，可分为轴心受压和偏心受压，偏心受压又分为单向偏心受压和双向偏心受压，如图 4-3 所示。轴心受压构件是指力恰好作用于构件的重心，构件不产生弯矩，这样的构件在实际工程中是不存在的；偏心受压构件是指作用于构件的力与轴心之间存在一定距离，使构件受压时也受弯。实际结构中的柱都是偏心受压柱。另外，柱也要承担地震引起的水平力及弯矩的作用。

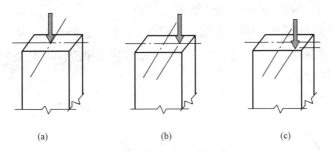

图 4-3　轴心受压柱和偏心受压柱

（a）轴心受压；（b）单向偏心受压；（c）双向偏心受压

柱的分类方法也有很多：

按截面形式的不同可分为方柱、矩形柱、圆柱、管柱、工字形柱、H 形柱、T 形柱、L 形柱、十字形柱等。

按所用材料的不同可分为石柱、砖柱、砌块柱、钢柱、钢筋混凝土柱、钢管混凝土柱等。

按柱的破坏特征或长细比可分为短柱、长柱及中长柱。其中短柱是指柱的高度与截面宽度之比小于 4 的柱，这种柱以剪切破坏为主，破坏时没有明显征兆，在工程设计中要尽量避免出现这种柱。

四、墙

墙是建筑物的承重构件和维护构件。作为承重构件的墙，其作用与柱类似，用于承受自身的重量，承受梁、板传来的荷载以及抵抗水平方向的风荷载和地震作用，产生的内力包括轴力、弯矩和剪力。但与柱相比，作为承重构件的墙还可以起到维护和分割的作用。作为维护构件的墙，在受力上，仅承受自身的重量，不承受建筑物及其他构件的重量，主要起空间的分割作用及保证环境舒适的维护作用。

墙的分类也有很多种：

按在建筑中的空间位置，可分为内墙和外墙，也可分为横墙和纵墙。其中，沿建筑物短轴方向的墙称为横墙，沿长轴方向布置的墙称为纵墙，位于房屋两端的外墙称为山墙。

按所用材料可分为砖墙、石墙、混凝土墙以及各种天然的、人工的或工业废料制成的墙等。

按构造方式分为实体墙、空体墙和组合墙。

按在建筑物中的受力情况，可分为承重墙和维护墙等。其中，承重墙可以是砖砌体的，也可以是钢筋混凝土的。

五、拱

拱由主要承受轴向压力并由两端推力维持平衡的曲线或折线形构件及支座组成。支座可做成能承受垂直力、水平推力以及弯矩的支墩，也可用墙、柱或基础承受垂直力、用拉杆承受水平推力。拱主要产生压力，使构件摆脱了弯曲变形，因此即使跨度很大，也不需要或只需要很少的钢筋来抵抗由弯曲变形产生的拉力。但是拱会产生水平推力，跨度大时这个水平推力也大，因此在实际工程上，拱结构主要用于如礼堂、展览馆、体育馆、火车站、飞机库等大跨屋盖承重结构及桥梁结构，它比同跨度的梁要节省材料。拱支座的水平推力很大，抵抗拱水平推力的措施包括：利用地基基础直接承受水平推力；利用侧面框架结构承受水平推力；利用拉杆承受水平推力。

拱的分类也有多种：

按所用材料可分为砖砌拱、混凝土拱、钢拱等。

按拱的形状可分为箱形拱、圆弧拱、双曲拱、肋拱、桁架拱、刚架拱等。

按拱的支撑条件可分为三铰拱、无铰拱、双铰拱和带拉杆的双铰拱等。图 4-4 为不同支撑条件的拱。

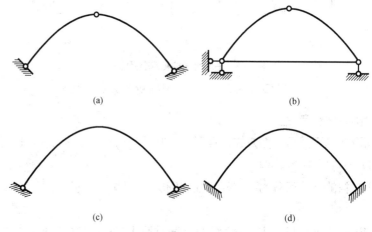

(a)　　　　　　　　　　　　(b)

(c)　　　　　　　　　　　　(d)

图 4-4　不同支撑条件的拱

（a）三铰拱；（b）拉杆拱；（c）两铰拱；（d）无铰拱

六、壳

壳是具有很好的空间传力性能的曲面结构，能以极小厚度覆盖大跨度空间，以受压为主。壳的受力原理可以以鸡蛋的例子解释：一个人握住一个鸡蛋使劲捏，无论怎样用力也不能把鸡蛋捏碎。薄薄的鸡蛋壳之所以能承受这么大的压力，是因为它能够把受到的压力均匀地分散到蛋壳的各个部分。壳的受力原理就是承受由于各种作用产生的面内力，即主要承受平行于壳表面作用的内力，有时也承受面外作用的弯矩、剪力、轴力等其他内力。建筑师根据这种壳结构的受力特点，设计出了许多既轻便又省料的建筑物，如悉尼大剧院、杭州黄龙体育场、人民大会堂、北京火车站以及其他很多著名建筑。

壳的分类也有多种：

按所采用的材料可分为混凝土壳、钢结构壳等。

按壳面的形式可分为薄壳和网壳结构。其中薄壳结构就是曲面的薄壁结构。网壳是一种与平板网架类似的空间杆系结构，是以杆件为基础，按一定规律组成网格，按壳体结构布置的空间构架，它兼具杆系和壳体的性质。

按曲面生成的形式分为球壳、筒壳、圆顶薄壳、双曲扁壳和双曲抛物面壳等。有时，为了美观，还可以使用组合壳。图4-5为常见的壳面形式。

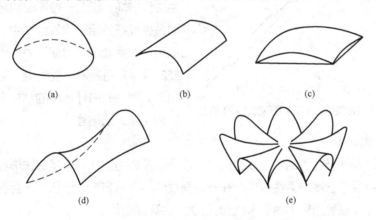

图4-5 常见的壳面形式

（a）球壳；（b）筒壳；（c）双曲扁壳；（d）双曲抛物面壳；（e）组合壳

七、膜

膜是以薄膜材料制成的构件，只能承受拉力。膜结构自重轻、跨度大、建筑造型丰富，施工方便。但抵抗局部荷载作用能力差，容易出现褶皱、局部破损甚至整体破坏等问题。它迥异于传统的结构，以性能优良的软织物为材料，以膜内空气压力支承膜面，或利用柔性钢索、刚性支承结构使膜产生一定的预张力，从而形成具有一定刚度、能覆盖大空间的结构体系。

膜结构根据受力方式可以分成四种结构：整体张拉式膜结构、骨架支撑式膜结构、索系支撑式膜结构和空气支撑膜结构。空气支撑膜结构是利用膜内外空气的压力差为膜材施加预应力，使膜结构能覆盖形成的空间。张拉膜结构通过给膜材直接施加预应力使其具有刚度并承担外荷载。膜结构按曲面构成可分为鞍形、伞形、拱式和脊骨式，如图4-6所示。

膜与索、钢架的组合结构是大跨度空间结构的一个主要形式。与世界先进水平相比，中国在膜结构方面的差距是明显的。随着经济的发展，膜结构在我国的应用也呈现出比较活跃的势头。

建筑中的壳

建筑中的膜

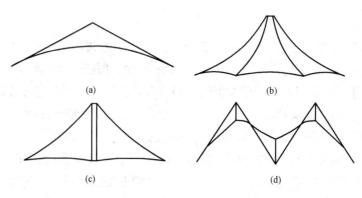

图 4-6　不同曲面构成的膜剖面图

（a）鞍形；（b）伞形；（c）拱支式；（d）脊谷式

八、杆

杆是建筑中常用的一种构件形式，它只能用于承受轴向压力或拉力，如图 4-7 所示，不能用于承受弯矩和剪力，杆的两端通过球铰或平面圆柱铰与其他物体连接。一

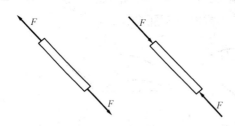

图 4-7　承受轴向拉力（左）和压力（右）的杆

般杆的长度与截面宽度的比较大，容易发生失稳破坏，因此一般不单独用于结构，而是组成杆系用于建筑结构中。虽然杆只能用于承受轴向压力或拉力，但是由杆组成的杆系却可同时承受弯矩、剪力、扭矩、轴力。常见的由杆组成的结构形式有桁架结构、网架结构等。

九、索

索是以柔性受力的钢索组成的构件，以承担拉力为主，可以是直线形或曲线形。根据刚性特征，它属于柔性构件，在一种荷载作用下只有一个形状，一旦荷载性质有变（如均布荷载变为集中荷载），它的形状也会突然变化。

索采用的材料非常广泛，有圆钢、钢丝绳、钢绞线等，如图 4-8 所示。很久以前，我们的祖先也使用过竹、藤等材料制作索。索具有质量轻、造型灵活的优点，因此在工程中得到了广泛应用，如桥梁结构中的悬索结构、斜拉索桥，结构工程中大跨度的体育馆、飞机场等。

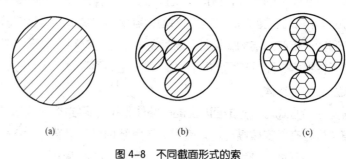

图 4-8　不同截面形式的索

（a）圆钢；（b）钢绞线；（c）钢丝绳

第二节│基 本 结 构

在结构力学中，将结构定义为由基本构件（如杆、柱、梁、板等）按照合理的方

式所组成的构件体系，用以支承荷载并传递荷载起支承作用的部分。从力学角度出发，结构的基本形式包括刚架结构、排架结构、桁架结构、板壳结构、索结构以及实体结构。

一、刚架结构

刚架结构是柱和纵、横两向梁采用刚性节点连接而成的空间结构体系，用以共同抵抗荷载的作用。刚架结构承受的荷载包括竖向荷载和水平荷载。竖向荷载包括结构自重及楼面活荷载，一般为分布荷载，有时也有集中荷载。水平荷载主要为风荷载和地震荷载。

刚架结构的分类有多种：

按跨数可分为单跨和多跨框架。

按层数可分为单层和多层框架。

按平面构成可分为对称和不对称框架。

按所用材料可分为混凝土框架、胶合木结构框架以及钢与钢筋混凝土混合框架等。其中最常用的是混凝土和钢框架结构。

多层、多跨刚架结构即是建筑结构中的框架结构。图 4-9 为工程中的各类刚架结构。

建筑中的框架结构

建筑中的排架结构

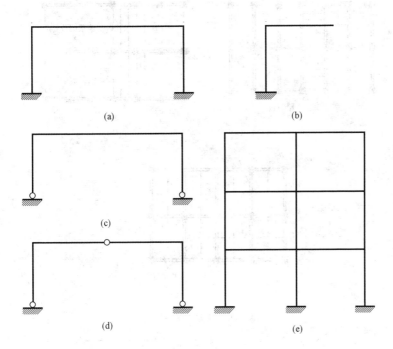

图 4-9　各类刚架结构

（a）无铰刚架；（b）半刚架；（c）两铰刚架；（d）三铰刚架；

（e）多层、多跨刚架（框架）

刚架结构的主要优点：空间分隔灵活，可以较灵活地配合建筑平面布置，利于安排需要较大空间的建筑结构；自重轻，节省材料；框架结构的梁、柱构件易于标准化、定型化，便于采用装配整体式结构，以缩短施工工期；现浇混凝土框架，结构的整体性、刚度较好，抗震效果好。刚架结构体系的缺点：结构的侧向刚度小，在强烈地震作用下，结构会产生较大的水平位移，易造成严重的非结构性破坏。因此，当高度大、层数多时，结构底部柱的轴力很大，而且梁和柱水平荷载所产生的弯矩和整体的侧移也显著增加，从而导致框架柱截面尺寸和配筋增大，影响建筑平面布置和空间处理，并且在材料消耗和造价方面，也趋于不合理，故一般适用于建筑不超过15层的房屋。

刚架结构在布置时，遵循如下原则：平面尽量均匀对称，以使形心与质心重合，减小地震的扭转作用；竖向质量和刚度尽量均匀，以避免刚度突变而产生应力集中；控制层间位移，以免非结构构件破坏；控制结构单元长度减小温度应力，当无法减小结构单元长度时，要设置伸缩缝。

根据承重方向不同，刚架的布置方式一般分为：横向布置、纵向布置、纵横双向混合布置三种方案。横向布置是指刚架的主梁沿建筑物的横向布置，楼板和次梁沿纵向布置，形成以横向刚架为主的承重框架［图4-10（a）］；纵向布置是指主梁沿建筑物的纵向布置，楼板和次梁横向布置，形成以纵向刚架为主的承重构件［图4-10（b）］；纵横混合布置是在纵横双向都布置承重刚架，此时双向刚架均承受楼面荷载和水平荷载［图4-10（c）］。刚架结构广泛用于住宅、学校、办公楼、商场等。

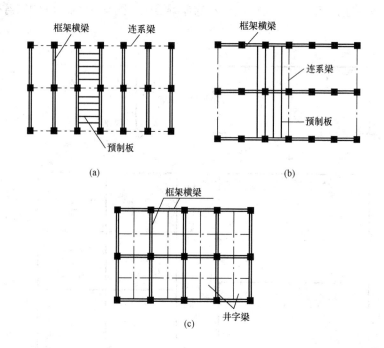

图4-10　刚架的布置方式

（a）横向布置；（b）纵向布置；（c）纵横双向混合布置

二、排架结构

排架结构一般由屋架或屋面梁、柱、基础组成，柱顶与上部横向构件铰接，柱底与基础刚接，形成一个平面结构体系。排架结构传力明确，构造简单，施工也较为方便，有利于实现设计标准化、构件生产工业化以及施工机械化，提高建筑工业化水平。

排架结构分类：

按荷载传递分为横向排架结构体系，纵向排架结构体系；

按材料分为钢筋混凝土排架、钢排架、钢与钢筋混凝土组成的排架和砖排架；

按生产工艺与使用要求可分为单跨和多跨，等高、不等高和锯齿形排架等，如图

4-11 所示。

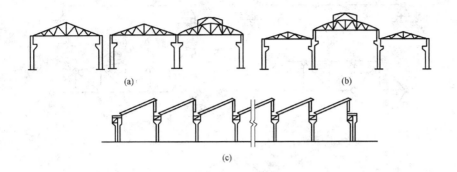

桥梁结构中的桁架结构

图 4-11　排架类型

（a）等高排架；（b）不等高排架；（c）锯齿形排架

排架结构一般都是空间结构，各部相连成为一空间整体，以承受各方向可能出现的荷载。在计算分析时，多数情况下，常忽略一些次要的空间约束，而将实际结构分解为平面结构，按平面超静定结构计算。与框架相比，排架超静定次数较少，手工计算较为容易。排架结构一般用于单层工业厂房、空旷建筑物（如仓库、飞机库、剧院）等。

三、桁架结构

桁架结构是由杆构件在端部相互连接而成的以抗弯为主的格构式结构。桁架一般由弦杆、腹杆组成。按在桁架中的位置，弦杆可分为上弦杆和下弦杆，腹杆可分竖腹杆和斜腹杆。桁架结构受力合理，计算简单，施工方便，工期短，对支座没有横向推力，因此在工程中得到了广泛的应用。

桁架结构在受力上，多用于受弯构件。在外荷载下，简支桁架所产生的弯矩图和剪力图都与简支梁的情况相似，但桁架结构与简支梁具有完全不同的受力性能。简支梁在竖向荷载作用下，沿梁轴线的弯矩和剪力分布都极不均匀。桁架结构各杆件受力均以单向拉、压为主，通过对上下弦杆和腹杆的合理布置，可使结构内部的弯矩和剪力分布较均匀。与拱相比，由于水平方向的拉、压内力实现了自身平衡，整个结构不对支座产生水平推力。

桁架结构的分类方法很多：

按外形可分为平行弦、三角形、梯形、折线形等桁架，分别如图 4-12（a）~（d）所示；

按几何组成方式可分为简单桁架、联合桁架和复杂桁架，图 4-12（e）为联合桁架；

按空间形式可分为平面桁架和空间桁架；

按受力特点及材料性能可分为：桥式、无斜腹杆或刚接桁架等；

按材料可分为木桁架、钢桁架、混凝土桁架、铝合金桁架、钢—木组合桁架、钢筋混凝土—钢组合桁架。

桁架结构的选型在建筑上应考虑建筑的用途、屋面防水构造、屋架跨度、结构材料的供应、施工技术等因素以及各种桁架的特点和适用范围，在结构上要使桁架结构受力合理、技术先进、经济适用。桁架结构的应用几乎涵盖了土木工程所有的领域，在大跨度结构中，都可以看到桁架结构的应用。

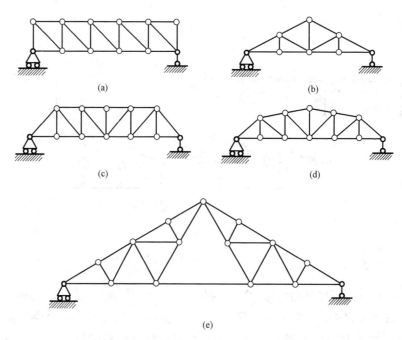

图 4-12　各种桁架结构

（a）平行弦式桁架；（b）三角形桁架；（c）梯形桁架；

（d）折线形桁架；（e）联合桁架

四、板壳结构

板壳结构不仅指板件、曲壳，还包括板或壳组成的薄壁构件以及由薄壁构件组成的结构等。以墙体作为承重构件的结构可以看做是一类更广义范围的板壳结构，如剪力墙结构等。板壳结构起源于 18 世纪，欧拉最先探索板的弯曲问题。但是，直到 19 世纪中期，克希霍夫才给出第一个完善的板弯曲理论。到 20 世纪，由于工业的飞跃发展，极大地推动了板壳结构分析的研究和应用。

现有的板壳结构的设计仍然在很大的程度上依赖于经验，缺乏理性的指导，并没有充分的挖掘结构的潜力。随着计算机的普及和迅速发展，板壳结构屈曲分析的研究方法从古典法发展到有限元法。有限元法不仅可以实现板壳的双重非线性的屈曲分析，还可以方便的计入几何缺陷、残余应力等因素的影响。从而推动了板壳结构在工程应用中的发展。

板壳结构具有厚度小、质量轻、耗材少、性能好等特点。近年来，随着对大型、轻质的板壳及空间结构需求的逐渐增大，板壳结构被广泛应用于大跨度空间结构或对造型有特殊要求的结构。也有人从杂交的思想出发，提出板壳结构杂交应用的一些方案。杂交结构的基本思路，就是以板壳为基础，与杆件网格结构相结合，或与斜拉结构以及其他结构相结合的结构新形式。杂交板壳结构，可以汇聚几种结构形式的优点于一身，产生自己独特的优势，如自重轻、节省材料、受力合理、承载力强等。杂交板壳结构具有被广泛采用的潜质。

五、索结构

索结构是由承重索、侧边（边缘）构件和下部支撑结构组合形成的承重结构（图 4-13）。索结构利用高强钢丝做承重索，使钢材良好的受拉性能得以充分发挥，加上高强、高刚度的边缘构件以及下部支撑构件，使结构自重极大地减小，而跨度大大增加，除了稳定性较差外，是比较理想的大跨屋盖形式。

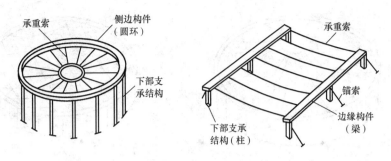

图 4-13　索结构的组成

建筑中的悬索结构

水工结构中的重力坝

　　索结构的优点表现为其一般采用高强度钢材制成，通过索的轴向受拉来抵抗外荷载的作用，可以充分利用钢材的强度，从而大大减少材料用量，减轻结构自重。应用在建筑上，索结构便于建筑造型，容易适应各种建筑平面，因而可以较自由地满足各种建筑功能和表达形式的要求。钢索线条柔和，便于协调，有利于创作各种新颖的富有动感的建筑体型，并且可以创造具有良好物理性能的建筑空间，如双曲下凹碟形索屋盖具有极好的音响性能，因而可以用来遮盖对声学要求较高的公共建筑，同时悬索屋盖对室内采光也极易处理，故用于采光要求高的建筑物也很适宜。

　　索结构在结构上的缺点表现为悬索屋盖结构的稳定性较差。单根的悬索是一种几何可变结构，其平衡形式随荷载分布方式而变，特别是当荷载作用方向与垂度方向相反时，索就丧失了承载能力。因此，常常需要附加布置一些索系或结构来提高屋盖结构的稳定性。

　　索结构形式很多，根据索网、边缘构件和下部支承结构的不同配置，可形成一系列的悬索结构。悬索按受力状态分成平面悬索和空间悬索结构。平面悬索结构又分为单层索和双层索，空间悬索结构又分为圆形单层索结构、伞形单层索结构、双向正交索网结构。图 4-14 为工程中各类单层悬索和双层悬索结构。

　　索结构是一种受力比较合理的建筑结构体系。就建筑而言，由于拉索显示出柔韧的状态，使得结构轻巧富有动感，也充分显示了结构的特征和结构的美学。其结构体系除用于大跨度桥梁工程外，还在体育馆、飞机库、展览馆、仓库等大跨度屋盖结构中应用。

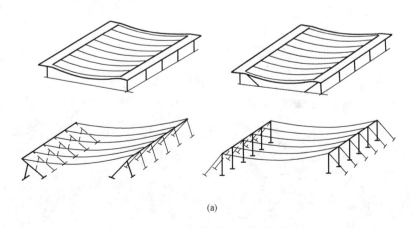

(a)

图 4-14　工程中的各类索结构（一）

（a）单层索结构

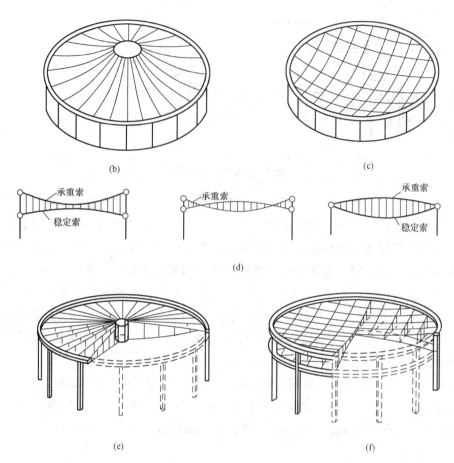

图 4-14　工程中的各类索结构（二）

（b）伞形单层索结构；（c）单层双向正交索结构；（d）双层索结构；

（e）伞形双层索结构；（f）双层正交索结构

六、实体结构

实体结构也称为实心结构，是指被材料充满的一种基本结构，其长度、宽度和高度尺寸都很巨大，常常单独承受巨大荷载的作用，亦可称为实体构件。实体结构在工程中应用非常广泛，常见的实体构件包括大型桥墩、水工结构的重力坝及大型基础承台等。

第五章 建筑工程

建筑工程是指为新建、改建或扩建房屋建筑物和附属构筑物设施所进行的规划、勘察、设计和施工、竣工等各项技术工作和完成的工程实体。建筑工程也指房屋建筑工程，指有顶盖、梁柱、墙壁、基础以及能够形成内部空间，满足人们生产、生活、公共活动的工程实体，包括厂房、剧院、旅馆、商店、学校、医院和住宅等。其新建、改建或扩建必须兴工动料，通过施工活动才能实现。

当天然洞穴不能满足日益增加的人口所需的遮风避雨、防止野兽侵袭的避难所时，人们开始用树枝、石块搭建棚穴，房屋建筑由此应运而生。早期以石材为主的建筑体型庞大、坚固耐久，其中不少经典建筑至今仍屹立不倒。随着社会生产力水平的不断提高，建筑材料、建筑技术也得到了迅猛的发展，人类对建筑物的要求已不仅仅局限于最初的安身之所，而更多地考虑建筑使用功能方面的需求。经过几千年来的不断发展，形成了各类形式复杂、功能齐全的建筑类型，比如美国纽约曼哈顿建筑群（图 5-1）。

 建筑物，是指为了满足人类社会的需要、利用所掌握的物质技术手段、在科学规律和美学法则的支配下，通过对空间的限定、组织而创造的人为的社会生活环境。

构筑物，是指人们一般不直接在内进行生产和生活的建筑物，如水塔、烟囱、堤坝等。

图 5-1　纽约曼哈顿建筑群

我国历史悠久、幅员辽阔，不同地域文化形成了不同的建筑风格，各类建筑举不胜举、美不胜收。比如北京故宫（图 5-2）、苏州园林等代表了封建社会时期的建筑风格。现如今随着我国城市人口的持续增长，经济建设、改革开放的不断深入开展，我国建筑业获得了前所未有的发展机遇。国内各大中城市纷纷建造当地的标志性建筑，风格迥异的各类建筑如雨后春笋般遍及祖国的大江南北。这些建筑绝大多数都是超高层或大跨度建筑。它们集成了当今世界最先进的建造技术，不断地创造着新的世界纪录，为世人留下了经久不衰的建筑艺术品。

建筑物按照使用功能通常可以分为工业建筑、民用建筑和农业建筑。民用建筑又可以细分为居住建筑和公共建筑两大类。若按层数区分建筑物，则可分为单层、低层及大跨度建筑、多层建筑、高层及超高层建筑。

国家体育场，工程总占地面积 21 公顷，建筑面积 25.8 万 m^2。容纳观众约 9 万人。主体建筑呈空间马鞍椭圆形，南北长 333m、东西宽 294m、高 69m。由巨型马鞍形钢桁架编织成"鸟巢"结构，总用钢量 4.2 万 t。屋顶钢结构上覆盖了双层膜结构。

图 5-2 北京故宫

第一节 单层、低层及大跨度建筑结构

一、单层建筑结构

单层建筑是指只有一层的建筑，一般单层建筑按照使用目的的不同可以分为民用单层建筑和单层工业厂房。

（一）民用单层建筑

民用单层建筑一般采用砖混结构，即墙体采用砖墙，屋面板采用钢筋混凝土板。多用于单层住宅、公共建筑、别墅等（图 5-3、图 5-4）。

图 5-3 单层住宅

图 5-4 某单层度假村

（二）单层工业厂房

1. 传统单层工业厂房

传统的单层工业厂房建筑多采用钢筋混凝土柱，柱上设置牛腿承受吊车梁传递来的荷载，屋盖采用钢屋架结构，屋面板采用钢筋混凝土大型屋面板，通过合理设置支撑增强厂房结构的整体性（图 5-5）。设有大吨位重级工作制吊车或承受动力荷载作用的重型工业厂房则常常采用钢结构格构式柱（图 5-6），这样既可以提高结构的承载能力，又能适当地节省钢材，减轻结构自重，降低建筑成本。按照结构形式的不同，单层工业厂房可分为排架结构和刚架结构。排架结构是指柱脚与基础刚接但屋架与柱顶铰接的结构；刚架结构的横梁或屋架则必须与柱顶刚接，而根据柱脚与基础连接形式的不同又可分为柱脚铰接的刚架和柱脚刚接的刚架（也称框架）。

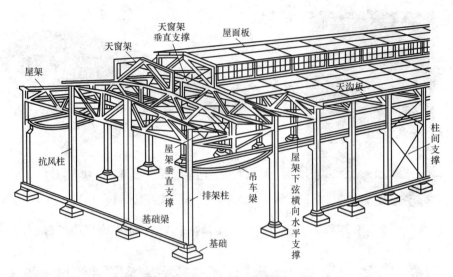

图 5-5 钢筋混凝土柱单层工业厂房

图 5-6 钢结构单层工业厂房

居住建筑，专指提供给人们生活起居功能的建筑，包括住宅、别墅、宿舍、公寓等。

公共建筑，包含办公建筑（包括写字楼、政府部门办公室等），商业建筑（如商场、金融建筑等），旅游建筑（如旅馆饭店、娱乐场所等），科教文卫建筑（包括文化、教育、科研、医疗、卫生、体育建筑等），通信建筑（如邮电、通信、广播用房）以及交通运输类建筑（如机场、车站建筑、桥梁等）。目前仍未明确定义商住楼归属公共建筑还是居住建筑。

2. 轻型门式刚架结构建筑

近年来，轻型门式刚架结构的应用越来越广泛。该类建筑常采用钢结构的形式，柱子和梁采用等截面或变截面 H 型钢（图 5-7），梁柱连接节点为刚接。因其施工方便，建设周期短，跨度大，用钢量经济，轻型门式刚架结构目前在单层厂房、仓库、冷库等建筑中的应用非常广泛（图 5-8）。

3. 拱形彩板屋顶建筑

彩钢结构建筑质量轻、强度高、整体刚度好、变形能力强，建筑物自重仅是砖混结构的五分之一。用拱形彩色热镀锌钢板作屋面施工工期短，造价低，彩板之间用专用机具咬合缝，不漏水；现已在很多工程中采用（图 5-9）。彩钢结构屋顶全部采用冷弯薄壁型钢，钢板采用超级防腐高强冷轧镀锌板制造，有效避免彩钢板在施工和使用过程中的锈蚀的影响，增加了钢构件的使用寿命，结构寿命可达100 年。

图 5-7　变截面门式刚架

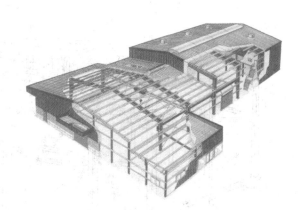

图 5-8　轻型门式刚架单层工业厂房

图 5-9　拱形彩板屋顶建筑

二、低层建筑结构

低层建筑是指介于单层与多层建筑之间的高度低于或等于 10m 的建筑物，一般为 2~3 层，多见于住宅、别墅等。低层房屋一般建筑结构简单，施工周期短，建造成本低廉，它的舒适度、方便性和空间尺度优于高层建筑，人们特别喜欢以此为住宅。但是，低层房屋占地多，土地利用率低，特别是在寸土寸金的城市中心区难以广泛开发。

自从实施住房制度改革以来，我国住宅产业开发一直都处在大规模生产阶段。随着农村城镇化步伐的加快，低容积率的控制，农民住房将越来越集中化和城镇化；同时由于生活水平的提高，人们不再满足单一的设计风格与功能需求，开始追求居住环境的个性化、智能化以及以人为本的思路。出于对居住的人文环境与舒适度的考虑，低层住宅和别墅将越来越普遍，这些都为大规模定制的装配式住宅带来了极好的发展机遇。

低层建筑从建筑材料的角度可分为木结构、砌体结构、钢筋混凝土结构和轻型钢结构。其中，轻型钢结构住宅在国外的发展和应用已非常成熟，其建筑结构主体采用高强冷弯薄壁型钢构件建造，施工周期短、工业化程度高、抗震性能优越、对城市环境影响小、有利于环保，所以有"绿色建筑"之称（图 5-10）。近年来，这种轻型钢结构骨架住宅、别墅在我国沿海地区及风景区度假村建筑中的应用越来越广泛。

三、大跨度建筑结构

横向跨越 60m 以上的各类空间结构形式的建筑均可称为大跨度建筑。它多用于民用建筑中的影剧院、体育馆、展览馆、大会堂、航空港候机大厅及其他大型公共建筑、工业建筑中的大跨度厂房、飞机装配车间和大型仓库等。

图5-10 轻钢骨架建筑

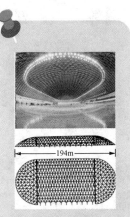
（一）网架结构

网架结构是以多根杆件按照一定规律组合而成的网格状高次超静定空间杆系结构。杆件以钢制的管材或型材为主。网架结构按外形的不同可以分为平面网架和曲面网架两类（图5-11）。网架结构是大跨度建筑最常见的结构形式，具有空间刚度好、用材经济、工厂预制、现场安装、施工方便等优点，因而得到广泛应用（图5-12、图5-13）。

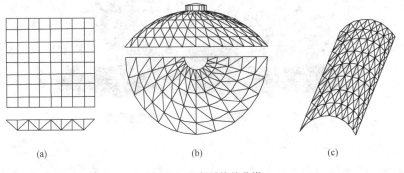

(a) (b) (c)

图5-11 网架结构的分类

（a）平板型网架（双层）；（b）曲面网架（单层、双曲）；（c）曲面网架（单层、单曲）

图5-12 平板型网架

图5-13 曲面网架

（二）网壳结构

网壳结构是以钢杆件组成的曲面网格结构。网壳可做成单层或双层（图5-14），它与曲面网架的外形相似，二者的主要区别在于网壳是刚接杆件体系，而网架节点是铰接的。网壳结构的曲面具有很大的刚度，在大跨度屋盖结构中的应用广泛。

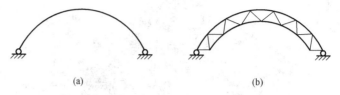

(a) (b)

图 5-14　单层和双层网壳

（a）单层网壳；（b）双层网壳

北京市大兴区西红门短程线网壳为球形钢网壳（图 5-15），建筑直径 21m，建筑高度为 20.5m，基本是整球，支座落地，球壳通过 20 个支点支撑在直径 10m 的钢筋混凝土圆柱上。外挂三角形夹胶钢化单面彩釉点式玻璃，是一座集休闲、娱乐和观光于一体的综合性景观建筑。

图 5-15　大兴西红门直径 21m 短程线网壳

（三）悬索结构

悬索结构是将桥梁中的悬索"移植"到房屋建筑中，以适应房屋结构大跨度的要求，是土木工程中结构形式互通互用的典型范例。悬索仅承受拉力，可以最充分地利用材料的强度，是大跨度屋盖的理想结构形式。

在世界各地，许多体育场馆建筑就是采用悬索结构。如落成于 1964 年的日本代代木体育馆，是 20 世纪 60 年代的技术进步的象征，它脱离了传统的结构和造型，被誉为划时代的作品，该体育馆采用高张力缆索为主体的悬索屋顶结构（图 5-16）。在众多悬索结构中，美国明尼亚波利斯（Minneapolis）联邦储备银行大厦的结构设计很有特色（图 5-17），此银行为一座 11 层大楼，跨度达 83.2m，用悬索作为主要承重结构，悬索锚固在两侧的两个简体结构上，简体承受大楼的全部竖向荷载，柱顶设有大梁，以平衡悬索在柱顶产生的水平力，整个大楼就悬挂在悬索和顶部大梁上，索的水平力将由柱顶大梁来平衡。

（四）索膜结构

索膜结构是用高强度柔性薄膜材料承受其他材料的拉压作用而形成稳定曲面，能承受一定外荷载的空间结构形式。索膜结构作为新的建筑形式于 20 世纪 50 年代开始在国际上出现，特别是到了 70 年代以后，膜结构的应用得到了迅速发展。

图 5-16 日本代代木体育馆

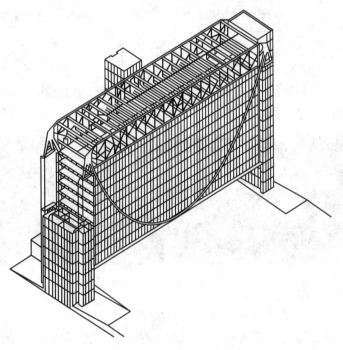

图 5-17 明尼亚波利斯联邦储备银行

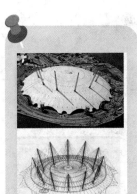

膜结构的出现为建筑师们提供了超出传统建筑模式以外的新选择。它一改传统建筑材料而使用膜材，其重量只是传统建筑的 1/30。而且膜结构可以从根本上克服传统结构在大跨度（无支撑）建筑上实现时所遇到的困难，可创造巨大的无遮挡的可视空间。其造型自由、轻巧、柔美，充满力量感，具有阻燃、制作简易、安装快捷、节能、使用安全等优点，使其在世界各地得到广泛应用。值得一提的是，在阳光的照射下，由膜覆盖的建筑物内部充满自然漫射光，室内的空间视觉环境开阔和谐。夜晚，建筑物内的灯光透过屋盖的膜照亮夜空，建筑物的体型显现出梦幻般的效果。这种结构形式特别适用于大型体育场馆、入口廊道、公众休闲娱乐广场、展览会场、购物中心等领域（图 5-18）。全世界最豪华的酒店阿拉伯塔酒店（又称迪拜帆船酒店），其部分外部结构就是采用高强纤维膜结构（图 5-19）。

（五）充气结构

充气结构，又名"充气膜结构"，是指在以高分子材料制成的薄膜制品中充入空气

后而形成房屋的结构。充气结构于20世纪40年代开始应用，可作为体育场、展览厅、仓库、战地医院等。特别适宜于轻便流动的临时性建筑和半永久性建筑。充气结构具有重量轻、跨度大、构造简单、施工方便、建筑造型灵活等优点；其缺点是隔热性、防火性较差，且有漏气问题，需要持续供气。

图 5-18　上海世博园区世博轴索膜结构　　　　　图 5-19　阿拉伯塔酒店

最典型的充气膜结构建筑是国家游泳中心"水立方"（图 5-20）。"水立方"的内外立面充气膜结构共由 3065 个气枕组成，最大的达到 70m^2，覆盖面积达到 10 万 m^2，展开面积达到 26 万 m^2，是世界上规模最大，也是唯一一个完全由膜结构来进行全封闭的大型公共建筑。

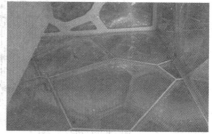

图 5-20　国家游泳中心"水立方"

2010 年上海世博会的日本馆，是一座"会呼吸的展馆"，半圆形的大穹顶呈淡紫色，像一个巨大的蚕茧，故名"紫蚕岛"。展馆高约 24m，外部呈银白色，采用含太阳能发电装置的超轻"膜结构"包裹，形成一个半圆形的大穹顶，宛如一座"太空堡垒"（图 5-21）。

图 5-21　2010 年上海世博会的日本国家馆

（六）应力蒙皮结构

应力蒙皮结构一般用钢质薄板做成很多块各种板片单元焊接而成的空间结构。考虑结构构件的空间整体作用时，利用蒙皮抗剪可以大大提高结构整体的抗侧刚度，减少侧向支撑的设置。

1959 年建于美国巴顿鲁治的应力蒙皮屋盖（图 5-22），直径为 117m，高 35.7m，由一个外部管材骨架形成的短程线桁架系来支承 804 个双边长为 4.6m 的六角形钢板片单元，钢板厚度大于 3.2mm，钢管直径为 152mm，壁厚 3.2mm。这是蒙皮结构应用于大跨度的第一个实例。

图 5-22 应力蒙皮屋盖

悉尼歌剧院，位于澳大利亚悉尼，是 20 世纪最具特色的建筑之一，也是世界著名的表演艺术中心，已成为悉尼市的标志性建筑。该歌剧院 1973 年正式落成，2007 年 6 月 28 日被联合国教科文组织评为世界文化遗产，该剧院设计者为丹麦设计师约恩·乌松。悉尼歌剧院坐落在悉尼港的便利朗角，其特有的帆造型，加上悉尼港湾大桥，与周围景物相映成趣。

（七）薄壳结构

薄壳结构就是曲面的薄壁结构，按曲面生成的形式分为筒壳、圆顶薄壳、双曲扁壳和双曲抛物面壳等，材料大都采用钢筋和混凝土。壳体能充分利用材料强度，同时又能将承重与围护两种功能融合为一。实际工程中还可利用对空间曲面的切削与组合，形成造型奇特新颖且能适应各种平面的建筑，但较为费工和费模板。薄壳结构的优点是可以把受到的压力均匀地分散到物体的各个部分，减少受到的压力。

悉尼歌剧院是世界著名的建筑之一，于 1973 年建成（图 5-23）。歌剧院的外观为三组巨大的壳片，耸立在南北长 186m、东西最宽处为 97m 的现浇钢筋混凝土结构的基座上，现已成为澳大利亚标志性建筑。

图 5-23 悉尼歌剧院

第二节 | 多层建筑结构

多层建筑指高于 10m、低于或等于 24m 的建筑物。多层房屋一般为 4~8 层，主要应用于住宅、办公楼、旅馆等。多层房屋一般规格（房型）整齐，通风采光状况好，空间紧凑而不闭塞。与高层相比，多层房屋公用面积少，得房率相应提高，这是很多人喜欢多层房屋的主要原因。多层房屋常用的结构形式为混合结构、现浇式结构以及装配式结构。

混合结构指用不同的材料建造的房屋，通常墙体采用砖砌体，屋面和楼板采用钢筋混凝土结构，故也称为砖混结构（图 5-24）。砖混结构必须通过设置钢筋混凝土圈梁和构造柱来提高房屋的整体性，以满足建筑所在地的抗震要求。以前的混合结构墙体主要采用普通黏土砖，但其制作需消耗大量宝贵的土地资源。目前，国家已逐渐在各地区禁止大面积使用普通黏土砖，以空心砌块砖取而代之。

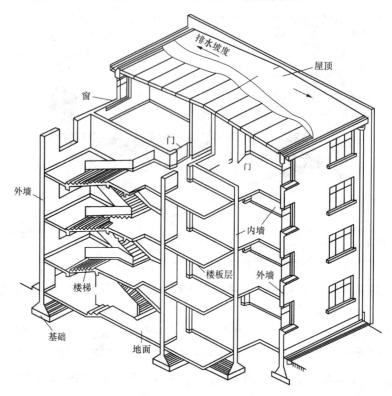

图 5-24　多层混合结构

多层建筑也可采用现浇式结构，尤指现浇钢筋混凝土框架结构。该类结构承载力高、自重轻、整体性和抗震性好。因为采用梁、柱承重，因此建筑布局灵活，可获得较大的使用空间。现浇框架结构应用广泛，可用于各类工业建筑、住宅、商场及办公楼等（图 5-25）。

装配式和装配整体式结构采用预制构件，现场组装，施工速度快，环境污染小，易于实现工业化生产，符合当前国家大力发展住宅产业化建设的需求（图 5-26）。但其整体性差，应用时应做好抗震措施。

图 5-25　现浇钢筋混凝土框架结构　　　　图 5-26　装配式结构

第三节 | 高层及超高层建筑结构

我国《民用建筑设计通则》规定,10层及10层以上的住宅建筑以及高度超过24m的公共建筑和综合性建筑为高层建筑;而高度超过100m时,不论是住宅建筑还是公共建筑,一律称为超高层建筑。

人们通常还习惯将12~13层以下的高层建筑称为"小高层"。小高层住宅一般采用钢筋混凝土结构,带电梯。它有多层住宅亲切安宁、房型好、得房率高的特点,又有普通高层结构强度高、耐用年限高、景观系数高、污染程度低等优点,很受购房人欢迎。

高层建筑的出现,不仅改变了城市的建筑布局,而且对当地的经济发展也能起到巨大的带动作用。现代超高层建筑从一定意义上来讲,已经成为城市现代化程度与经济实力的象征。高层建筑的发展得益于新材料的不断出现、力学分析方法和分析手段的发展、结构设计和施工技术的进步以及现代化机械和电子技术的飞跃。随着高性能材料的不断研制和开发,结构形式合理性的进一步研究,可以预见,在今后的土木工程领域,高层建筑仍将是世界各国在城市建设中的主要形式,并扮演着重要的角色。因此,掌握与高层建筑相关的知识,是对土木工程领域技术人员的基本要求。

一般而论,高层建筑具有占地面积少、建筑面积大、造型特殊、集中化程度高的特点。正是这一特点,使得高层建筑在现代化大都市中得到了迅速的发展。在现代化大都市中,过度的人口和建筑密度,城市用地日趋紧张,使得人们不得不向空间发展。高层建筑不仅可以大量的节省土地投资,且有较好的日照、采光和通风效果。但是,随着建筑高度的增加,建筑的防火、防灾、热岛效应等已成为亟待解决的问题。

图5-27给出了截至2010年底世界排名前十位的超高层建筑基本信息,其中2010年建成于迪拜的哈利法塔是世界最高建筑,160层,总高828m。它比排名第二的中国台北101大厦足足高出320m。我国于2008年建成的上海环球金融中心(101层,高492m)排在第三位。2010年建成的香港国际商务中心(原名环球贸易广场,118层,高484m)位居第四。排在第五位的是马来西亚的吉隆坡石油大厦(88层,高452m),1998年建成时曾是世界最高建筑,目前仍是世界上最高的双塔楼。排名六~十位的超高层建筑分别为2010年建成的南京紫峰大厦(高450m),美国芝加哥西尔斯大厦(高442.3m),广州西塔(高440.2m),芝加哥特朗普酒店(高423.4m),以及上海的金茂大厦(高420.5m)。

高层与超高层建筑的主要结构形式有:框架结构、框架—剪力墙结构、剪力墙结构、框支剪力墙结构、筒体结构及巨型结构等。

一、框架结构

框架结构是由梁和柱刚结而成的平面结构体系。如果整幢结构都由框架作为抗侧向力单元,就称为框架结构体系。其优点是:建筑平面布置灵活,分隔方便;整体性、抗震性能好,设计合理时结构具有较好的塑性变形能力;外墙可采用轻质填充材料,结构自重小。其缺点是:侧向刚度小,抵抗侧向变形能力差。其典型布置如图5-28所示。框架结构能承受较大的竖向荷载,但承受水平荷载的能力较差,也正是这一点,

台北101，又称台北101大楼，在规划阶段初期原名台北国际金融中心，是目前世界第二高楼。位于我国台湾省台北市信义区，由建筑师李祖原设计，KTRT团队建造，2004年建成投入使用。台北101曾是世界第一高楼，在2007年7月21日被当时兴建到141楼的迪拜塔超越，退居第二。

上海环球金融中心，是位于中国上海陆家嘴的一栋摩天大楼，2008年8月29日竣工。是中国目前第二高楼、世界第三高楼、世界最高的平顶式大楼，楼高492m，地上101层。

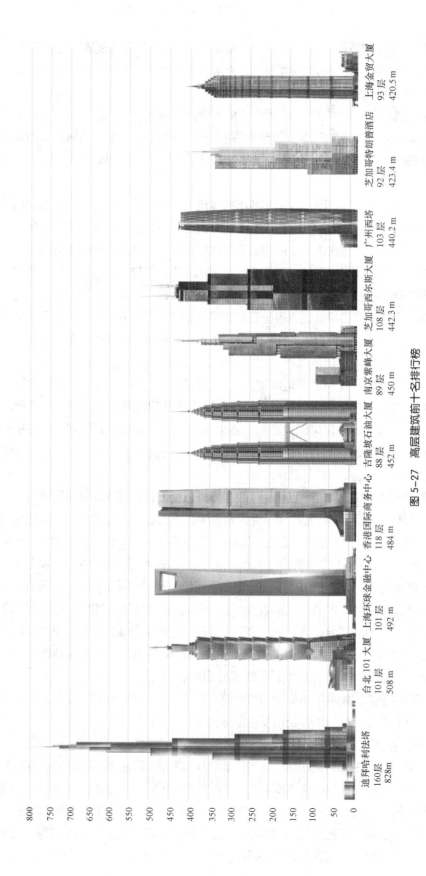

图 5-27 高层建筑前十名排行榜

限制了框架结构的建造高度。钢筋混凝土框架结构高度不宜超过 55m，钢框架结构高度不宜超过 110m。

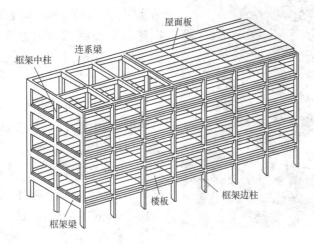

图 5-28　框架结构

框架结构在各类民用建筑和工业建筑中都有着广泛的应用。北京长城饭店主楼即为钢筋混凝土框架结构，地下 2 层，地上 22 层，总高度为 82.85m（图 5-29）。

二、剪力墙结构

由剪力墙组成的承受竖向和水平作用的结构称为剪力墙结构，如图 5-30 所示。当房屋的层数更高时，横向水平风荷载或地震荷载将对结构设计起控制作用。采用剪力墙结构的房屋整体性好、刚度大，抵抗侧向变形能力强，且抗震性能较好，具有较好的塑性变形能力。因此，剪力墙结构适宜的建造高度比框架结构高。但受楼板跨度的限制（一般为 3~8m），剪力墙间距不能太大，建筑平面布置不够灵活，一般用于高层住宅、宾馆等建筑。

图 5-29　框架结构

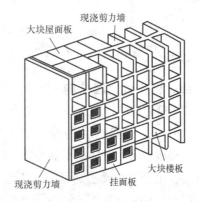

图 5-30　剪力墙结构

广州白云宾馆（图 5-31），地上 33 层、地下 1 层，总高度 112.4m，采用钢筋混凝土剪力墙结构，是我国第一座超过 100m 的高层建筑。

三、框架—剪力墙结构

剪力墙是一段钢筋混凝土墙体，由于具有很强的抗剪能力而得名。为了充分发挥框架结构平面布置灵活和剪力墙结构侧向刚度大的特点，当建筑物需要有较大空间，且高度超过了框架结构的合理高度时，可采用框架和剪力

图 5-31　广州白云宾馆

墙共同工作的结构体系，称为框架—剪力墙结构（图 5-32）。剪力墙承担绝大部分水平力，框架则以承担竖向荷载为主。钢筋混凝土框架—剪力墙结构高度一般为 80～130m，钢框架—剪力墙结构一般为 200～260m。

受剪力墙平面布置不够灵活的影响，这种结构一般用于办公楼、旅馆、住宅楼等建筑。1997 年建成的广州中信大厦（图 5-33）即为框架—剪力墙结构。楼高 391m，占地面积 2.3 万 m^2，由一幢 80 层的商业大楼和两幢 38 层的酒店式公寓组成，是集写字楼、公寓、商场、会所于一体的甲级综合智能型大厦。

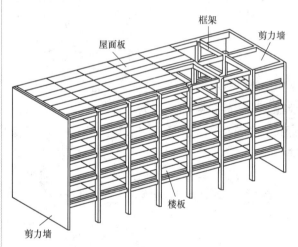

图 5-32　框架—剪力墙结构

图 5-33　广州中信大厦

四、框支剪力墙结构

由于剪力墙结构自重较大，建筑平面布置局限性大，较难获得大的建筑空间。为了扩大剪力墙结构的应用范围，在城市临街建筑中，可将剪力墙结构房屋的底层或底部几层做成框架，形成框支剪力墙，如图 5-34 所示。框支层空间大，可用作商店、餐厅等，上部剪力墙层则可作为住宅、宾馆等。由于框支层与上部剪力墙层的结构形式以及结构构件布置不同，因而在两者连接处需设置转换层，将两种结构组合在一起。

框支剪力墙结构中的转换层往往接近一个层高，常做成设备层，因其上部结构刚度大、下部结构刚度较弱，整个房屋在转换层处发生刚度突变，对抗震不利，在抗震设防区应当慎用。北京兆龙饭店地上 22 层，总高度 71.8m，即为框支剪力墙结构（图 5-35）。

五、简体结构

简体结构是由一个或多个竖向简体（由剪力墙围成的薄壁简或由密柱框架构成的

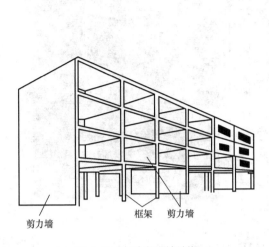

图 5-34 框支剪力墙结构

图 5-35 北京兆龙饭店

框筒）组成的结构，由框架—剪力墙结构与全剪力墙结构综合演变和发展而来。简体结构可分为框架—简体结构、框筒结构、筒中筒结构和成束筒结构，如图 5-36 所示。简体最主要的特点是它的空间受力性能。无论哪一种简体，在水平力的作用下都可以看成是固定于基础上的悬臂结构，比单片平面结构具有更大的抗侧移刚度和承载能力，因而适宜建造更高的超高层建筑。同时，由于简体的对称性，简体结构具有很好的抗扭刚度。

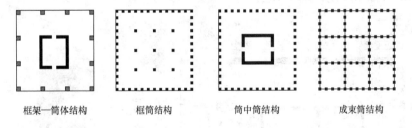

框架—简体结构　　　　框筒结构　　　　筒中筒结构　　　　成束筒结构

图 5-36 简体结构

（一）框架—简体结构

中心为抗剪薄壁筒，外围为普通框架所组成的结构称为框架—简体结构。马来西亚的吉隆坡石油大厦、上海金茂大厦、香港中环广场大厦、南京金陵饭店（图 5-37）等超高层建筑均属于此类结构。

（二）框筒结构

框筒结构建筑平面的外圈由密柱和深梁组成的框架来围成封闭式简体，内部为普通框架柱。其平面形状应为方形、矩形、圆形或多边形等规则平面。外围框筒的梁与柱采用刚性连接，形成刚接框架，框筒是框筒结构主要的抗侧力构件。内部的框架仅承受垂直荷载，内部柱网可以按照建筑平面使用功能要求灵活布置，不要求规则和正交。深圳地铁大厦、厦门建设银行大厦等均属此类结构。

（三）筒中筒结构

筒中筒结构体系是由内筒和外筒两个筒体组成的结构体系。内筒通常是由剪力墙

西尔斯大厦，位于美国伊利诺伊州芝加哥，高442.3m，地上108层，地下3层，底部平面68.7×68.7m²，由9个22.9m²的正方形组成。希尔斯大厦在1974年落成时曾一度是世界上最高的大楼。

大厦结构工程师是1929年出生于达卡的美籍建筑师F.卡恩。他为解决类似西尔斯大厦这样的高层建筑关键性抗风结构问题，提出了束筒结构体系的概念并付诸实践。大厦采用由钢框架构成的成束筒结构体系，外部用黑铝和镀层玻璃幕墙围护。其外形是逐渐上收的，即1~50层为9个方形筒组成的正方形平面；51~66层截去一对对角方筒单元；67~90层再截去另一对对角方筒单元，形成十字形；91~110层由两个方筒单元直升到顶。这样，既可减小风压，又取得外部造型的变化效果。

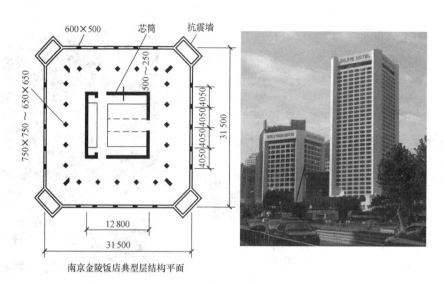

南京金陵饭店典型层结构平面

图 5-37　南京金陵饭店

围成的实腹筒，而外筒一般采用框筒或桁架筒。其中框筒是指由密柱深梁框架围成的筒体，桁架筒则是筒体的四壁采用桁架做成。与框筒相比，桁架筒具有更大的抗侧移刚度。在美国9·11事件中倒塌的纽约地标性建筑世界贸易中心，由两座方柱形塔楼组成，边长均为63.5m，北塔楼高417m，南塔楼高415m，均为地上110层、地下6层的全钢结构建筑，是典型的筒中筒结构。在我国，深圳国际贸易中心大厦是建成最早的综合性超高层楼宇，50层，158m高，其内筒为钢筋混凝土筒体，外筒由钢骨混凝土和钢柱组成（图5-38）。

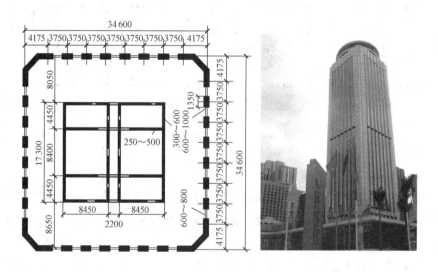

图 5-38　深圳国际贸易中心大厦

（四）成束筒结构

　　成束筒是由两个以上的单筒排列成一个整体，形成空间刚度极大的抗侧力结构，由于结构整体呈束状而得名成束筒结构。成束筒中相邻筒体之间具有共同的筒壁，每个单元筒又能单独形成一个筒体结构。因此，沿房屋高度方向，可以中断某些单元筒，使房屋的侧向刚度及水平承载力沿高度逐渐变化。目前世界最高建筑哈利法塔、美国的西尔斯大厦（图 5-39）是典型的成束筒结构。成束筒的抗侧移刚度比筒中筒结构还要高，适宜的建造高度也更高。

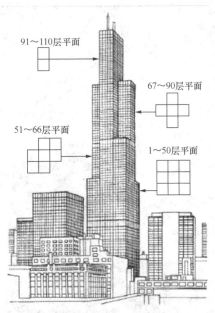

图 5-39 芝加哥西尔斯大厦

六、巨型结构

巨型结构是一种新型的超高层结构体系，是由不同于通常梁柱概念的大型构件——巨型梁和巨型柱组成的主结构与常规结构构件组成的次结构共同工作的一种结构体系。主结构通常为主要抗侧力体系，次结构承担作用其上的竖向荷载、风荷载和地震作用，并将力传递给主结构。

巨型结构按主要受力体系形式可分为：巨型桁架结构，如香港中银大厦和美国芝加哥约翰·汉考克大厦（图 5-40、图 5-41）；巨型框架结构，如日本 NEC 大厦和长春光大银行大厦（图 5-42、图 5-43）；巨型悬挂结构，如香港汇丰银行大厦（图 5-44）；巨型分离式结构，如日本鹿岛建设拟建的动力智能大厦。

按材料可分为巨型钢筋混凝土结构、巨型钢骨混凝土结构、巨型钢—钢筋混凝土混合结构及巨型钢结构等。

图 5-40 芝加哥约翰·汉考克大厦

图 5-41 香港中国银行大厦

从平面整体上看，巨型结构的材料使用正好满足了尽量开展的原则，可以充分发挥材料性能；从结构角度看，巨型结构是一种超常规的具有巨大抗侧刚度及整体工作

香港中国银行大厦，由贝聿铭建筑师事务所设计，1990 年完工。地上 70 层，楼高 315m，总高 367.4m。大楼是一个正方平面，对角划成四组三角形，每组三角形的高度不同，四个角采用 12 层高的巨形钢柱支撑，室内无一根柱子。

日本鹿岛建设拟建的动力智能大厦（DIB-200），高 800m，地上 200 层，地下 7 层，总建筑面积 150 万 m²，由 12 个巨型单元体组成。每个单元体是一个直径 50m、高 50 层（200m）的框筒柱，1～100 层设 4 个柱，101～150 层设 3 个柱，151～200 层设 1 个柱，每 50 层设置一道巨型梁。结构上设有主动控制系统，进一步削弱地震反应。

性能的大型结构，是一种非常合理的超高层结构形式；从建筑角度看，巨型结构可以满足许多具有特殊形态和使用功能的建筑平立面要求，使建筑师们的许多天才想象得以实现。

图 5-42 日本 NEC 大厦

图 5-43 长春光大银行大厦

(a)　　　　　　　　　　　(b)

图 5-44 香港汇丰银行大厦

（a）外观；（b）内景

第四节 特　种　结　构

特种结构是具有特殊用途的工程结构，也常被称为构筑物，包括高耸结构、海洋工程结构、管道结构和容器结构等。本节介绍几种常见的特种结构。

一、电视塔

电视塔多为筒体悬臂结构或空间框架结构，一般由塔基、塔座、塔身、塔楼及桅杆五部分组成。目前，世界最高的电视塔是日本东京天空树电视塔，高 634m（图5-45）。位于广州市中心的广州新电视塔，于 2009 年 9 月建成，一年后正式命名为广州塔，包括发射天线在内，广州塔高达 600m，是目前中国第一高塔，世界第二高塔（图 5-46）；世界第三高塔是加拿大 CN 电视塔，高 553.3m；俄罗斯的奥斯坦金诺电视塔高 540.1m，位居世界第四；上海的地标之一上海东方明珠电视塔塔高 468m，坐落于上海黄浦江畔浦东陆家嘴，是我国第二、世界第五高塔。

图 5-45 东京天空树电视塔

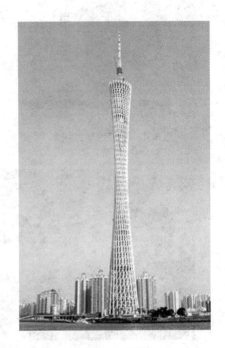

图 5-46 广州塔

二、烟囱

烟囱是将烟气排入高空的高耸结构。按照建筑材料的不同，可以分为砖烟囱、钢筋混凝土烟囱和钢烟囱三类。

砖烟囱的高度一般不超过 50m，外表面坡度约为 2.5%，可以就地取材，节省水泥和模板，耐热性能好，但是自重大，整体性和抗震性能差，施工较复杂，在温度应力作用下易开裂。钢筋混凝土烟囱（图 5-47）多用于高度超过 50m 的烟囱，一般采用滑模施工，由基础、灰斗平台、烟道口、筒壁、内衬、筒首和信号平台组成。钢筋混凝土烟囱按内衬布置方式可分为单筒式、双筒式和多筒式。钢烟囱自重小，抗震性能好，适用于地基差的场地，但耐腐蚀性差，需经常维护。钢烟囱按其结构可分为拉线式（高度不超过 50m）、自立式（高度不超过 120m）和塔架式（高度超过 120m，如图 5-48 所示）。

三、水塔

水塔是储水和配水的高耸结构，用来保持和调节给水管网中的水量和水压。水塔由水箱、塔身和基础组成。水塔按建筑材料分为钢筋混凝土水塔、钢水塔、砖石塔身与钢筋混凝土水箱组合的水塔。其外形主要有圆柱形、倒锥壳形、球形和箱形等（图5-49）。

滨海湾金沙酒店，55层，高 198m，顶楼为地标式空中花园，屋顶拥有无边际游泳池，能俯瞰壮观的城市地平线与海景。该酒店由著名加拿大设计师萨迪夫设计，造型新颖独特，是目前世界上最大的室外游泳池。

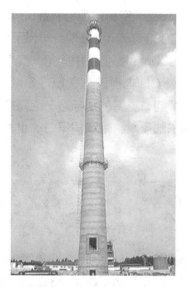

图 5-47　钢筋混凝土烟囱

图 5-48　塔架式钢烟囱

图 5-49　圆柱形、倒锥壳形、球形、箱形水塔

四、水池

水池同水塔一样用于储水，多建造在地面或地下，是给水排水工程中的重要构筑物之一。主要包括净水厂、污水处理厂的各类水工构筑物（图 5-50）；民用水池主要是地下储水池和游泳池等（图 5-51）。

图 5-50　过滤池

图 5-51　游泳池

按水池的材料可分为钢水池、钢筋混凝土水池、砖石水池等，其中钢筋混凝土水池具有节约钢材、构造简单、耐久性好等优点，应用比较广泛。按水池的施工方法可

分为预制装配式水池和现浇整体式水池。目前，推荐用预制圆弧形壁板与工字形柱组成池壁的预制装配式圆形水池。根据池体高度和宽度的关系可分为浅池、深池和一般池等，矩形水池高宽比大于 2 时称为深池，小于 0.5 称为浅池，介于 0.5~2.0 之间称为一般池。

泳池是建筑工程中一个重要组成部分，随着人们生活水平的日益提高，现在的别墅带泳池已经屡见不鲜，而且样式新颖，再配合周围美丽的环境，就可以形成池塘的效果。尤其是楼顶的露天泳池更是满足了现代人们的生活需要，如新加坡滨海湾金沙度假胜地的无边际泳池，不但是夏天的避暑胜地，而且整座城市的风光尽收眼底，也成为新加坡的一大标志。

五、筒仓

筒仓是储存粒状或粉状物体的立式容器（图 5-52、图 5-53）。根据所用的材料可分为钢筋混凝土筒仓、钢筒仓和砖砌筒仓。钢筋混凝土筒仓又可分为整体式浇筑和预制装配、预应力和非预应力的筒仓。我国目前应用最广泛的是整体浇筑的普通钢筋混凝土筒仓，它无论从经济性、耐久性，还是抗冲击性能等方面都是优先考虑的。筒仓按平面形状可分为圆形、矩形、多边形和菱形，目前我国以矩形和圆形为主。圆形筒仓壁受力合理，用料经济，应用比较广。

图 5-52 散粮筒仓

图 5-53 水泥筒仓

第六章　交通土木工程

交通土木工程是土木工程的一个分支，指用石材、砖、砂浆、水泥、混凝土、钢材、钢筋混凝土、木材、建筑塑料、铝合金等建筑材料修建铁路、道路、桥梁、隧道、运河、堤坝、港口等工程的生产活动和工程技术。这种生产活动和工程技术，包括对上述各类工程的勘测、设计、开发、施工、保养、维修等活动以及它们所需要的相应工程技术。交通土木工程包括道路工程、铁路工程、桥梁工程、隧道工程、机场工程、港口工程等。

道路工程是指通行各种车辆和行人的工程设施，根据其所处的位置、交通性质、使用特点等可分为公路（连接城镇、乡村和工矿基地之间主要供汽车行驶的道路）、城市道路（供城市各地区间交通用）、厂矿道路（为厂矿服务用）、农村道路（野外乡村地区间交通用）及人行小路等。

自 1825 年英国建成了世界上第一条蒸汽机车牵引的铁路——斯托克顿至达灵顿铁路起，在其后约 100 年间，许多国家经历了铁路建设的高潮时期，英、法、德、美等国相继建成了本国四通八达的铁路网。至 20 世纪 80 年代，世界铁路总长约 130 万 km，达到了顶峰，成为垄断陆上运输的主要手段，此后，由于公路和航空运输的迅速发展，铁路的骨干作用发生了变化，所承担的客货运量比重逐渐减少，而后随着高速铁路的逐渐发展，铁路工程又得到各国的重视。

桥梁工程是指供公路、城市道路、铁路、渠道、管线等跨越水体、山谷或彼此间相互跨越的工程构筑物，是交通运输中重要的组成部分。在国民经济与社会发展中占有极为重要的地位。桥梁的原始雏形是堤梁、独木桥、浮桥和石拱桥，世界上现存最古老的石桥位于希腊的伯罗奔尼撒半岛，是一座用石块干垒的单孔石拱桥，已建成 3500 年左右。

隧道工程是指修筑在岩体、土体或水底的，两端有出入口的，供车辆、行人、水流及管线等通过的通道，包括交通运输方面的铁路、道路、水（海）底隧道和各种水工隧洞等。世界上第一座交通隧道是公元前 2180～公元前 2160 年在巴比伦城中幼发拉底河下修筑的人行通道。

飞机场工程是指规划、设计和建造飞机场各项设施的统称。飞机场工程主要包括：飞机场规划工程、场道工程、导航工程、通信工程、空中交通控制系统、气象工程、旅客航站及指挥楼工程、地面道路工程以及其他辅助工程。

港口工程是兴建港口所需工程设施的总称，是供船舶安全进出和停泊的运输枢纽。港口工程原也是土木工程的一个分支，随着港口科学技术的发展，现在已逐渐成为相对独立的学科，但仍和土木工程有密切的联系。港口按所处位置分有河口港（位于河流入海口或受潮汐影响的河口段内，兼为海船和河船服务）、海港（位于海岸或海湾内，也有在深水海面上的）、河港（位于天然河流或人工运河上的，包括在湖泊和水库上的），按用途分有商港、军港、渔港和避风港。

第一节│道 路 工 程

　　道路是提供各种车辆和行人通行的工程设施。道路工程是以道路为对象而进行规划、勘测、设计、施工等技术活动的全过程及其所从事的工程实体。我国道路的发展具有悠久的历史。早在秦始皇时期，就将"车同轨"、"书同文"列为一统天下之大政。当时的国道以咸阳为中心，有着向各方辐射的道路网。但是到了近代，我国的道路建设却已经落后于发达国家。1912 年才修筑第一条汽车公路——湖南长沙至湘潭的公路，全长 50km。抗日战争时期完成的滇缅公路 155km，是我国最早建造的沥青表面处理路面的公路，也是我国公路机械化施工的开始。新中国成立以后，我国的道路建设有了很大的飞跃。各级公路网遍及全国各个角落。截止 2009 年底，我国公路通车总里程达到 386.08 万 km，是新中国成立之初的 48 倍。

一、道路的分类

　　道路分为城市道路和公路，如图 6-1 和图 6-2 所示。城市道路是指大、中城市以及大城市的卫星城镇等规划区内的道路、广场和停车场，不包括街坊内部道路。城市道路还包括城市与卫星城镇等规划区以外的进出口道路。城市道路与公路的分界线为城市规划区的边线。

图 6-1　城市道路

图 6-2　公路

（一）城市道路分类

　　按照道路在道路网中的地位、交通功能及对沿线建筑物的服务功能分为四类。

　　（1）快速路。快速路是解决城市中大量、长距离、快速的交通道路。具有单向多车道时（双车道以上），设置中央分隔带。进出口采用全部或部分控制的城市道路，其两侧不应设置具有大量车流和人流的公共建筑物进出口。

　　（2）主干路。主干路是连接城市各主要分区的干道，是城市路网的骨架，以交通功能为主。当机动车和非机动车辆交通较大时，宜采用分隔形式，如三幅路或四幅路。

　　（3）次干路。次干路是分布在城市各区域内的地方性干道，沿线可以分布大量的住宅、公共建筑停车场和公交枢纽等服务设施，次干路和主干路组合成城市道路网，

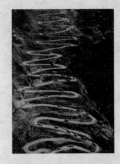

滇缅公路，即中国云南到缅甸的公路。滇缅公路于 1938 年开始修建。公路与缅甸的中央铁路连接，直接贯通缅甸原首都仰光港。滇缅公路原本是为了抢运中国政府在国外购买的和国际援助的战略物资而紧急修建的，随着日军进占越南，滇越铁路中断，滇缅公路竣工不久就成为了中国与外部世界联系的唯一的运输通道。这是一条诞生于抗日战争烽火中的国际通道，是一条滇西各族人民用血肉筑成的国际通道。滇缅公路在第二次世界大战中扮演着重要的角色。

川藏公路，中国筑路史上工程最艰巨的公路，有两条。川藏公路始于四川成都，经雅安、康定，在新都桥分为南北两线：北线（属 317 国道）经甘孜、德格，进入西藏昌都、邦达；南线（属 318 国道）经雅江、理塘、巴塘，进入西藏芒康，后在邦达与北线会合，再经八宿、波密、林芝到拉萨。

具有集散交通的作用，兼有服务功能。

（4）支路。支路是次干路与街坊及小区的连接线，目的是解决局部地区的交通，以服务功能为主。

（二）公路分类

根据使用任务、功能和适应的交通量分为高速公路、一级公路、二级公路、三级公路、四级公路五个等级。

（1）高速公路。高速公路是具有特别重要的政治经济意义的公路，有四个或四个以上车道，并设有中央分隔带，全部立体交叉并具有完善的交通安全设施与管理设施、服务设施，专供汽车分向、分车道行驶并全部控制出入的多车道干线专用公路。能适应年平均日交通量 25000 辆以上。四车道高速公路一般能适应的按各种汽车折合成小客车的远景设计年限年平均昼夜交通量为 2500～55000 辆；六车道高速公路一般能适应的按各种汽车折合小客车的远景设计年限年平均昼夜交通量为 45000～80000 辆；八车道高速公路一般能适应的按各种汽车折合成小客车的远景设计年限年平均昼夜交通量为 60000～100000 辆。

（2）一级公路。一级公路是连接重要政治经济文化中心、部分立交的公路，为供汽车分向、分车道行驶并根据需要控制出入的多车道公路，四车道一级公路一般能适应的按各种汽车折合成小客车的远景设计年限年平均昼夜交通量为 15000～30000 辆；六车道一级公路一般能适应的按各种汽车折合成小客车的远景设计年限年平均昼夜交通量为 25000～55000 辆。

（3）二级公路。二级公路是连接政治、经济中心或大工矿区的干线公路、或运输繁忙的城郊公路，为供汽车行驶的双车道公路，一般能适应的按各种车辆折合成中型载重汽车的远景设计年限年平均昼夜交通量为 3000～7500 辆（或按各种汽车折合成小客车的远景设计年限年平均昼夜交通量为 7500～15000 辆）。

（4）三级公路。三级公路是沟通县或县以上城市的支线公路，为主要供汽车行驶的双车道公路，一般能适应按各种车辆折合成中型载重汽车的远景设计年限年平均昼夜交通量为 1000～4000 辆（或按各种汽车折合成小客车的远景设计年限年平均昼夜交通量为 2000～6000 辆）。

（5）四级公路。四级公路是沟通县或镇、乡的支线公路，为主要供汽车行驶的双车道或单车道公路，一般能适应按各种车辆折合成中型载重汽车的远景设计年限年平均昼夜交通量为：双车道 1500 辆以下（或按各种汽车折合成小客车的远景设计年限年平均昼夜交通量为 2000 辆以下）；单车道 200 辆以下（或按各种汽车折合成小客车的远景设计年限年平均昼夜交通量为 400 辆以下）。

公路根据在政治、经济、国防上的重要意义和使用性质划分为 5 个行政等级。

（1）国家公路（国道）。国家公路指具有全国性政治、经济意义的主要干线公路，包括重要的国际公路、国防公路，连接首都与各省、自治区、直辖市首府的公路，连接各大经济中心、港站枢纽、商品生产基地和战略要地的干线公路。

（2）省级公路（省道）。省级公路指具有全省（自治区、直辖市）政治、经济意义，连接各地市和重要地区以及不属于国道的干线公路。

（3）县级公路（县道）。县级公路指具有全县（县级市）政治、经济意义，连接县城和县内主要乡（镇）、主要商品生产和集散地的公路，以及不属于国道、省道的县际间公路。

（4）乡级公路（乡道）。乡级公路指主要为乡（镇）村经济、文化、行政服务的公路，以及不属于县道以上公路的乡与乡之间及乡与外部联络的公路。

（5）专用公路。专用公路指专供或主要供厂矿、林区、农场、油田、旅游区、军事要地等与外部联系的公路。

二、道路的基本组成

（一）线形组成

所谓线形，是指道路中心线在空间的形状。道路中心线是一条平面有曲线、纵面有起伏的立体空间曲线，其平面线形由直线和平曲线组成，平曲线包括圆曲线和缓和曲线；纵面线形由纵坡线和竖曲线组成。这条立体空间曲线由平面图、纵断面图和横断面图来表示（图 6-3）。线性设计首先从路线规划开始，然后按照选线、平面线形设计、纵断面设计和平纵线形组合设计的过程进行，最终形成良好的平、纵、横三者组合的立体线形。平纵线形组合设计既要满足汽车动力学要求，又要与周围环境协调，有良好的排水条件，还要有舒适的坐驾感觉。

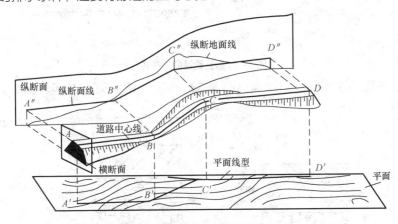

图 6-3　道路平、纵断面示意图

（二）结构组成

道路是承受荷载及自然因素影响的交通工程构筑物，包括路基路面工程、排水工程（桥涵、渗水路堤、过水路面等）、防护工程（挡土墙、护坡等）、特殊构造物以及交通安全服务设施等。

1. 路基

路基是道路的重要组成部分，它是按照路线位置和一定技术要求修筑的带状构造物，承受由路面传来的荷载，是行车部分的基础。路基是在天然地表面按照道路的设计线形（位置）和设计断面（几何尺寸）的要求开挖或堆填，满足一定要求的岩土结构物。路基断面形式通常分为路堤、路堑、半填半挖路基以及不填挖路基等，如图 6-4 所示。路基主要由宽度、高度和边坡坡度三者决定。一般路基通常是指在良好的地质与水文等条件下，填方高度和挖方深度不大的路基。通常一般路基可以结合当地的地形、地质情况，直接选用典型断面图或设计规定，而不必进行个别论证和验算。

2. 路面

路面是用各种不同坚硬材料铺筑在路基上供汽车直接行驶的地带，路面是道路上最重要的构筑物，行车安全、舒适与经济均取决于路面的质量。因此，通常以路面的质量来评价整条道路的质量。路面按其使用品质、材料组成、结构强度和稳定性可分

柔性路面，指的是刚度较小、抗弯拉强度较低，主要靠抗压、抗剪强度来承受车辆荷载作用的路面。

刚性路面，指的是刚度较大、抗弯拉强度较高的路面。一般指水泥混凝土路面。

彩色路面，近年来，彩色路面得到广泛的应用。彩色路面具有较高的美观性和可视度，能够在一定程度上减小交通事故的发生。

为高级、次高级、中级、低级四个等级；按力学性能可分为柔性路面、刚性路面及半刚性路面。路面结构层可分为面层、基层、垫层。有时为施工需要，可以在面层上加铺磨耗层，在面层和基层之间铺设连接层（图6-5）。

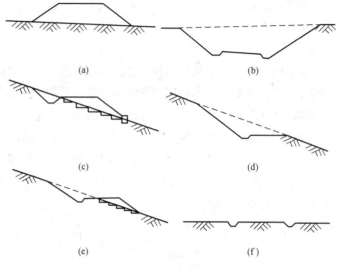

图6-4 各类路基断面形式

（a）路堤；（b）路堑；（c）半路堤；（d）半路堑；（e）半路堤半路堑；（f）不填不挖路基

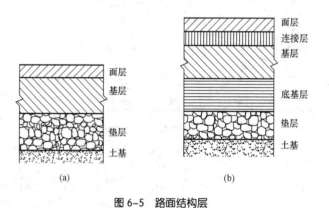

图6-5 路面结构层

（a）低、中级路面；（b）高级路面

目前道路路面常采用沥青路面和混凝土路面。沥青路面是用沥青材料作结合料黏结矿料修筑面层与各类基层和垫层所组成的路面结构，属于柔性路面。由于沥青路面使用沥青结合料，因而增强了矿料间的黏结力，提高了混合料的强度和稳定性，使路面的使用质量和耐久性都得到提高。与水泥混凝土路面相比，沥青混合料具有表面平整、无接缝、行车舒适、耐磨、振动小、噪声低、施工期短、养护维修简便、适宜于分期修建等优点，因而得到广泛的应用。沥青路面是我国高等级公路的主要路面形式。

水泥混凝土路面。水泥混凝土路面是指用水泥混凝土作面板或基（垫）层所组成的路面，亦称刚性路面。它具有较高的力学强度，在车轮荷载作用下变形微小。它包括普通混凝土、钢筋混凝土、碾压混凝土、钢钎混凝土、连续配筋混凝土与预应力混凝土等路面。水泥混凝土路面与其他路面相比有以下优点：强度高，稳定性好，耐久性好，有利于夜间行车。水泥混凝土路面同时存在一些缺点：对水泥和水需求量大，对于缺水地区有一定局限性，有接缝。一般混凝土路面要建造许多接缝，这些缝隙不但增加了施工和养护的复杂性，而且容易引起行车跳动，同时，接缝处往往是路面的薄弱点，开放交通迟，修复困难。为了防止混凝土板块在温度变化下产生不规则断裂，沿混凝土路面的纵、横向设置接缝把混凝土板划成许多板块。接缝要求控制收缩应力和翘曲应力产生的裂缝，提供足够的传荷能力，并不被杂物堵塞。接缝设计时一般考虑：设置位置、接缝构造和荷载传递、缝隙的填封。

3. 排水构造物

为保持路基的稳定性和强度，在路基范围内设置地面和地下排水设施。公路排水系统按其排水方向可分纵向排水系统和横向排水系统。纵向排水系统常见有边沟、截水沟、排水沟等；横向排水系统常见有路拱、桥涵、透水路堤、过水路面、渡槽以下地下排水系统的横向排水管等。

4. 防护工程

防护工程指为保证路基的强度和稳定或行车安全所修筑的工程设施，如挡土墙、护坡等。

5. 特殊构造物

例如隧道，是为改善线形、缩短路线里程穿越山岭所修筑的山洞。半山桥（洞）是山区路基悬山一半所修筑的桥梁或所开挖的部分路宽的山洞。

6. 沿线设施

为保证行车安全、舒适和增加路容美观，公路还需设置各种沿线设施。沿线设施是公路沿线交通安全、管理、服务、环保等设施的总称。

三、道路的设计

道路这一带状结构物从几何上分解为平面、纵断面、横断面。从经济、安全、美观和舒适上考虑，必须将道路平面、纵断面、横断面作为一个整体进行设计和研究。

（一）平面线形设计

设计者的任务就是在调查研究、掌握大量材料的基础上，设计出一条有一定技术标准、满足行车要求、工程费用最省的路线来。在设计时，一般在尽量顾及到纵断面、横断面的前提下，先定平面，沿这个平面线形进行高程测量和横断面测量，取得地面线和地质、水文及其他必要的资料后，再设计纵断面和横断面。设计的主要任务就是根据道路的平面设计如下几个方面：

（1）平面线形确定。道路平面线形通常采用直线、圆曲线、缓和曲线以及三者的组合。平面线形设计就是在考虑行驶的舒适、安全和工程的经济的基础上，确定各组成要素的大小和位置以及组合方式。例如，过长的直线容易导致驾驶员疲劳，圆曲线半径过短容易导致汽车行驶时不稳定等，线形组合不当会造成线形缺乏美观、留下安全隐患以及使驾驶员感到紧张等。

（2）超高。车辆在曲线路段行驶时要受到离心力的作用，为抵消离心力在曲线段横断面上设置外侧高于内侧的单向横波叫做超高，如图 6-6（a）所示。当汽车行驶在超高段时，汽车部分自重抵消部分离心力，从而提高弯道行驶的舒适和安全性。

（3）加宽。一般在弯道内侧相应增加路面、路基宽度，称为弯道加宽，如图 6-6（b）所示。加宽值不仅与弯道半径、设计车辆的轴距有关，也要考虑驾驶员操作过程中的不稳定摆动所需的附加加宽。

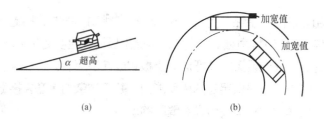

图6-6 超高和双车道加宽

（4）视距。为了保证行车的安全，司机应该看到前方行驶路线上一定距离，以便在发现障碍物，或发现对面来车，或其他意外情况下能及时采取停车、避让、错车或超车等措施，完成这些操作所必要的距离叫错车视距。

（二）道路纵断面设计

纵断面设计的主要任务就是根据汽车的动力特性、道路等级、地形、地物、水文地质，综合考虑路基稳定、排水以及工程经济性等，研究纵坡的大小、长短、竖曲线半径及与平面线形的组合关系，以便达到行车安全迅速、运输经济合理及乘客感觉舒适的目的。设计的主要内容有：

（1）纵断面线形。纵断面设计线一般由直线和竖曲线组成。直线（即均匀坡度线）有上坡和下坡，是用坡度和水平长度表示的。在直线的坡度转折处为平顺过渡要设置竖曲线，按坡度转折形式的不同，竖曲线有凹有凸，其大小用半径和水平长度表示。

（2）纵坡设计。纵坡一般分为上坡和下坡，用同一坡段两点间的高差与其水平距离的比值（百分率）表示路线纵坡大小。过长过陡的纵坡，对汽车行驶不利，上坡比较困难，下坡频繁刹车，影响行车安全。因此，对纵坡有一定要求，其主要技术指标有：最大纵坡、最大坡长和最小纵坡、最小坡长、合成纵坡、平均纵坡以及桥头路线纵坡、隧道纵坡等。

（3）竖曲线。纵断面上相邻纵坡线的交点称为变坡点，为保证行车平顺和安全、舒适以及视距的要求，在变坡点设置竖曲线。竖曲线的主要作用是：缓和纵向变坡处行车动量变化而产生的冲击作用；确保纵向行车视距；将竖曲线与平曲线恰当组合，有利于路面排水和改善行车的视距诱导和舒适感。

竖曲线指标主要有竖曲线长度和竖曲线半径。对于凸型竖曲线，如果半径较小，会阻挡驾驶员的视线，其视距条件较差，因此要选择适当的半径以保证安全行车的需要。对于凹型竖曲线，也存在类似的问题，若半径过小，在夜间行车时，车灯照射距离过短，影响行车安全和速度；在高速公路和城市道路上有许多跨线桥、门式交通标志及广告宣传牌等，如果它们正好在凹型曲线上方，也会影响驾驶员的视线。

（三）道路横断面设计

道路横断面设计是根据行车对公路的要求，结合当地的地形、地质、气候、水文等自然因素，本着节约用地的原则，选用合理的路基横断面形式，以满足行车舒适、工程经济、路基稳定，且便于施工和养护的要求。

道路横断面是指中线上各点沿法向的垂直剖面，它是由横断面设计线和地面线组成的。其中横断面设计线包括行车道、路肩、分隔带、边沟、边坡、截水沟、护坡道以及取土坑、弃土坑、环境保护设施等。城市道路的横断面组成中包括机动车道、非机动车道、人行道、绿带、分车带等。高速公路、一级公路和二级公路还有爬坡车道、避险车道；高速公路、一级公路和立交匝道的出入口处还有变速车道等。横断面图中的地面线是表征地面起伏变化的线，它是通过现场实测或由大比例尺地形图、航测相片、数字地面模型等途径获得。路线设计中讨论的横断面设计只限于与行车直接有关的部分，即两侧路肩外缘之间各组成部分的宽度、横向坡度等问题。路线横断面设计亦称作"路幅设计"。城市道路横断面根据车行道布置形式分为四种基本类型（图6-7），即单幅路（一块板断面）、双幅路（两块板断面）、三幅路（三块板断面）、四幅路（四块板断面）。

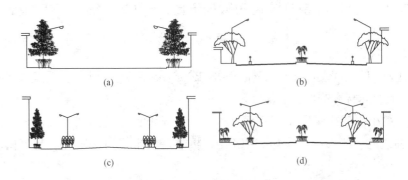

图6-7 道路的横断面类型

（a）单幅路；（b）双幅路；（c）三幅路；（d）四幅路

道路建筑限界是一个空间概念，由净高和净宽两部分组成，目的是保证车辆、行人或非机动车通行的安全，在道路上的通行空间规定的高度和宽度范围内不允许有任何障碍物侵入道路界限之内。

四、高速公路

高速公路是一种具有四条以上车道，路中央设有隔离带，分隔双向车辆行驶，互不干扰，全封闭，全立交，控制出入口，严禁产生横向干扰，为汽车专用，设有自动化监控系统，以及沿线设有必要服务设施的道路（图6-8）。高速公路的造价很高，占地多。如目前我国的高速公路，每公里造价大约3000万元，路基宽按照26m计算，则每公里占用土地约0.03km^{2}以上。但是从其经济效益与成本比较看，高速公路的经济效益还是很显著的。

图6-8 高速公路

（一）高速公路的特点

高速公路的特点如下：

（1）行车速度快、通行能力大。一般高速公路行车速度在120km/h以上。一条车道每小时可通过 1000 辆中型车，比一般公路高出 3~4 倍。

（2）物资周转快、经济效益高。一般运距在 300km 以内，使用大吨位车辆运输，无论从时间上，还是从经济角度来考虑，均优于铁路和普通公路运输。虽然高速公路的投资大，但是综合经济效益也大，能促进沿路地区的经济发展，其投资成本一般在 5~7 年内收回。如我国的广佛高速公路，其投资费用回收期不到 6 年。

（3）交通事故少、安全舒适。因为高速公路有严格的管理系统，全程采用先进的自动化交通监控手段和完善的交通设施，全封闭、全立交，无横向干扰，因此交通事故大幅度下降。

（二）高速公路的设计标准

高速公路的几何设计标准比其他等级的公路要求高，具体规定各国有所不同。我国公路工程技术标准的规定主要如下：

（1）最小平曲线半径及超高横坡限制。对于设计车速为 120km/h 的高速公路，平曲线的一般最小半径为 1000m，极限最小半径 650m，超高横坡限值为 10%。

（2）最大纵坡和竖曲线。高速公路的最大纵坡限为 3%（平原微丘区）~5%（山岭区）。竖曲线极限最小半径为 4000m（凹型）~11000m（凸型）。

（3）线形要求。高速公路应保证司机有良好的预知，因此不应当出现急剧的起伏和扭曲的线形，并且线形保持连续、调和和舒顺，即在视线所及的一定线路内不出现转折、错位、突变、虚空或遮断等，线形彼此有良好的配合，圆滑舒畅，没有过大差比。

（4）横断面。行车带的每一行驶方向至少有两个车道，便于超车。车道宽 3.75m。一般在平原微丘区设中央分隔带宽为 3.00m，左侧路缘带宽 0.75m，中间带全宽 4.50m，地形受限制时分别为 2.00m、2.50m 和 3.00m。在平原微丘区，硬路肩宽不应小于 2.50m，土路肩宽不小于 0.75m。

（5）高速公路沿线设施。高速公路沿线有安全设施、交通管理设施、服务性设施、环境美化设施等。安全设施一般包括标志（如警告、限制、指示标志等）、标线（用文字或图形来指示行车的安全设施）、护栏（有刚性护栏、半刚性护栏、柔性护栏等）、隔离设施（如金属网、常青绿篱等）、照明及防眩设施（为保证夜间行车的安全所设的照明灯、车灯灯光防眩板等）、视线诱导设施（为保证司机视觉及心理上的安全感，所设置的全线设置轮廓标）等。交通管理设施一般为高速公路入口控制、交通监控设施（如检测器监控、工业电视监控、通讯联系的电话、巡逻监视）等。服务性设施一般有综合性服务站（包括停车场、加油站、修理所、餐厅、旅馆、邮局、通信、休息室、厕所、小卖部等）、小型休息点（以加油为主，附设厕所、电话、小块绿地、小型停车场等）、停车场等。环境美化设施是保证司机高速行驶时在视觉上、心理上协调的重要环节。因此高速公路在设计、施工、养护、管理的全过程中，除要满足工程和交通的技术要求外，都要以美学观点出发，经过多次调整、修改、使高速公路与当地的自然风景协调而成为优美的彩带。

第二节 铁 路 工 程

铁路工程是指铁路上各种土木工程设施和修建铁路各个阶段（勘测、设计、施工、

高速公路收费站

高速公路服务区

高速公路隔离带

养护、改建等）所运用技术和管理的总称。铁路为人类社会的文明进步与经济发展作出了巨大贡献。20 世纪 40 年代后，由于各种运输方式之间的激烈竞争，世界铁路的发展曾一度陷入艰难境地。进入 20 世纪 80 年代后，由于世界范围内受到能源危机、环境污染、交通安全等问题的困扰，铁路的价值被重新认识。铁路所具有的技术经济优势与可持续发展战略的一致性，越来越受到各国重视，在可持续发展战略和高新技术的促进下，世界铁路特别是发达国家铁路呈现出迅速发展之势，铁路在世界范围内复苏，迎来了蓬勃发展的新时代。

铁路运输是以固定轨道作为运输道路，有轨道机械动力牵引车辆运送旅客和货物的运输方式。铁路运输与其他各种现代化运输方式相比，具有运输能力大、速度快、成本低、受气候条件限制小等特点。

一、铁路的分类与分级

从不同的角度可以将铁路划分为不同的类型。按线路正线数目分类可分为单线铁路、双线铁路、部分双线铁路以及多线铁路等。按线路允许的最高行车速度分类可分为普通线路、快速线路、高速线路以及超高速线路等。其中普通线路最高行车速度为 120km/h 以下；快速线最高行车速度为 120~200km/h；高速线路最高行车速度为 200~350km/h；超高速线路最高行车速度为 500km/h。按钢轨轨节长度不同分为普通线路和无缝线路。

铁路等级是区分铁路在国家铁路网中的作用、性质、旅客列车设计行车速度和客货运量的标志。它是铁路的基本标准，也是确定铁路技术标准和设备类型的依据。依据铁路在路网中的作用、性质、旅客列车设计行车速度和近期客货运量，将铁路划分为 4 个技术等级。

Ⅰ级铁路：铁路网中起骨干作用的铁路，近期年客货运量大于或等于 20Mt。

Ⅱ级铁路：铁路网中起骨干作用的铁路，近期年客货运量小于 20Mt 且大于或等于 10Mt。

Ⅲ级铁路：为某一地区或企业服务的铁路，近期年客货运量小于 10Mt 且大于或等于 5Mt。

Ⅳ级铁路：为某一地区或企业服务的铁路，近期年客货运量小于 5Mt。

二、铁道工程的组成

路基和桥隧建筑物建成后，就可以在上面铺筑轨道。轨道由钢轨、轨枕、道床、联结零件、防爬设备及道岔等主要部件组成，如图 6-9 所示。

钢轨的作用是支承并引导机车车辆的车轮前进，直接承受来自车轮的力（弯曲应力、接触应力、温度应力），并为车轮滚动提供阻力最小的表面。同时将车轮的压力传递到轨枕上。在电气化铁路或自动闭塞区段，钢轨兼作轨道电路。钢轨断面形状采用具有最佳抗弯性能的工字形断面，由轨头、轨腰、轨底三部分组成。钢轨的类型用单位长度的质量（kg/m）来表示。我国标准钢轨类型有：75kg/m、60kg/m、50kg/m 及 43kg/m。目前我国钢轨标准长度有 12.5m 和 25m 两种。

轨枕的作用是支承钢轨，并将钢轨传来的压力均匀地传递给道床，保持钢轨应有的位置和轨距。轨枕要求坚固、有弹性和耐久，且造价低廉，制作简单，铺设及养护方便。轨枕按制作材料分为木枕和钢筋混凝土枕两种。木枕寿命较短，但经防腐处理后一般可用 15 年。钢筋混凝土枕寿命长，我国主要使用这种类型的轨枕。普通轨枕长度为 2.5m，道岔的岔枕长度为 2.5~4.8m，钢桥用的轨枕一般长为

史蒂芬孙和他发明的蒸汽机车，1814 年，英国人史蒂芬孙发明了第一台蒸汽机车，从此开始，人类加快了进入工业时代的脚步，蒸汽机车成为这个时代文化和社会进步的重要标志和关键工具。

1825 年 9 月 27 日，全球第一条铁路在英国启用。这条铁路由史蒂芬孙亲自指挥修建，全长约 27km，由斯托克顿到林顿。铁路的出现和发展，引起了交通运输领域革命，大大促进了工业革命的发展。

3.0～4.8m。单位长度线路铺设的轨枕数量，由轨道类型决定，一般铺设 1520～1840 根/km。

詹天佑，(1861～1919)，字眷诚，号达朝，英文名 Jeme Tien Yow，中国近代铁路工程专家，有"中国铁路之父"，"中国近代工程之父"之称。汉族，原籍安徽婺源（今属江西），生于广东南海。12 岁留学美国土木工程及铁路专科，大学毕业获学士学位归国；1905～1909 年主持修建我国自建的第一条铁路——京张铁路，创造"竖井施工法"和"人"字形线路。著有《铁路名词表》、《京张铁路工程纪略》等。

京张铁路，起始自北京丰台柳村，经居庸关、八达岭、河北的沙城、宣化至张家口。全长约 200 多千米，1905 年 9 月开工修建，于 1909 年建成通车。是中国首条不使用外国人员，由中国人自行建设完成，投入营运的干线铁路。由当时的清政府委派詹天佑为京张铁路局总工程师。

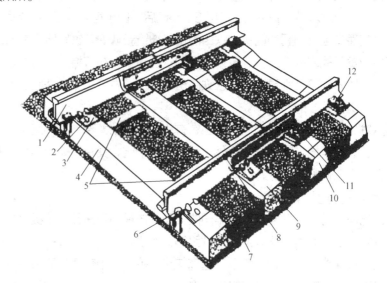

图 6-9　轨道的基本组成

1—钢轨；2—普通道钉；3—垫板；4、9—木枕；5—防爬撑；6—防爬器；7—道床；8—鱼尾板；

10—钢筋混凝土枕轨；11—扣板式联结零件；12—弹片式中间联结零件

道床又称为道砟，是铺设在路基面上的石碴层。其主要作用是支承轨枕，并把轨枕传来的压力均匀地传递给路基。同时固定枕轨的位置，阻止纵向和横向移动，缓和机车车辆车轮对钢轨的冲击，调整线路的平面和纵断面。从 20 世纪 60 年代，世界各国开始研究使用无砟轨道，目前各国的高速铁路已普遍采用无砟轨道。

联结零件包括接头联结零件和中间联结零件（也称为钢轨扣件）两类。接头联结零件是用来联结钢轨和钢轨接头的零件，它包括夹板、螺栓、螺帽和弹性垫圈等。中间联结零件的作用就是将钢轨扣紧在轨枕上，使钢轨与轨枕连为一体。

列车运行过程中所产生的纵向力使钢轨产生纵向移动，有时带动轨枕一起移动，这种现象称为轨道爬行。一般出现在单线铁路的重车方向、双线铁路的行车方向、长向下坡道及进站前的制动距离内。轨道爬行对轨道破坏性极大，严重时还会危及行车安全，因此，要加以限制。除增加钢轨与轨枕间的扣压力和道床阻力外，还要设置防爬器预防爬行。

把两条或两条以上的轨道，在平面上进行相互连接或交叉的设备成为道岔。其作用是使机车车辆由一条轨道转入或越过另一条轨道，以满足铁路运输中的各种作业需要。一般在车站设置，完成车辆的调转。

三、铁道工程设计

线路空间的设计是铁路工程设计的重要内容，包括线路的平面设计和线路的纵断面设计。

（一）线路平面设计

线路平面是指铁路中心线在水平面上的投影，由直线和曲线组成，而曲线包括圆曲线和缓和曲线。设计线路时力争较长的直线段，减少交点，缩短路段长度，改善运营条件。曲线的设置主要用来绕避地面障碍物或地质不良地段，从而减少工程量，缩短工期，降低造价。但曲线存在会给列车运行造成阻力和限制行车速度等不良影响。因此线路平面设计要因地制宜由大到小选取合理的曲线半径。为测设、施工和养护的方便，曲线半径一般取 50m 或 100m 的倍数。曲线半径的最大值确定为 12000m，最小曲线半径根据旅客舒适条件和轮轨磨耗条件得出。在铁路线上，直线和圆曲线往往不宜直接相连，它们之间应加设一段缓和曲线。把直线、圆曲线和缓和曲线组成的线路中心线及两侧的地形地貌投影到水平面上，得到线路平面图。它是铁路勘测设计的重要设计文件，表明了线路中心线的曲直变化和里程，沿线车站、桥隧建筑物等的数量和位置，以及等高线表示的地形、地物等情况。

（二）线路纵断面设计

线路纵断面是指铁路中心线在水平面上的投影，是由坡段及连接相邻坡段的竖线组成。线路纵断面设计主要包括确定最大坡度、坡段连接与坡度折减问题。

（1）坡度值和坡段长度。坡道用坡度值和坡段长度表示，坡度值是指坡道线路中心线与水平线夹角的正切值，铁路线路坡度的大小通常用千分率来表示。

（2）线路限制坡度及坡度折减。坡道会给列车的运行造成不利影响。坡度过大，机车牵引力可能不足，造成速度降低，同时下坡时，为防止速度过快，必须频繁制动，容易导致刹车不灵等现象。所以，要求对坡度加以限制。

（3）地段连接。在纵断面线上，平道和坡道的交点（边坡点）处的运行条件突然变化，容易导致车钩产生附加应力，坡度变化越大，越容易造成断钩事故，应用竖曲线连接两个相邻坡段。

（4）纵断面图。纵断面图横向表示线路的长度，竖向表示高程。在图中应标明连续里程、线路平面示意图、百米桩和加桩、地面里程、设计坡度、路肩设计高程、工程地质特征等。

四、高速铁路

20 世纪 60 年代以来，高速铁路在世界发达国家崛起，百年铁路重振雄风，传统铁路再展新姿，铁路发展进入了一个崭新的阶段。高速铁路的蓬勃发展，在世界范围内引发了一场深刻的交通革命。目前，国际上公认列车最高运行速度达到 200km/h 及以上的铁路为高速铁路。1964 年 10 月 1 日，世界上第一条高速铁路——日本的东海岛新干线正式投入运营，速度达 210km/h，打破了保持多年的铁路运营速度的世界纪录。

高速铁路建设管理模式，大致有四种类型（图 6-10～图 6-13）：日本新干线模式，全部修建新线，旅客列车专用；德国 ICE 模式，全部修建新线，旅客列车及货物列车混用；英国 APT 模式，既不修建新线，也不大量改造旧线，主要采用由摆式车体的车辆组成的动车组，旅客列车及货物列车混用；法国 TGV 模式，部分修建新线，部分旧线改造，旅客列车专用。

2008 年 8 月 1 日，投入运营的京津城际铁路是中国首条高速铁路客运专线，全长 120km，试运行的最高速度是 398.4km/h，正常运行速度 350km/h，是中国进入高铁时代的标志。2010 年 9 月 28 日，中国国产"和谐号"动车组在沪杭高铁试运行期间最高速度达到 416.6km/h，再次刷新世界铁路运营试验最高速。这一速度又一次证明中国高速铁路已全面领先世界。目前，中国营运中的高速铁路已有 6920km，正在建设的高速铁路有 1.3 万多公里。中国已经成为世界上高速铁路发展最快、系统技术最全、集成能力最强、运营里程最长、运营速度最快、在建

青藏铁路，是实施西部大开发战略的标志性工程，是中国新世纪四大工程之一。该路东起青海西宁，西至拉萨，全长 1956km。其中，西宁至格尔木段 814km 已于 1979 年铺通，1984 年投入运营。青藏铁路格尔木至拉萨段，北起青海省格尔木市，经纳赤台、五道梁、沱沱河、雁石坪、翻越唐古拉山，再经西藏自治区安多、那曲、当雄、羊八井，至拉萨，全长 1142km。其中新建线路 1110km，于 2001 年 6 月 29 日正式开工，2006 年月 1 日全线开通。青藏铁路是世界上海拔最高、线路最长的高原铁路。

铁路速度的分档为：速度 100～120km/h 称为常速；速度 120～160km/h 称为中速；速度 160～200km/h 称为准高速或快速；速度 200～400km/h 称为高速；速度 400km/h 以上称为特速速。高速铁路是一个具有国际性和时代性的概念。

中国和谐号动车组

京沪高铁，京沪高速铁路，简称京沪高铁，作为京沪快速客运通道，是中国"四纵四横"客运专线网的其中"一纵"，也是中国《中长期铁路网规划》中投资规模最大、技术水平最高的一项工程。是新中国成立以来一次建设里程最长，投资最大，标准最高的高速铁路。线路由北京南站至上海虹桥站，全长 1318km，总投资约 2209 亿元，设 24 个车站。

规模最大的国家。

图 6-10　日本新干线

图 6-11　德国高速铁路

图 6-12　英国高速铁路

图 6-13　法国高速铁路

高速铁路列车首先要满足安全与舒适的要求。影响列车安全和舒适的因素很多，虽然机车车辆性能及运营方式起着很大的作用，但高速铁路的线路参数也是重要的影响因素，在设计高速铁路时必须予以重视。

在高速条件下，列车的横向加速度增大，列车各种振动的衰减距离延长，从而各种振动叠加的可能性提高，相应旅客乘坐舒适度在高速条件下更为敏感，所以，要求线路的技术标准也相应提高，包括最小曲线半径、缓和曲线、外轨超高等线路平面标准，坡度值和竖曲线等线路纵断面标准，以及列车风对线路的特定要求等。在高速铁路的线路平、纵断面设计中应重视线路的平顺性，采用较大的平面曲线半径，足够长度的缓和曲线，较长的纵断面坡段长度和较大的竖曲线半径，以提高旅客乘坐舒适度。

轨道的平顺性是解决列车提速的至关重要的问题。轨道不平是导致车辆振动，产生轮轨附加动力的根源。因此高速铁路必须严格地控制轨道的几何形状，以提高轨道的平顺性。高速铁路的轨道目前已实现了长轨，这样减少了列车在行驶中由于轨道接口引起的冲击和振动，提高列车行驶的平顺性和舒适性。就路基而言，过去多重视于强度设计，并以强度作为轨下系统设计的主要控制条件。而现在强度已不成为问题，一般在达到强度破坏前，可能已经出现了过大的有害变形。

另外，高速列车的牵引动力是实现高速行车的重要关键技术之一。它又涉及许多新技术，如新型动力装置与传动装置。牵引动力的配置已不能局限于传统机车的牵引方式，而要采用分散而又相对集中的动车组方式、新的列车制动技术、高速电力牵引时的受电技术、适应高速行车要求的车体及行走部分的结构以及减少空气阻力的新外形设计等等。这些均是发展高速牵引动力必须解决的具体技术问题。

高速铁路的信号与控制系统是高速列车安全、高密度运行的基本保证。它是集微机控制与数据传输于一体的综合控制与管理系统，也是铁路适应高速运行、控制与管理而采用的最新综合性高技术，一般统称为先进列车控制系统。如列车自动防护系统、卫星定位系统、车载智能控制系统、列车调度决策支持系统、列车微机自动监测与诊断系统等。

五、城市轨道交通

城市轨道交通包括地铁、轻轨、有轨电车、空中轨道列车和磁悬浮列车等。城市轨道交通具有运量大、速度快、安全、准点、保护环境、节约能源和用地等特点，在城市发展中发挥着重要的作用。目前我国拥有轨道交通的城市包括：北京、天津、上海、南京、武汉、沈阳、重庆、大连、长春、台北、高雄、西安、香港、广州、深圳、成都、佛山等。

（一）地铁

地下铁道，简称地铁，亦简称为地下铁，狭义上专指在地下运行为主的城市铁路系统或捷运系统；广义上，由于许多此类的系统为了配合修筑的环境，可能也会有地面化的路段存在，因此通常涵盖了都市地区各种地下与地面上的高密度交通运输系统，如图6-14所示。

世界上首条地下铁路系统是在1863年开通的"伦敦大都会铁路"，是为了解决当时伦敦的交通堵塞问题而建。当时电力尚未普及，所以即使是地下铁路也只能用蒸汽机车。由于机车释放出的废气对人体有害，所以当时的隧道每隔一段距离便要有和地面打通的通风槽。第一条使用电动火车而且真正深入地下的铁路直到

图6-14 城市地铁交通

1890年才建成。这种新型且清洁的电动火车改进了以往蒸汽火车的很多缺点。发达国家的地铁设施非常完善，如法国的巴黎，其地铁在城市地下纵横交错，行驶里程高达几百公里，遍布城市各个角落的地下车站，给居民带来了非常便利的公共交通服务。俄罗斯莫斯科的地铁以车站富丽堂皇而闻名于世。美国波士顿的地铁，由80多公里长的多条线路交汇于市中心的几个点上，在通过这几点的换乘站可以转往其他公交站。波士顿地铁于20世纪90年代率先采用交流电驱动的电机和不锈钢制作的车厢，也是美国大陆首先使用交流电直接作为动力的地铁列车。美国纽约的地铁是世界上最繁忙的地铁，每天行驶的班次多达9000多次，运输量更是惊人。

中国第一条地铁线路始建于1965年7月1日，1969年10月1日建成通车，使北京成为中国第一个拥有地铁的城市。随后，天津、香港、上海、广州、台北等大城市相继建成地铁交通线。进入21世纪后，随着我国城市化进程的不断发展，对城市出行运量提出了新的要求，已建地铁城市在原有的基础上扩大了规模，一些二线城市也相继开展了地铁交通的建设。截止到目前，我国迎来了一个城市地铁修建的高峰期。

（二）城市轻轨

城市轻轨是城市客运有轨交通系统的又一种形式，它与原有的有轨电车交通系统不同。它一般有较大比例的专用道，大多采用浅埋隧道或高架桥的方式，车辆和通信信号设备也是专门化的，克服了有轨电车运行速度慢、正点率低、噪声大的缺点。它比公共汽车速度快、效率高、省能源，无空气污染。轻轨比地铁造价低，见效快。自20世纪70年代以来，世界上出现建设轻轨铁路的高潮。目前已有200多个城市建有这种交通系统。

最短的地铁，土耳其的伊斯坦布尔地铁，总长度只有572m，而且只有首尾两个车站。

运行速度最快的地铁，美国旧金山地铁运行时速最高达128km，为世界地铁速度之最。

最有效益的地铁，我国香港地铁是全球独一无二最具商业价值的地铁，经济效益十分可观。

最繁忙的地铁，莫斯科的地铁由10余条线路组成，全年运送的乘客达26亿人次，占整座城市交通总运量的45%。

最先进的地铁，法国里尔地铁是无人驾驶的全自动化地铁，高峰期间，列车间隔时间只有72s。

最深的地铁，朝鲜平壤市的地铁，最大埋深达100m左右，称得上世界埋深最深的地铁。

最浅的地铁，我国天津地铁，最浅处埋深仅2～3m，可谓世界上埋深最浅的地铁。

海拔最高的地铁，墨西哥地铁，修建在海拔2300m的高原上，是目前城市地铁中海拔最高的。

线路和车站最多的地铁，纽约地铁有30条线路，469个车站，堪称世界上地铁线路和车站最多的城市。

2000 年 12 月，上海建成我国第一条城市轻轨，即明珠线（图 6-15）。明珠线轻轨交通一期工程全长 24.975km，自上海市西南角的徐汇区开始，贯穿长宁区、普陀区、闸北区、虹口区，直至东北角的宝山区，沿线共设 19 座车站，全线无缝线路，除了与上海火车站连接的轻轨车站以外，其余全部采用高架桥结构形式。

（三）有轨电车

有轨电车，亦称路面电车或简称电车，属轻铁的一种。通常全在街道上行走，列车只有单节，最多也不过三节。由于电车以电力推动，车辆不会排放废气，因而是一种无污染的环保交通工具（图 6-16）。

图 6-15　上海明珠线　　　　图 6-16　城市有轨电车

1881 年，德国工程师冯·西门子在柏林近郊设计并铺设的第一条电车轨道。1890~1920 年是有轨电车在世界范围大发展的时期，在第一次世界大战之前，世界上几乎每一个大城市都有有轨电车。中国大陆最早的有轨电车出现于北京，时间是 1899 年，由德国西门子公司修建，连接郊区的马家堡火车站与永定门。1904 年香港开通有轨电车，此后设有租界或成为通商口岸的各个中国城市相继开通有轨电车，天津、上海先后于 1906 年、1908 年开通。日本和俄国相继在大连、哈尔滨、长春、沈阳、抚顺开通有轨电车线路。北京的市内有轨电车在 1924 年开通。20 世纪 20 年代，南京曾修建市内窄轨火车线路。鞍山市的有轨电车建于 1955 年，并最终于 2003 年停运。目前，内地只有大连、沈阳和长春等几个城市局部开行有轨电车。

对于中型城市来说，有轨电车是实用廉宜的选择。相比较于地铁交通，它的造价低廉；相较于汽车，路面电车更有效减少交通意外的比率，而且路面电车因为以电力推动，车辆不会排放废气，是一种无污染的环保交通工具。当然，它的效率远不及地铁，成本要高于城市公交汽车。而且，路面电车路轨占用路面，路面交通要为路面电车改道，并让出行车线，需要设置架空电缆。因此，不太适合大型城市和小型城市。

（四）空中轨道列车

空中轨道列车（简称空轨）属于悬挂式单轨交通系统。轨道在列车上方，由钢铁或水泥立柱支撑在空中。由于将地面交通移至空中，在无需扩展城市现有公路设施的基础上可缓解城市交通难题。又由于它只将轨道移至空中，而不是像高架轻轨或骑坐式单轨那样将整个路面抬入空中，因此克服了其他轨道交通系统的弊病，在建造和运营方面具有很多突出的特点和优点，如图 6-17 所示。

20 世纪 80 年代，在德国联邦政府的支持下，这种全新的轨道交通系统开始研制。空轨属于轻型、中等速度的交通运输工具。特别适宜于中小城市作为城市轨道交通，也可在大城市中作为地铁的延伸，连接到达繁华区、居民聚集区、风景旅游区、大型商业区、博览会等地区的交通工具，又可作为机场、地铁、火车站、长途客运站之间的中转接续工具。设计合理，也可替代地铁完成大运量交通任务。目前，空轨只在德国部分城市实现运营。

图 6-17　空中轨道列车

（五）磁悬浮列车

磁悬浮列车是一种新型的交通系统，它与传统铁路有着截然不同的区别和特点。磁悬浮铁路上运行的列车，是利用电磁系统产生的吸引力和排除力将车辆托起，使整个列车悬浮在铁路上，利用电磁力进行导向，并利用直流电机将电能直接转换成推进力推动列车前进。

与传统铁路相比，磁悬浮铁路由于消除了轮轨之间的接触，因而无摩擦阻力，线路垂直荷载小，适于高速运行。该系统采用一系列先进的高技术，使得列车速度高达500km/h 以上，目前最高试验速度为 552km/h。由于无机械振动和噪声，无废气排出和污染，有利于环境保护，能充分利用能源，从而获得高的运输效率。列车运行平稳，也能提高旅客的舒适性。磁悬浮列车由于没有钢轨、车轮、接触导线等摩擦部件，可以省去大量的维修工作和维修费用。另外磁悬浮列车可以实现全盘自动化控制，因此磁悬浮铁路将成为未来最具竞争力的一种交通工具。

在这项研究中，德国和日本起步较早。日本于 1962 年开始研究常导磁浮铁路。2003 年 7 月 31 日，在日本山梨县的一处山野中，时速高达 500km/h 的磁悬浮列车首次进行了试验。德国从 1968 年开始研究磁悬浮列车，1983 年，在曼母斯兰德建设了一条长 32km 的试验线，行驶速度达 412km/h。其他发达国家也都在进行各自的磁悬浮铁路研究。我国对磁悬浮铁路的研究起步较晚，1989 年我国第一台磁悬浮实验铁路与列车在湖南长沙的国防科技大学建成，试验运行速度为 10m/s。上海磁悬浮列车（图 6-18）是世界上第一段投入商业运行的高速磁悬浮列车，设计最高运行速度为 430km/h，仅次于飞机的飞行时速。转弯处半径达 8000m，肉眼观察几乎是一条直线，最小的半径也达 1300m。

图 6-18　上海磁悬浮列车

目前，磁悬浮铁路已经逐步从探索性的基础研究进入到实用性开发研究的阶段，经过 30 多年的研究与试验，各国已公认它是一种很有发展前途的交通运输工具。磁悬浮铁路的行车速度高于传统铁路，但是低于飞机，是弥补传统铁路与飞机之间速度差距的一种有效运输工具，因此发达国家目前正提出建设磁悬浮铁路网的设想。已经开始可行性方案研究的磁悬浮铁路有：美国洛杉矶—拉斯维加斯（450km）、加拿大的蒙特利尔—渥太华（193km）、欧洲的法兰克福—巴黎（515km）等。

尽管磁悬浮铁路具有前面所述的种种优点，并且在研制和应用方面取得了较大的发展，但随着高速型常规铁路的快速发展，给磁悬浮铁路带来了强有力的挑战。首先，

磁悬浮列车系统，包括悬浮系统、推进系统以及导向系统。

悬浮系统，目前可以分为两个方向，分别是德国所采用的常导型和日本所采用的超导型。也就是电磁悬浮系统（EMS）和电力悬浮系统（EDS）。各自原理如下图所示。

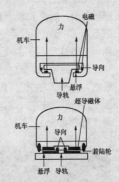

推进系统，与列车上的超导电磁体的相互作用，就使列车开动起来，如下图所示。

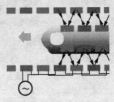

导向系统，用侧向力来保证悬浮的机车能够沿着导轨的方向运动。也可以分为引力和斥力。在机车底板上的同一块电磁铁可以同时为导向系统和悬浮系统提供动力，也可以采用独立的导向系统电磁铁。

天然石桥

与高铁建设费用相比，磁悬浮铁路的造价十分昂贵，这就造成了磁悬浮铁路投资大、回收期长，项目投资风险较高；其次，与高铁相比，磁悬浮列车的速度优势并不十分明显。虽然，磁悬浮列车的车速可达到 400～500km/h，但是目前运营中的高铁速度也可达到 300km/h 以上，在典型的 500km 区间内的运营中，也只比高铁节约 0.5h；另外，磁悬浮列车还有不成熟的技术环节，如突然情况下的紧急制动能力并不可靠。

第三节｜桥 梁 工 程

桥梁是供人、车通行的跨越障碍（江河、山谷或其他线路等）的人工构筑物。从线路（公路或铁路）的角度讲，桥梁就是线路在跨越障碍时的延伸部分或连接部分。"桥梁工程"一词通常包含两层含义，一是指桥梁建筑的实体，二是指建造桥梁所需的科学知识和技术，包括：桥梁的基础理论和研究，桥梁的规划、勘测设计、建造和养护维修等。桥梁工程在学科上是土木工程中结构工程的一个分支，在功能上是交通工程的咽喉。

洛阳古桥，始建于北宋皇佑五年（1053 年），嘉佑四年（1059 年）竣工，历时六年零八个月，其规制独特，工程宏大，创梁式跨海大石桥历史之先河，有"海内第一桥"之称。

桥梁工程是随着历史的演进和社会的进步而逐渐发展起来的。它源自古自然，或许是一棵树偶然倒下横过溪流，藤蔓从河岸的一棵树爬到对岸的一棵树，这些是最早的天然桥梁。纵观近代历史，可以认为，每当陆地交通工具（火车、汽车）发生重大变化，就会对桥梁在载重和跨度方面提出新的要求，推动了桥梁工程技术的发展。新材料的应用也是桥梁技术前进的巨大动力之一，而计算理论的发展、计算机应用普及后计算方法的发展是桥梁技术进步的另一个重要因素。从远古的经验积累，到后来的材料力学、结构力学、弹性力学等计算理论，容许应力法、极限状态法以及全概率设计的设计理论，也不断地推动着桥梁技术的进步。施工技术的进步和不断创新更使得当今的桥梁结构日新月异。一座桥梁，不但满足功能要求，即为工程结构物；从观赏美学要求而言，应是一件建筑艺术品。目前建设的大桥，反映出时代精神与当代人的创造力，往往成为一个国家、一个地区、一个城市的标志。可以说，目前桥梁建筑已经进入辉煌的时代。

玛格德堡水桥，桥梁并不只能让路上的交通工具行走。在德国，世界闻名的玛格德堡水桥提供了水上十字路口。该桥长 1km 左右，耗资 5 亿欧元，花费了 6 年时间才完工，并于 2003 年正式通航。

一、桥梁工程的分类

从不同的角度可以将桥梁划分为不同的类型。

按照桥梁跨径的大小可分为特大桥、大桥、中桥、小桥，桥梁的跨径反映了桥梁的建设规模。我国《公路工程技术标准》（JTJB 01—2003）规定特大桥、大桥、中桥、小桥的跨径划分依据见表 6-1。

表 6-1　　　　　　　　　　桥梁按总长和跨径分类

桥梁分类	多空桥全长 L/m	单孔跨径 l/m
特 大 桥	$L \geq 1000$	$l \geq 150$
大 　 桥	$100 \leq L < 1000$	$100 \leq L < 1000$
中 　 桥	$30 \leq L < 100$	$20 \leq L < 40$
小 　 桥	$8 \leq L < 30$	$5 \leq L < 20$

按桥面系和上部结构的相对位置分为：上承式、中承式、下承式。

按结构体系分为：梁式桥、拱式桥、刚架桥、斜拉桥及悬索桥等。

按桥梁的主要用途分为：公路桥、铁路桥、公路铁路两用桥、农桥、人行桥、军用桥、云水桥及其他专用桥梁。

按跨越方式分为：固定式桥、开启桥、浮桥、漫水桥等。

按跨越方式分为：整体施工桥——上部结构一次浇筑而成；节段施工桥——上部结构分节段组拼而成；预制安装桥等。

按建筑材料分为：木桥、钢桥、圬工桥（包括砖、石、混凝土桥）、钢筋混凝土桥和预应力混凝土桥、组合桥等。

二、桥梁的组成

图 6-19 表示一座公路桥梁的概貌，从图中可见，桥梁一般由上部结构、下部结构以及附属设施组成。

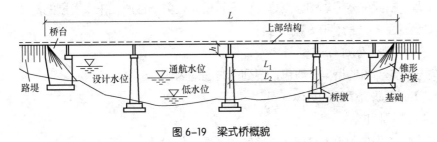

图 6-19　梁式桥概貌

（一）上部结构

上部结构包括桥跨结构和支座系统两部分。前者指桥梁中直接承受桥上交通荷载并且架空的结构部分；后者支承上部结构并把荷载传递于桥梁墩台上，它应满足上部结构在荷载、温度变化或其他因素作用下预计产生的位移大小。

（二）下部结构

下部结构包括桥墩、桥台和墩台的基础，是支承上部结构、向下传递荷载的结构物。桥梁墩台的布置是与桥跨结构相对应的。桥台设在桥跨结构的两端，桥墩则设在两桥台之间。桥台除起到支承和传力作用外，还起到与路堤衔接、防止路堤滑塌的作用。因此，通常需在桥台周围设置锥体护坡。墩台基础是承受了由上至下的全部作用（包括交通荷载和结构自重）并将其传递给基础的结构物。它通常埋入土层中或建筑在基岩之上，时常需要在水中施工，因而遇到的问题比较复杂。

（三）与桥梁服务功能有关的部分

随着现代化工业发展水平的提高，人类的文明水平随之提高，人们对桥梁行车的舒适性和结构物的观赏水平要求也越来越高，因而在桥梁设计中非常重视桥面构造。主要包括以下部分。

（1）桥面铺装（或称行车道铺装）。铺装的平整性、耐磨性、不翘曲、不渗水是保证行车舒适的关键。特别在钢箱梁上铺设沥青路面的技术要求很严。

（2）排水防水系统。应迅速排除桥面上积水，并使渗水的可能性降至最小限度。城市桥梁排水系统还应保证桥下无滴水和结构上无漏水现象。

（3）栏杆（或防撞栏杆）。它既是保证安全的构造措施，又是有利于观赏、表现桥梁特色的一个建筑物。

（4）伸缩缝。在桥跨上部结构之间，或在桥跨上部结构与桥台端墙之间所设的缝隙，保证结构在各种因素作用下的变位。为使桥面上行车顺畅，不颠簸，在缝隙处要设置伸缩装置。特别是大桥或城市桥梁的伸缩装置，不但要结构牢固、外观光洁，而且需要经常扫除掉入伸缩装置中的垃圾尘土，以保证其使用功能。

（5）灯光照明。现代城市中，大型桥梁通常是一个城市的标志性建筑，大多装置了灯光照明系统，成为城市夜景的组成部分。

三、桥梁工程的总体规划和设计要点

《公路桥梁通用设计规范》（JTGD 60—2004）（以下简称《桥规》）规定：桥梁工程的设计必须符合"技术先进、安全可靠、适用耐久、经济合理"的要求，同时还应按照外形美观和有利于环保的原则进行设计，并考虑因地制宜、就地取材、便于施工和养护等因素。《桥规》还规定：公路桥涵结构的设计基准期为100年。

桥梁总体规划的基本内容包括：野外勘测与调查研究、纵断面设计、横断面设计、平面布置。桥梁总体规划的原则是：根据其使用任务、性质和未来发展的需要，全面贯彻安全、经济、适用和美观的方针。

（一）野外勘测与调查研究

对于跨越河流的桥梁一般包括下列几方面的内容。

（1）调查研究桥梁的具体任务。

（2）选择桥位。

（3）测量桥位附近的地形，并绘制地形图，供设计和施工使用。

（4）钻探调查桥位的地质情况，并将钻探资料制成地质剖面图，作为基础设计的重要依据。

（5）调查和测量河流的水文情况，为确定桥梁的桥面标高、跨径和基础埋置深度提供依据。

（6）对大桥工程，应调查桥址附近风向、风速，以及桥址附近有关的地震资料。

（7）调查了解其他与建桥有关的情况。

根据调查、勘测所得的资料，可以拟出几个不同的桥梁比较方案。方案比较可以包括不同的桥位、不同的材料、不同的结构体系和构造、不同的跨径和分孔、不同的墩台和基础形式等，从中选出最合理的方案。

（二）纵断面设计

纵断面设计主要包括总跨径、桥梁分孔、桥面标高、桥下净空、纵坡。

（1）总跨径。桥梁的总跨径一般根据水文计算确定。由于桥梁墩台和桥头路堤压缩了河床，使桥下过水断面减少，流速加大，引起河床冲刷。因此桥梁总跨径必须保证桥下有足够的排洪面积，使河床不产生过大的冲刷，平面宽滩河流（流速较小）虽然允许压缩，但必须注意壅水对河滩路堤以及附近农田和建筑物可能发生的危害。根据河床的地质条件，确定允许冲刷深度，以便适当压缩总跨径长度，节省费用。

（2）桥梁分孔。桥梁总跨径确定后，还需进一步进行分孔布置，对于一座较大的桥梁，应当分成几孔，各孔的跨径应当多大，有几个河中桥墩，哪些是通航孔，哪些不是，这些问题要根据通航要求、地形和地质情况、水文情况以及技术经济和美观的条件加以确定。

（3）桥面标高及桥下净空。桥面的标高或在路线纵断面设计中已经规定，或根据设计洪水位、桥下通航需要的净空来确定。桥下净空要满足通航要求及洪水位。

（4）纵坡。桥梁当受到两岸地形限制时，允许修建坡桥，但大、中桥桥面纵坡不

宜大于 4%，位于市镇混合交通繁忙处桥面纵坡不得大于 3%。

（三）横断面设计

横断面设计主要是确定桥面净空和桥跨结构横断面的布置。桥面宽度决定于行车和行人的交通需要。桥上人行道和自行车道的设置应根据实际需要而定。人行道的宽度为 0.75m 或 1m，大于 1m 时按 0.5m 的极差增加。一条自行车道的宽度为 1m，当单独设置自行车道时，一般不应少于两条自行车道的宽度。高速公路上的桥梁，应设检修道，不宜设人行道。与路基同宽的小桥和涵洞可仅设缘石或栏杆。漫水桥不设人行道，但可设置护栏。

（四）平面布置

平面布置的内容有：确定路、桥、水流的关系；桥梁的线型及桥头的引道要保持平顺，使车辆能平稳地通过；小桥涵的线型及其与公路的衔接，可按路线的要求布置。大、中桥梁的线型，一般为直线，当桥面受到两岸地形限制时，允许修建曲线桥。曲线的各项指标应符合路线的要求。也允许修建斜桥，其斜度一般不大于 45°，通航河流上不宜大于 5°（桥墩沿水流方向的轴线与航道水位的主流方向交角）。

四、桥梁的结构体系

工程结构中的构件，总离不开拉、压和弯曲三种基本受力方式。由基本构件所组成的各种结构物，在力学上也可归结为梁式、拱式、悬吊式三种基本体系以及它们之间的各种组合。按桥梁结构的体系分类，桥梁有梁式桥、拱式桥、刚架桥、斜拉桥悬索桥等基本体系桥，以及由基本体系组合而成的组合体系桥。

（一）梁式桥

梁式桥是一种在竖向荷载作用下无水平反力的结构。由于外力的作用方向与梁式桥承重结构轴线接近垂直，与同样跨径的其他结构体系相比，梁桥内产生的弯矩最大，通常需要用抗弯、抗拉能力强的材料（如钢、钢筋混凝土等）来建造。梁桥分简支梁桥、悬臂梁桥和连续梁桥等。悬臂梁桥和连续梁桥都是利用支座上的卸载弯矩去减少跨中弯矩，使桥梁跨内的内力分配更加合理，以同等抗弯能力的构件断面就可以建成更大跨径的桥梁。

1. 简支梁桥

对于中、小跨径桥梁，常采用简支梁桥的形式。其结构简单，施工方便。目前在公路上应用最广的是钢筋混凝土简支梁桥、预应力钢筋混凝土简支梁桥，施工方法有预制装配和现浇两种，钢筋混凝土简支梁桥，常用跨径在 25m 以下，如图 6-20 所示。

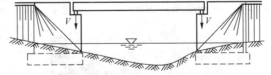

图 6-20 简支梁桥

2. 悬臂梁桥

悬臂梁桥是以一端或两端向外自由悬出的简支梁作为上部结构主要承重构件的梁桥，如图 6-21 所示。和简支梁桥一样，悬臂梁桥也属于静定结构梁桥，它们的内力不受基础不均匀沉降的影响。悬臂梁桥有单悬臂梁和双悬臂梁两种。单悬臂梁是简支梁的一端从支点伸出以支承一孔吊梁的体系；双悬臂梁是简支梁的两端从支点伸出形成两个悬臂的体系。

3. 连续梁桥

两跨或两跨以上连续的梁桥称为连续梁桥，属于超静定体系，如图 6-22 所示。

南京长江大桥，位于南京市西北面长江上，连通市区与浦口区，是长江上第一座由我国自行设计建造的双层式铁路、公路两用桥梁。上层的公路桥长 4589m，车行道宽 15m，可容 4 辆大型汽车并行，两侧还各有 2m 多宽的人行道；下层的铁路桥长 6772m，宽 14m，铺有双轨，两列火车可同时对开。其中江面上的正桥长 1577m，其余为引桥，是我国桥梁之最。正桥的路栏上，公路引桥采用富有中国特色的双孔双曲拱桥形式。

连续梁在恒活载作用下，产生的支点负弯矩对跨中正弯矩有卸载的作用，使内力状态比较均匀合理，因而梁高可以减小，由此可以增大桥下净空，节省材料，且刚度大，整体性好，超载能力大，安全度大，桥面伸缩缝少，并且因为跨中截面的弯矩减小，使得桥跨可以增大。当跨径较大时，可采用连续梁桥。

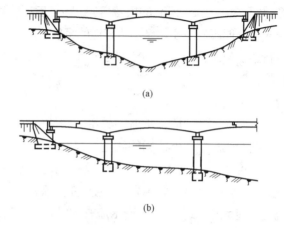

图 6-21　悬臂梁桥

（a）单悬臂梁桥；（b）双悬臂梁桥

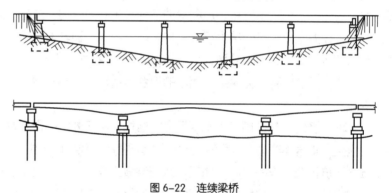

图 6-22　连续梁桥

1988 年建成的飞云江桥（图 6-23）是我国当时最大跨度的预应力混凝土简支梁桥。该桥位于浙江瑞安，全长 1718m，最大跨度 62m，主梁高 2.85m，高跨比 1:21.75，间距 2.5m，桥面宽 13m，混凝土强度等级为 C60。我国目前最大跨度的预应力混凝土连续梁桥为六库怒江桥（图 6-24），位于云南省傈僳族自治州州府六库，跨越怒江，该桥采用 3 跨变截面箱型梁，其中箱型梁为单箱型截面，箱宽 5m，两侧各悬出伸臂 2.5m，跨中梁高 2.8m。

图 6-23　飞云江桥

图 6-24　六库怒江桥

（二）拱式桥

拱式桥在竖向荷载作用下，桥墩和桥台将承受水平推力作用。拱式桥的主要承重结构是拱圈（或拱肋）。由于水平反力的作用，大大抵消了拱圈（或拱肋）内由荷载所引起的弯矩。因此，与同跨径的梁相比，拱的弯矩、剪力和变形都要小得多，鉴于拱桥的承重结构以受压为主，通常可用抗压能力强的圬工材料（如砖、石、混凝土）和钢筋混凝土等来建造。图6-25为拱式桥的基本组成。

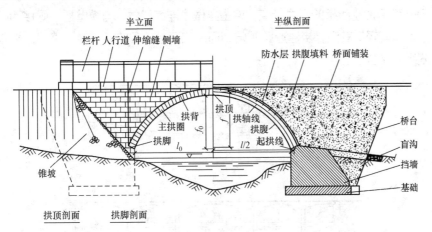

图6-25 拱式桥的组成

拱可以分为单铰拱、双铰拱、三铰拱和无铰拱。由于拱是有推力的结构，对地基要求较高，一般常建于地基良好的地区。拱桥不仅跨越能力很大，而且外形似彩虹卧波，十分美观，在条件许可情况下，修建拱桥往往是经济合理的。按照行车道处于主拱圈的不同位置，拱桥分为上承式拱、中承式拱和下承式拱三种（图6-26）。

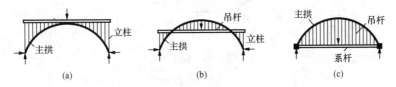

图6-26 上承式拱、中承式拱以及下承式拱

（a）上承式拱；（b）中承式拱；（c）下承式拱

我国的卢浦大桥是世界最大跨径钢拱桥（图6-27），其总投资22亿余元，全长3900m，其中主桥长750m，为全钢结构，由于主跨直径达550m，居世界同类桥梁之首，被誉为"世界第一钢拱桥"。世界上跨度最大的钢筋混凝土拱桥是重庆万县长江大桥，跨度420m（图6-28）。

图6-27 上海卢浦大桥

图6-28 重庆万县长江大桥

（三）刚架桥

刚架桥是介于梁与拱之间的一种结构体系，它是由受弯的上部梁（或板）结构与

伦敦塔桥

承压的下部柱（或墩）整体结合在一起的结构。刚架桥可分为 T 形刚架桥、连续刚架桥和斜腿刚架桥三种，如图 6-29 所示。T 形刚架桥是一种墩梁固接、具有悬臂受力特点的梁式桥。T 形刚架桥在自重作用下的弯矩类似于悬臂梁，适合于悬臂法施工，一般为静定结构。连续刚架桥是预应力混凝土大跨度梁式桥的主要桥型之一，它综合了连续梁和 T 形刚架桥的受力特点，将主梁做成连续梁体，与薄壁桥墩固接而成。斜腿刚架桥造型轻巧美观，当建造跨越陡峭河岸和深邃峡谷的桥梁时，采用这类刚架桥往往既经济又合理。

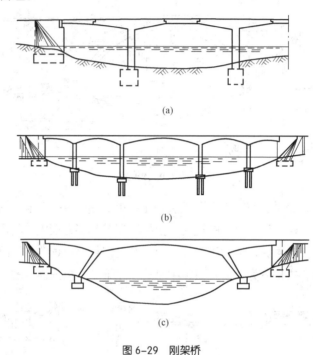

图 6-29 刚架桥

（a）T 形刚架桥；（b）连续刚架桥；（c）斜腿刚架桥

（四）斜拉桥

斜拉桥作为一种拉索体系，比梁式桥和拱式桥的跨越能力更大，是大跨度桥梁的最主要桥型。斜拉桥是由承压的塔、受拉的斜索与承弯的梁体组合起来的一种结构体系。它的受力特点是：受拉的斜索将主梁多点吊起，并将主梁的恒载和车辆等其他荷载传至塔柱，再通过塔柱基础传至地基。塔柱以受压为主，主梁如同多点弹性支承的连续梁，使主梁内的弯矩大大减小，结构自重显著减轻，大幅度提高了斜拉桥的跨越能力。由于同时受到斜拉索水平分力的作用，主梁截面的基本受力特征是偏心受压构件。此时，由于塔柱、拉索和主梁构成稳定的三角形，斜拉桥的结构刚度较大。

斜拉桥根据跨度大小的要求以及经济上的考虑，可以建成单塔式、双塔式或多塔式的不同类型。通常对断面和桥下净空要求较大时，多采用双塔式斜拉桥。斜拉桥根据纵向斜缆布置有辐射、扇形、竖琴形和星形等多种形式，如图 6-30 所示。斜拉桥具有良好的力学性能和经济指标，已成为大跨度桥梁最主要的桥型。在跨度 200～800m 的范围内占据着优势，在跨径 800～1100m 的特大跨径的范围内也扮演着重要的角色。

世界上第一座现代斜拉桥始建于 1955 年的瑞典，跨径为 182m。1999 年日本建成的世界最大跨度多多罗大桥（主跨 890m，图 6-31），是斜拉桥跨径的一个重大

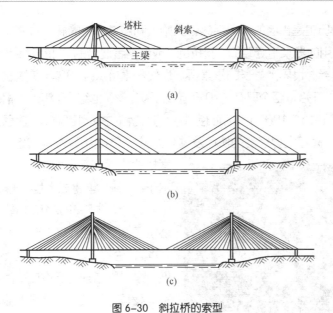

图 6-30 斜拉桥的索型

（a）辐射式；（b）竖琴式；（c）扇形

突破，是世界斜拉桥建设史上的一个里程碑。我国于 1975 年在四川云阳建成第一座主跨 76m 的斜拉桥，至今 30 多年的时间里，已经建成各种类型斜拉桥 100 多座。其中苏通大桥为目前世界上最大跨度的斜拉桥（图 6-32）。大桥主跨 1088m，总长 8206m，两岸连线共长 24.2km，其中主桥采用长约 1088m 的双塔双索面钢箱梁斜拉桥。斜拉桥主孔跨度比多多罗大桥和法国诺曼底大桥长 200m 左右，位列世界第一。杭州湾跨海大桥是一座横跨中国杭州湾海域的跨海大桥，它北起浙江嘉兴海盐郑家埭，南至宁波慈溪水路湾，全长 36km，是目前世界上最长的跨海大桥。

图 6-31 日本多多罗大桥

图 6-32 苏通大桥

（五）悬索桥

悬索桥是特大跨径桥梁的主要形式之一，由于悬索桥优美的造型和宏伟的规模，人们常称之为"桥梁皇后"。悬索桥可以充分利用材料的强度，并具有用料省、自重轻的特点。现代悬索桥一般是由桥塔、主缆索、吊索、加劲肋、锚定及鞍座等部分组成的承载结构体系。缆索是主要承重结构，在桥面系竖向荷载作用下，通过吊杆使缆索承受很大的拉力，缆索锚于悬索桥两端的锚锭结构中。为了承受巨大的缆索拉力，锚旋结构需要做得很大（重力式锚锭），或者依靠天然整的岩体来承受水平拉力（隧道式锚锭）。由于缆索传至锚锭的拉力可分解为垂直和水平两个分力，因而悬索桥也是具有水平反力（拉力）的结构。现代悬索桥广泛采用高强度的多股钢丝编织形成钢缆，以充分发挥其优良的抗拉性能。悬索桥具有受力性能好、跨越能力大的优点，跨径可以超过 1000m。当跨径超过 800m，悬索桥是很有竞争力的方案。

　　悬索桥的历史是古老的。早期热带原始人利用森林中的藤、竹、树茎做成悬式桥以渡小溪，使用的悬索有竖直的、斜拉的，或者两者混合的。四川泸定桥，建于1706年，被认为是当时世界上最长的悬索桥。现代悬索桥从1883年美国建成的布鲁克林（主跨486m）开始，至今已有120多年的历史。20世纪30年代，相继建成的美国乔治华盛顿桥（主跨1067m）和旧金山金门大桥（主跨1280m）使悬索桥的跨度超过了1000m。随着世界经济的快速发展，尤其从20世纪80年代至20世纪末，悬索桥的技术在各方面得到了空前的发展。日本于1998年建成了世界最大跨度的明石海峡大桥，主跨1991m（图6-33）。悬索桥跨径从20世纪30年代的1000m，经历70年，达到近2000m，这又是一个重大突破，是世界悬索桥建设史上的又一座丰碑。

图6-33　明石海峡大桥

　　我国在悬索桥建设方面异军突起，1995年建成了汕头海湾大桥，主跨452m。之后相继又建成主跨900m的西陵长江大桥、主跨888m的虎门大桥、主跨969m的宜昌长江大桥以及主跨1385m的江阴长江大桥（1999年建成）和主跨1377m的香港青马大桥等11座大跨度悬索桥。多年来，积累了丰富的悬索桥设计施工经验，我国悬索桥设计和施工水平已迈入国际先进水平行列。2005年建成的润扬长江大桥（图6-34），创造了多项国内第一，综合体现了目前我国公路桥梁建设的最高水平。大桥南汊悬索桥主跨1490m，为中国第一、世界第三大跨径悬索桥；悬索桥主塔高227.21m，为国内第一高塔；悬索桥主缆长2600m，为国内第一长缆；大桥钢箱梁总重34000t，为国内第一重。

图6-34　润扬长江大桥

五、桥墩、桥台与桥梁基础

　　桥墩、桥台与基础构成了桥梁的下部结构。桥台与桥墩是桥梁的支承结构。桥台是桥梁两端桥头的支承结构，是道路与桥梁的连接点；桥墩是多跨桥的中间支承结构。桥台和桥墩由台（墩）帽、台（墩）身和基础组成。桥梁的基础承担着桥墩、桥跨结构（桥身）的全部重量以及桥上的可变荷载。

（一）桥墩

　　桥墩的作用是支承在它左右两跨的上部结构通过支座传来的竖直力和水平力。由于桥墩建筑在江河之中，因此它还要承受流水压力，水面以上的风力和可能出现的冰压力，船只等的撞击力。所以桥墩在结构上必须有足够的强度和稳定性，在布设上要考虑桥墩与河流的相互影响，即水流冲刷桥墩和桥墩雍水的问题。在空间上应满足通航和通车的要求。

　　一般桥梁常采用的桥墩类型根据其结构形式可分为实体式（重力式）桥墩、空心式墩和桩（柱）式桥墩，如图6-35所示。实体式桥墩主要特点是依靠自身重量来平衡外力而保持稳定。它一般适宜荷载较大的大、中型桥梁，或流冰、漂浮物较多的江河之中。此类桥墩的最大缺点是圬工体积较大，因而其自重大，阻水面积也较大。有时为了减轻墩身体积，将墩顶部分做成悬臂式。空心式桥墩克服了实体式桥墩在许多情况下材料强度得不到充分发挥的缺点，而将混凝土或钢筋混凝土桥墩做成空心薄壁结构等形式，这样可以节省圬工材料，且减轻重量。缺点是经不起漂浮物的撞击。由于大孔径钻孔灌注桩基础的广泛使用，桩式桥墩在桥梁工程中得到普遍采用。这种结构是将桩基一直向上延伸到桥跨结构下面，桩顶浇筑墩帽，桩作为墩身的一部分，桩和墩帽均由钢筋混凝土支撑。这种结构一般用于桥跨不大于 30m，墩身不高于 10m 的情况。如在桩顶上修筑承台，在承台上修筑立柱作墩身，则成为柱式桥墩。柱式桥墩可以是单柱，也可以是双柱或多柱形式，视结构需要而定。

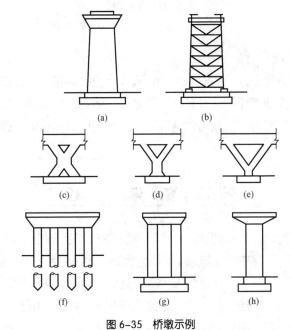

图 6-35 桥墩示例

（a）重力式；（b）构架式；（c）X 形；（d）Y 形；（e）V 形；

（f）桩式；（g）双柱式；（h）单柱式

桥梁建设时采用什么类型的桥墩，应依据地质、地形及水文条件，墩高，桥跨结构要求及荷载性质、大小，通航和水面漂浮物，桥跨以及施工条件等因素综合考虑。但是在同一座桥梁内，应尽量减少桥墩的类型。

（二）桥台

桥台是两端桥头的支承结构物，它是连接两岸道路的路桥衔接构造物。它既要承受支座传递的竖直力和水平力，还要挡土护岸，承受台后填土及填土上荷载产生的侧向土压力。因此桥台必须有足够的强度，并能避免在荷载作用下发生过大的水平位移、转动和沉降，这在超静定结构桥梁中尤为重要。当前，我国公路桥梁的桥台有实体式桥台和埋置式桥台等形式，如图 6-36 所示。

桥台有实体式和埋入式之分。U 形桥台是最常用的实体桥台形式，它由支承桥跨结构的台身与两侧翼墙在平面上构成 U 字形而得名。一般用圬工材料砌筑，构造简单。适合于填土高度在 8～10m 以下，跨度稍大的桥梁。缺点是桥台体积和自重较大，也增加了对地基的要求。埋置式桥台是将台身大部分埋入锥形护坡中，只露出台帽在外，以安置支座及上部构造物，这样，桥台体积可以大为减少。但是由于台前护坡用作永

世界最长的公路隧道——拉达尔隧道，位于挪威松恩-菲尤拉讷，全长 15 英里（约合 24.1km），是世界上最长的公路隧道。

久性表面防护设施，存在着被洪水冲毁而使台身裸露的可能，故一般用于桥头被浅滩、护坡受冲刷较小的场合。埋置式桥台不一定是实体结构。配合钻孔灌注柱基础，埋置式桥台还可以采用桩柱上的框架式和锚拉式等型式。

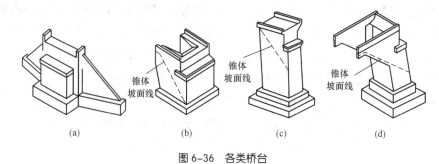

图 6-36 各类桥台

（a）T 形；（b）U 形；（c）埋式；（d）耳墙式

（三）桥梁基础

桥梁基础往往修建于江河的流水之中，遭受水流的冲刷。所以桥梁基础一般比房屋基础的规模大，需要考虑的问题多，施工条件也困难。桥梁基础的类型有刚性扩大基础、桩基础和沉井基础等。在特殊情况下，也用气压沉箱基础。具体内容可参见第四章。

第四节 | 隧 道 工 程

隧道工程在交通建设、水利建设、市政建设和矿山建设中发挥着重要的作用。在山岭地区道路和铁路工程中修建隧道，可以大大减少展线线路长度，缩短线路总长度；减小对植被的破坏，保护生态环境；减少深挖路堑，避免过多高架桥和挡土墙；减少路线受自然因素（如风、沙、雨、雪、塌方及冻害）的影响，延长线路使用寿命，减小阻碍行车的事故。在城市基础设施建设中修建隧道，可以减少交通占地，形成立体交通。在江河、海峡及港湾地区修建隧道不影响水路通航。

世界上第一座交通隧道是公元前 2180 年至公元前 2160 年在巴比伦城中幼发拉底河下修筑的人行通道。我国在公元前 8 世纪至公元前 3 世纪就有深度达 40m 以上的铜矿矿井。19 世纪 20 年代，随着铁路和炼钢工业的发展以及蒸汽机的出现，促进了隧道工程的发展。1826 年～1830 年英国在利物浦硬岩中修建了两座最早的铁路隧道。1843 年在英国泰晤士河修建了第一条水底道路隧道。到 20 世纪 50 年代，人们总结出各种类型隧道工程的规划、设计和施工的基本原理，标志着隧道工程成为土木工程中一个独立的工程领域。

一、隧道工程的分类

从不同的角度，可以将隧道划分为不同的类型。

按照隧道所处的地质条件分类：分为土质隧道和石质隧道。

按照隧道的长度分类：分为短隧道（铁路隧道规定：$L \leqslant 500m$；公路隧道规定：$L \leqslant 500m$）、中长隧道（铁路隧道规定：$500 < L \leqslant 3000m$；公路隧道规定 $500 < L < 1000m$）、长隧道（铁路隧道规定：$3000 < L \leqslant 10000m$；公路隧道规定 $1000 \leqslant L \leqslant 3000m$）和特长隧道（铁路隧道规定：$L > 10000m$；公路隧道规定：$L > 3000m$）。

按照国际隧道协会（ITA）定义的隧道的横断面积的大小划分标准分类：分为极小断面隧道（2~3m²）、小断面隧道（3~10m²）、中等断面隧道（10~50m²）、大断面隧道（50~100m²）和特大断面隧道（大于100m²）。

按照隧道所在的位置分类：分为山岭隧道、水底隧道和城市隧道。

按照隧道埋置的深度分类：分为浅埋隧道和深埋隧道。

按照隧道的用途分类：分为交通隧道、水工隧道、市政隧道和矿山隧道。

与我们日常生活和生产密切相关的隧道当属交通隧道，无论是在城市地区跨越河流的交通线，还是在山谷地区穿越山岭的交通线，都可以见到隧道工程结构的身影。交通隧道是铁路或公路线路在穿越天然高程或平面障碍时修建的地下通道（图6-37和图6-38）。

中国最长的公路隧道——秦岭终南山隧道，单洞长18.02km，双洞共长36.04km，为中国目前最长的公路隧道和世界最长的双洞隧道。隧道于2007年1月20日正式通车，西安到柞水由3h缩短为40min。

图6-37 公路隧道

图6-38 铁路隧道

二、隧道工程的设计

隧道属于地下工程结构，通常包括主体工程和附属工程两部分。前者包括洞身衬砌和洞门，后者包括通风、照明、防排水和安全设备等。由于地层内结构受力以及地质环境的复杂性，施工场地空间有限、光路暗、劳动条件差等，隧道结构设计和施工与地上结构相比有很多特殊性和困难。

隧道最主要的特点是较地上结构更容易受地质条件的影响，其影响贯穿规划、设计、施工、养护全寿命周期。所以获取准确的地质资料就成为设计的前提。从目前的地质勘察技术水平看，做到地质资料完全准确比较困难。为了弥补预先提供资料的不充分、不准确的缺点，就需要在施工中根据实际地质情况做某些局部的变更，必要时甚至可做很大改变。设计中，线形、纵坡及净空断面之间有密切的关系，净空断面还直接受地质条件及施工方法的影响。

（一）隧道的几何设计

隧道的几何设计的主要内容包括平面线形、纵断面线形、与平行隧道或其他结构物的间距、引线、隧道横断面设计等。几何设计的主要任务是确定隧道的空间位置。几何设计中要综合考虑地形、地质等工程因素和行车的安全因素。

1. 平面线形

隧道平面线形是指隧道中心线在水平面上的投影。对于隧道的平面线形原则上采用直线，避免曲线。曲线隧道对在测量、衬砌、内装、吊顶等工作上也是很复杂的。此外，曲线隧道增加了通风阻抗，对自然通风很不利。如必须设置曲线时，应符合视距的要求。由隧道及前后引道组成的路段应做到线形平顺、连续、行车安全舒适，并与环境景观协调一致。如果长、大隧道需要利用竖井、斜井通风时，在线形上应考虑便于设置。单向行驶的长隧道，如果在出口一侧放入大半径曲线，面向驾驶者的出口墙壁亮度是逐渐增加的。尤其是当出口处阳光可以直接射入，以及洞门面向大海等亮度高的场合，有利于驾驶者的"亮适应"。此时曲线反而是设计所希望的，遇到这种情形应当慎重考虑。

2. 纵断面线形

隧道纵断面线形是隧道中心线展直后在垂直面上的投影。隧道内线路坡度可设置为单面坡（即向隧道一端上坡或下坡）或人字坡（即从隧道中间向洞口两端下坡）两种。隧道的纵坡以不妨碍排水的缓坡为宜。纵坡过大，不论是汽车的行驶还是施工及养护管理都不利。隧道控制坡度的主要考虑因素还包括通风、排水等问题。纵坡变更处应根据视距要求设置竖曲线，其半径和竖曲线的最小长度应符合相应的工程设计标准的规定。为了提高视线的诱导作用，在隧道中要考虑选择较大的竖曲线长度。

3. 与平行隧道或其他结构物的间距

两条平行隧道相距很近或隧道接近其他结构物时，需要根据隧道的断面形状、交叉角、施工方法及工期等决定相互间的距离。隧道在已有结构物下面设置时，应考虑由于开挖隧道而引起的基础下沉，以及爆破、地下水变化等的影响。

4. 引线

引线的平面及纵断面线形，应当保证有足够的视距和行驶安全。尤其在进口一侧，需要在足够的距离外能够识别隧道洞口。为了使汽车能顺利驶入隧道，驾驶员应提早知道前方有隧道。通常当汽车驶近隧道，但尚有一定距离时，驾驶员若能自然地集中注意力观察到洞口及其附近的情况，并保证有足够的安全视距，对障碍物可以及时察觉，采取适当措施，才能保证行车安全。把开始注视的点称为注视点，从注视点到安全视距点所需时间称为注视时间。从注视点到洞口采用通视线形极为重要。在洞口及其附近设置平面曲线或竖曲线的变更点时，应以不妨碍观察隧道，且保证有足够的注视时间为最低限度。

隧道需要机械通风时，引线的纵坡应使汽车能以均匀速度驶入隧道，洞口前的引线纵坡与隧道纵坡在必要的距离之间应保持一致。如果在洞口前为陡坡时，车速会降低，进入隧道后加速行驶，必然使排气量增加，从而导致通风设备的加大或导致通风量不足。另外，设计引线时还应考虑到接近洞口的桥梁、路堤等。

5. 隧道横断面设计

隧道横断面设计主要是针对隧道净空的设计。隧道净空是指隧道衬砌的内轮廓线所包围的空间，包括公路建筑限界、通风及其他所需要的断面积。断面形状和尺寸应根据围岩压力求得最经济值。道路隧道的建筑限界包括车道、路肩、路缘带、人行道等的宽度，以及车道、人行道的净高。道路隧道除包括公路建筑限界以外，还包括通风管道、照明设备、防灾设备、监控设备、运行管理设备等附属设备所需要的足够空间，以及富裕量和施工允许误差等，具体如图6-39所示。

（二）隧道的结构构造

道路隧道结构构造由主体构造物和附属构造物两大类组成。主体构造物是为了保持岩体的稳定和行车安全而修建的人工永久建筑物，通常指洞身衬砌和洞门构造物。洞身衬砌的平、纵、横断面的形状由道路隧道的几何设计确定，衬砌断面的轴线形状和厚度由衬砌计算决定。在山体坡面有发生崩坍和落石可能时，往往需要接长洞身或修筑明洞。洞门的构造形式由多方面的因素决定，如岩体的稳定性、通风方式、照明状况、地形地貌以及环境条件等。附属构造物是主体构造物以外的其他建筑物，是为了运营管理、维修养护、给水排水、供需发电、通风、照明、通信、安全等而修建的构造物。

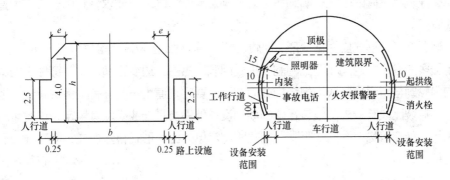

图 6-39 公路隧道限界

1. 洞身衬砌

衬砌指的是为防止围岩变形或坍塌，沿隧道洞身周边用钢筋混凝土等材料修建的永久性支护结构。山岭隧道的衬砌结构形式，主要是根据隧道所处的地质地形条件，考虑其结构受力的合理性、施工方法和施工技术水平等因素来确定的。随着人们对隧道工程实践经验的积累，对围岩压力和衬砌结构所起作用的认识的发展，结构形式发生了很大变化，出现各种适应不同地质条件的结构类型，大致有直墙式衬砌、曲墙式衬砌、喷混凝土衬砌以及复合式衬砌等。

2. 洞门

洞门是隧道两端的外露部分，也是联系洞内衬砌与洞口外路堑的支护结构，其作用是保证洞口边坡的安全和仰坡的稳定，引离地表流水，减少洞口土石方开挖量。洞门也是标志隧道的建筑物，因此，洞口应与隧道规模、使用特征以及周围建筑物、地形条件等相协调。洞口附近的岩（土）体通常都比较破碎松软，易于失稳，形成崩塌。为了保护岩（土）体的稳定和使车辆不受崩塌、落石等威胁，确保行车安全，应该根据实际情况，选择合理的洞口形式。洞口是各类隧道的咽喉，在保障安全的同时，还应适当进行洞门的美化和环境的美化。

公路隧道在照明上有相当高的要求，为了处理好司机在通过隧道时的一系列视觉上的变化，有时考虑在入口一侧设置减光棚等减光构造物，对洞外环境作某些减光处理。这样洞门位置上就不再设置洞门建筑，而是用明洞和减光建筑将衬砌接长，直至减光建筑物的端部，构成新的入口。

洞门还必须具备拦截、汇集、排除地表水的功能，使地表水沿排水渠道有序排离洞口，防止地表水沿洞门流入洞内。因此，洞门上方女儿墙应有一定的高度，并有排水沟渠。当岩（土）体有滚落碎石可能时，一般应接长明洞，减少对仰、边坡的扰动，使洞门墙离开仰坡底部一段距离，确保落石不会滚落在车行道上。

由于隧道洞口所处的地形、地质条件不同，隧道常用的洞门形式主要有端墙式、翼墙式、柱式、斜交式、喇叭口式和环框式等。

3. 明洞

当隧道埋深较浅，上覆岩（土）体较薄，难采用暗挖法时，则应采用明挖法来开挖隧道。用这种明挖法修筑的隧道结构，通常称明洞。

明洞具有地面、地下建筑物的双重特点，既作为地面建筑物用以抵御边坡、仰坡的坍方、落石、滑坡、泥石流等危害，又作为地下建筑物用于在深路堑、浅埋地段不适宜暗挖隧道时，取代隧道的作用。另外。它还可以利用在与公路、灌溉渠立交处，以减少建筑物之间的干扰。明洞净空必须满足隧道建筑限界要求，洞门一般作为直立墙式洞门。

明洞的结构形式应根据地形、地质、经济、运营安全及施工难易等条件进行选择，采用最多的是拱式明洞和棚式明洞。拱式明洞由拱圈、边墙和仰拱（或铺底）组成，它的内轮廓与隧道相一致，但结构截面的厚度要比隧道大一些。有些傍山隧道，地形的自然横坡比较陡，外侧没有足够的场地设置外墙及基础或确保其稳定，这时可考虑采用另一种建筑物——棚式明洞。棚式明洞常见的结构形式有盖板式、刚架式和悬臂式三种。

4. 附属物

为了使隧道正常使用，除了上述主体建筑物外，还要修建一些附属建筑物，包括排水设施、电力、通风以及通信设施等。当然，不同用途的隧道在附属设施上有一定的差异，如铁路隧道需要为保障洞内行人、维修人员及维修设备的安全，在两侧边墙上交错均匀修建人员躲避和设备存放的洞室，即避车洞。

为了保障行车安全，公路隧道内的环境，如亮度，必须要保持在合适的水平上。因此，需要对墙面和顶棚进行合理的处理。通过内装提高隧道内的环境，增强能见度，吸收噪音。内装材料应当表面光洁，同时要具有吸收噪音的性能，另外，要求材料具有一定的抵抗隧道内污染和腐蚀的性能。公路隧道为保障故障车辆离开干道进行避让，以免发生交通事故，引起混乱，影响通行能力，而设置专供紧急停车使用的停车位置，即紧急停车带。顶棚对提高照明效果有利，经顶棚的反射光使路面产生二次反射，能增加路面亮度。顶棚用漫反射材料可以避免产生眩光。同时顶棚是背景的一部分，尤其在变坡点附近对识别障碍和察觉隧道内的异常现象有帮助。另外，顶棚还可起到美化作用。

三、地铁隧道

地铁隧道是城市隧道的主要类型，随着地铁交通的日益发达，地铁隧道的修建规模日益增大。地铁隧道通常由车站、区间隧道以及出入口等组成。

（一）车站

车站是地下铁道中较为复杂的建筑物，是大量乘客的集散地，应能保证乘客迅速而方便地上下或换乘，并要求具有良好的通风、照明、清洁的环境和建筑上的艺术性。车站在线路起终点和中心地区的任务是不同的，因此各车站的规模也不同。一般情况，线路起终点附近的车站多处于郊区，而中心地区的车站多位于城市的繁华地区，因此可以把车站分为郊区站、城市中心站、联络站和待避站等。郊区站的站间距一般较长，为 1500~2000m，站的位置应与公共汽车站临近；城市中心站人流较为密集，一般站间距为 700~1500m，其中设置的站台、台阶、自动扶梯等设施要有足够的容量，且中心站一般要与相邻的大楼地下室尽可能联络，以便快速疏散客流；联络站指两条或以上线路交叉及相邻时设置的车站，地铁的联络站都是规模相当大的地下车站，是城市交通网的重要枢纽。

地铁车站按形态上可以分为单层、双层和多层；按站台形式还可以分为岛式车站、侧式车站和混合式车站等（图 6-40）。

图6-40 岛式站台（左）与侧式站台

（二）区间隧道

区间隧道是连接各车站的隧道，其内部设置列车运行及安全检查用的各种设施，如轨道、电车线路、标志、通信及信号电缆、待避洞、灭火栓、照明设施、通风设施等。

区间隧道的横断面一般分为箱形和圆形两种。横断面形式的选择主要取决于埋深、地质条件和施工方法等因素。明挖法多采用箱形断面，这种断面结构经济、施工简便，其衬砌材料大部分为钢筋混凝土。盾构法则采用圆形断面，衬砌材料可采用铸铁或钢筋混凝土管片。区间隧道按照埋置深度的不同，可分为浅埋隧道和深埋隧道。

（三）出入口

出入口建筑用以解决车站和地面之间的联系。一般设有地面站厅、地面出入口、自动扶梯斜隧道和地面牵出线。

四、水底隧道

水底隧道是指修建在江河、湖泊、海港或海峡底下的隧道。它为铁路、城市道路、公路、地下铁道以及各种市政公用或专用管线提供穿越水域的通道，有的水底隧道还设有自行车和人行道。与桥梁工程相比，水底隧道具有隐蔽性好、可保证平时与战时的畅通、抗自然灾害能力强、对水面航行无任何妨碍的优点，但其造价较高。

水底隧道主要处于河、海床下的岩土层中。常年在地下水位以下，自施工到运营均需要处理好防水问题。常用的防水措施包括：

（1）采用防水混凝土。防水混凝土的制作，主要靠调整级配、增加水泥量和提高砂率，以便在粗骨料周围形成一定厚度的包裹层，切断毛细渗水沿粗骨料表面的通道，达到防水抗水的效果。

（2）壁后回填。壁后回填是对隧道与围岩之间的空隙进行充填灌浆，以使衬砌与围岩紧密结合，减少围岩变形，使衬砌均匀受压，提高衬砌的防水能力。

（3）围岩注浆。为使水底隧道围岩提高承载力、减少透水性，可以在围岩中进行预注浆。特别是采用钻眼爆破作业的隧道，通过注浆可以固结隧道周边的块状岩石，以形成一定厚度的止水带，并且填塞块状岩石的裂缝和裂隙，进而消除和减少水压力对衬砌的作用。

（4）双层衬砌。水下隧道采用双层衬砌可以达到两个目的。其一是防护上的需要，在爆炸载荷作用下，围岩可能开裂破坏，只要衬砌防水层完好，隧道内就不致大量涌水、影响交通。其二是防范高水压力，有时虽采用了防水混凝土回填注浆，在高水压下仍难免发生衬砌渗水。在此情况下，双层衬砌可作为水底隧道过河段的防水措施。

目前，世界上已有水底隧道100多座，长度较大的一般为海底隧道，已建成的最长的海底隧道是日本于20世纪70年代至80年代中期修建的青涵海底隧道。随着科学技术的不断发展，一些国家的学者还提出了建设横跨太平洋的隧道的想法。例如从

英法海底隧道，又称海峡隧道或欧洲隧道，是一条把英国英伦三岛连接往欧洲法国的铁路隧道，隧道横跨英伦海峡，长度为50km，海底长度为39km。

隧道启用后，把伦敦至巴黎的陆上旅行时间缩短了一半，3h即可到达。

厄勒海峡大桥，是由丹麦、瑞典两国合资兴建，横穿厄勒海峡，连接丹麦首都哥本哈根和瑞典马尔默的一条交通线。该桥全长16km，由西侧的海底隧道、中间的人工岛和跨海大桥三部分组成。西侧的海底隧道长4050m，宽38.8m，高8.6m，位于海底10m以下，由五条管组成。它们分别是两条火车道、两条双车道公路和一条疏散通道。它是目前世界上最宽敞的海底隧道。

美国的洛杉矶经过海参崴到日本的海中悬浮隧道方案，长度大约 1 万 km；白令海峡隧道，长度 100km，预计投资 120 亿美元。

第五节｜飞 机 场 工 程

飞机场工程是指规划、设计和建造飞机场各项设施的统称。飞机场工程主要包括：飞机场规划工程、场道工程、导航工程、通信工程、空中交通控制系统、气象工程、旅客航站及指挥楼工程、地面道路工程以及其他辅助工程。

一、飞机场的分类及飞行区等级

飞机场是航空运输的基础设施，通常是指陆地或水面上一块划定的区域（包括各项建筑物、装置和设备）。其全部或部分用来供航空器着陆、起飞和地面活动之用，有时也称为航空港。

飞机场有三种主要类型：

（1）国际机场。指供国际航线用，并设有海关、边防检查、卫生检疫、动植物检疫、商品检查等联检的机场。国际机场每年为 2000 万以上的乘客服务。

（2）干线机场。指省会、自治区首府及重要旅游、开发城市的机场。干线机场每年为 200 万～2000 万乘客服务。

（3）支线机场。又称地方航线机场，指各省、自治区内地面交通不便的地方所建的机场，其规模通常较小。支线机场每年为 200 万以下的乘客服务。

飞行区等级的划分是为了使机场各种设施的技术要求与运行的飞机性能相适应。飞行区等级的表示方法由两部分组成：第一部分是数字，表示飞机性能所相应的跑道性能和障碍物的限制；第二部分是字母，表示飞机的尺寸所要求的跑道和滑行道的宽度。因此对于跑道而言，飞行区等级的第一位数字表示所需要的飞行场地长度，第三位字母表示飞机的最大翼展和最大轮距宽度。它们的具体数据见表 6-2。

表 6-2　　　　　　　　　　飞行区等级划分方法

代号	飞机基准飞行场地长度	代号	翼展	主要起落架外轮外侧间距
1	<80m	A	<15m	<4.5m
2	80～1200m	B	15～24m	4.5～6m
3	1200～1800m	C	24～36m	6～9m
4	1800m 以上	D	36～52m	9～14m
		E	52～65m	9～14m

二、飞机场的主要构筑物

机场的主要构筑物包括飞机跑道区和旅客航站区两个部分。跑道是一座飞机场的最重要组成部分，专供飞机起飞滑跑和着陆滑跑之用。除跑道之外，飞行区还应包括机坪和滑行跑道。航站区是机场内办理航空客货运输业务和供旅客、货物地面运转的地区。

（一）飞行区布局

飞机在起飞时，必须先在跑道上进行起飞滑跑，边跑边加速，一直加速到机翼的上升力大于飞机的重量，飞机才能逐渐离开地面。飞机降落时速度很大，必须在跑道

莱特兄弟和他们发明的飞机，他们于 1903 年 12 月 17 日首次完成完全受控制、附机载外部动力、机体比空气重、持续滞空不落地的飞行，因此将发明了世界上第一架实用飞机的成就归功给他们。

上边滑跑边减速才能逐渐停下来。所以飞机对跑道的依赖性非常强。如果没有跑道，地面上的飞机无法飞行，飞行的飞机无法落地，因此，跑道是机场上最重要的工程设施。常见的跑道布置方案包括单条跑道、多条跑道、开口 V 形跑道和交叉跑道四种基本形式（图6-41）。

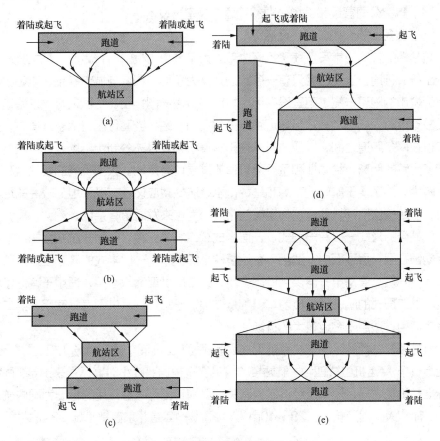

图 6-41　飞机场跑道的几种设计方案

（a）单条跑道；（b）单条跑道；（c）单条跑道；（d）增加垂直向的跑道；（e）四条平行的跑道

机坪主要有等待坪和掉头坪。前者供飞机等待起飞或让路而临时停放使用，通常设在跑道端附近的平行滑行道旁边。后者则供飞机掉头用，当飞行区不设平行滑行道时，应在跑道端部设置掉头坪。

除外跑道和机坪外，机场还应包含有滑行道，其作用是连接飞行区各个部分的飞机运行道路，它从机坪开始连接跑道两端。滑行道一般有五种类型：

（1）进口滑行道，设在跑道端部，供飞机进入跑道起飞。

（2）旁通滑行道，设在跑道端附近，供起飞飞机临时不起飞时滑回机坪用。

（3）出口滑行道，其作用是提供飞机脱离跑道用。

（4）平行滑行道，供飞机通往跑道两端用。

（5）联络滑行道，供站坪至跑道间或双平行滑行道间联络。

（二）航站区规划

旅客航站区主要包括航站楼、站坪、机场停车场与货物区等几部分。

1. 航站楼

航站楼供旅客完成从地面到空中或从空中到地面转换交通方式之用，是机场的主要建筑。通常航站楼由以下五项设施组成：

（1）接地面交通的设施：有上下汽车的车边道及公共汽车站等。

（2）办理各种手续的设施：有旅客办票、安排座位、托运行李的柜台以及安全检查和行李提取等设施。国际航线还有海关、边检（移民）柜台等。

（3）连接飞机的设施：候机室、登机设施等。

（4）航空公司营运和机场必要的管理办公室与设备等。

（5）服务设施：如餐厅、商店等。

航站楼的位置通常设置在飞机区中部。为了减少飞机的滑行距离，航站楼应尽量靠近平行滑行道。当飞行区只有一条跑道，又为了便于旅客与城市联系，航站楼应设在靠近城市的跑道一侧，不宜设在远离城市的跑道一侧；当飞行区只有一条跑道且风向又较集中时，航站楼宜适当靠近跑道主起飞的一端；当飞行区有两条跑道时，航站楼宜设在两条跑道之间，以便飞机来往于跑道和站坪且充分利用机场基地。航站楼离开跑道足够的距离，给站坪和平行滑行道的发展留有余地。大型机场的航站楼和站坪都比较大，为了便于航站楼布局和站坪排水，航站楼应设置在既平坦又较高的地方。同时，航站楼应离开其他建筑物足够的距离，为将来发展留有余地。

航站楼的形式一般有一层式、一层半式、二层式三种。一层式航站楼的离港和到港活动都在同一层平面内，适用于客运量较小的机场。一层半式的航站楼是两层，楼前车道是一层。通常第一层供到港旅客用，第二层供离港旅客用，适用于客运量中等的机场。二层式的航站楼与楼前车道都是二层。通常第一层供到港旅客用，第二层供离港旅客用，适用于客运量大的机场。

航站楼及站坪的平面形式有前列式、指廊式（上海浦东国际机场）、卫星式（原北京国际机场）、运机位式四种。航站楼的建筑面积根据高峰小时客运量来确定。面积配置标准与机场性质、规模及经济条件有关。目前我国可考虑采用的标准为国内航班：$14 \sim 26 m^2/$人，国际航班：$28 \sim 40 m^2/$人。图 6-42 是北京首都机场 T3 航站楼。

图 6-42　北京首都机场 T3 航站楼

2. 站坪、机场停车场与货运区

站坪或称客机坪，是设在航站楼前的机坪。供客机停放、上下旅客、完成起飞前的准备和到达后的各项作业用。

机场停车场设在机场的航站楼附近，停放车辆很多且土地紧张时宜用多层车库。停车场建筑面积主要根据高峰小时车流量、停车比例及平均每辆车所需的面积来确定。高峰小时车流量可根据高峰小时旅客人数、迎送者、出入机场的职工与办事人员数以及平均每辆车的载客量来确定。

机场货运区供货运办理手续、装上飞机以及飞机卸货、临时储存、交货等用。主要由业务楼、货运库、装卸场及停车场组成。货运手段有客机带运和货机载运两种。客机带运通常在客机坪上进行。货机载运通常在货机坪上进行。货运区应离开旅客航站区及其他建筑物适当距离，以便将来发展。

三、飞机场规划

随着航空运输业的发展、飞机机型的更新、导航设施的改进，以及日益强调的环境标准等，飞机场规划必须是综合分析了技术、经济、政治、社会、财政、环境等诸多因素后得出的技术可行、经济合理的最佳方案。飞机场规划的主要内容包括：

（1）航空业务量的预测。

（2）确定飞机场近期、远期和最终的发展规模和标准。

（3）分析飞机场运行的环境影响和处置措施。

（4）拟定飞机场及其邻近地区的土地使用规划。

（5）确定近期建设项目，估算投资并提出建设分期。

（6）分析评价飞机场经营的社会经济效益。

飞机场规划的主要依据有以下六方面内容：

（1）场地的工程地质和水文地质、气象（包括风、气温、湿度、雾、降雨量、雷暴、冰雹、雪、风沙、气压、能见度和天气变化统计）、地理地形等自然条件。

（2）航空业务量预测、飞机机种、特征和发展趋势。

（3）飞机场和城市的距离、相对位置、交通条件、城市发展规划、土地和附近居民点的分布。

（4）场地和邻近飞机场、空域及禁航区的关系、周围地区的障碍物情况。

（5）无线电收发讯区的划分、公用设施（如供水、供电、煤气和燃油）的获得。

（6）植被和鸟类栖身地等生态环境。

飞机场规划是一项繁杂而又具有重大意义的工作，其主要规划原则有：

（1）统一规划，分期建设，在满足最终发展设想前提下，合理布置近期建设项目。

（2）主要设施的分区既要满足各自的功能要求，又要协调它们之间的相互联系，各设施的容量互相平衡，保证飞机安全运行。

（3）总体布局紧凑，使用灵活，有发展余地。

（4）用地经济合理，少占或不占农田和居民点。

（5）避免环境污染，维持生态平衡，使飞机场和它所服务的城市及周围地区协调发展。

此外，规划飞机场时还要评价飞机场运行的社会经济效益，主要包括直接经济效益和间接经济效益。直接经济效益通过分析飞机场投资和经营利润之间的关系，考虑时间因素，对飞机场工程进行总评价。评价方法有简单投资收益率、返本期、盈亏分析等。间接经济效益通过分析飞机场运行对城市和周围地区的工农业生产、旅游、外贸、资源开发、科技、文教等产生的经济效益，对飞机场工程进行总评价。通常，直接效益采用定量分析；间接效益则以定性分析为主，定量分析为辅。

第六节｜港 口 工 程

港口工程是兴建港口所需的各项工程设施和工程技术的统称。包括港址选择、工程规划设计和各项工程的修建。港口工程曾是土木工程的一个分支。目前，港口工程已经逐渐从土木工程中分离出来，成为一门独立学科。

港湾，是指具有天然掩护的自然港湾（有时也辅以人工措施），可供船只停泊或临时避风的地方。如广州湾、洋浦港、龙门港等。

避风港，避风港是指供船舶在航行途中，或海上作业过程中躲避风浪的港口。一般是为小型船、渔船和各种海上作业的船设置的。

鹿特丹港，欧洲第一大港口，位于欧洲莱茵河与马斯河汇合处。鹿特丹港的发展是一个不断完善系统、发展港口相关产业和运输、壮大自己的历史，也是一个不断顺应世界航运和贸易的发展趋势，从市区河畔沿河逐步向外发展、直至向大海要地、同时建设被置换出来的地块的历史。

上海港，位于长江三角洲前缘，居我国18000km大陆海岸线的中部，扼长江入海口，地处长江东西运输通道与海上南北运输通道的交汇点，是我国沿海的主要枢纽港，我国对外开放，参与国际经济大循环的重要口岸。

港口是位于江、河、湖、海沿岸，具有一定设施和条件，供船舶靠泊、旅客上下、货物装卸、生活物料供应等作业的地方。它的范围包括水域和陆域两部分。港口工程陆域部分主要是在港口进行的码头类工程。水域部分主要有防波堤、护岸、船台、滑道、船坞等。

一、港口的分类和组成

（一）港口分类

港口可按多种方法分类：按所在位置可分为海岸港、河口港和内河港口，海岸港和河口港统称为海港；按用途可分为商港、军港、渔港、工业港和避风港；按成因可分为天然港和人工港；按港口水域在寒冷季节是否冻结可分为冻港和不冻港；按潮汐关系、潮差大小，是否修建船闸控制进港，可分为闭合港和开口港；按对进口的外国货物是否办理报关手续可分为报关港和自由港。

海岸港是指位于有掩护的或平直的海岸上的港口。前者大都位于海湾中或海岸前有沙洲掩护，如湛江港、榆林港等，都有良好的天然掩护，不需要建筑防护建筑物。若天然掩护不够，则需加筑外堤防护，如大连港（图6-43）。位于平直海岸上的港一般都需要筑外堤掩护，如塘沽新港。

河口港位于入海河流河口段，或河流下游潮区界内。历史悠久的著名大港多属此类。如我国的黄埔港（图6-44），国外的鹿特丹港、纽约港、伦敦港和汉堡港等，均属于河口港。

图6-43　大连港

图6-44　黄埔港

河港是指位于河流沿岸，且有河流水文特征的港口，如我国的重庆港（图6-45）。它可供内河运输船舶编解队，装卸作业，旅客上下和补给燃物料等。河港直接受河道径流的影响，天然河道的上游港口水位落差较大，装卸作业比较困难：中、下游港口一般有冲刷或淤积的问题，常需要护岸或导治。

商港是指以一般商船和客货运输为服务对象的港口。具有停靠船舶、上下客货、供应燃（物）料和修理船舶等所需要的各种设施和条件，是水陆运输的枢纽。如我国的上海港、大连港、天津港、广州港和湛江港等均属此类。国外的鹿特丹港、安特卫普港、神户港、伦敦港、纽约港和汉堡港也是商港。商港的规模大小以吞吐量表示。按装卸货物的种类分有综合性港口和专业性港口两类。综合性港口系指装卸多种货物的港口；专业性港口为装卸某单一货类的港口，如石油港、矿石港、煤港等。一般说来，对于专业性港口采用专门设备，其装卸效率和能力比综合性港口高，在货物流向稳定、数量大、货类不变的情况下，多考虑建设专业性港口。

工业港是指为临近江、河、湖、海的大型工矿企业直接运输原材料及输出制成品而设置的港口。如大连地区的甘井子大化码头、上海市吴泾焦化厂煤码头及宝山钢铁总厂码头均属此类。日本也有许多这类港口。

散货港是指专门装卸大宗矿石、煤炭、粮食和砂石料等散货的港口。专门装卸煤炭的专业港口称为煤港。这类港口一般都配置大型专门装卸设备，效率高，成本低。

油港是指专门装卸原油或成品油的港口。为了防止污染和安全起见，油港距离城镇、一般港口和其他固定建筑物都要有一定的安全距离，通常以布置在其下游、下风向为宜。根据油库所在位置和油品闪点的不同，最小安全距离有不同的规定，其范围从几十米到三千米不等。由于近代海上油轮越建越大，所以现代海上油港也随之向深水发展。

渔港是指为渔船停泊、鱼货装卸、鱼货保鲜、冷藏加工、修补渔网和渔船生产及生活物资补给的港口，是渔船队的基地。具有天然或人工的防浪设施，有码头作业线、装卸机械、加工和储存渔产品的工厂（场）、冷藏库和渔船修理厂等。图 6-46 为我国浙江省的舟山渔港。

图 6-45 重庆港

图 6-46 舟山渔港

军港是指供舰艇停泊并取得补给的港口，是海军基地的组成部分。通常有停泊、补给等设备和各种防御设施。

（二）港口组成

港口由水域和陆域两大部分组成。水域包括进港航道、港池和锚地。天然掩护条件较差的海港须建造防波堤。港口陆域岸边建有码头，岸上设有港口仓库、堆场，港区铁路和道路，并配有装卸和运输机械，以及其他各种辅助设施和生活设施，如图 6-47 所示。

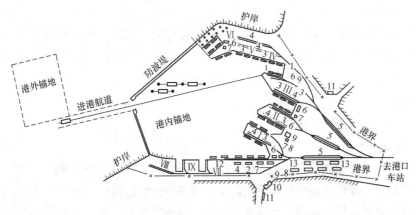

图 6-47 综合海港平面布置图

Ⅰ—杂货码头；Ⅱ—木材码头；Ⅲ—矿石码头；Ⅳ—煤炭码头；Ⅴ—矿物建筑材料码头；Ⅵ—石油码头；

Ⅶ—客运码头；Ⅷ—工作船码头及航修站；Ⅸ—工程维修基地；

1—导航标志；2—港口仓库；3—露天货场；4—铁路装卸线；5—铁路分区调车场；6—作业区办公室；7—作业

区工人休息室；8—工具库房；9—车库；10—港口管理局；11—警卫室；12—客运站；13—储存仓库

高雄港，中国台湾省内最大的海港。位于台湾省高雄市，是大型综合性港口，有铁路、高速公路作为货物集运与疏运手段。

大连港，位于辽东半岛南端的大连湾内，港阔水深，冬季不冻，万吨货轮畅通无阻。大连是哈大线的终点，以东北三省为经济腹地，是东北的门户，也是东北地区最重要的综合性外贸口岸。

1. 港口水域

港界线以内的水域面积，一般须满足两个基本要求：船舶能安全地进出港口和靠离码头，能稳定地进行停泊和装卸作业。港口水域主要包括头前水域、进出港航道、船舶转头水域、锚地以及助航标志等几部分。

（1）进港航道。进港航道为船舶进出港区水域并与主航道连接的通道。一般设在天然水深良好，泥沙回淤量小，尽可能避免横风横流和不受冰凌等干扰的水域。其布置方向以顺水流成直线形为宜。根据船舶通航的频繁程度可分别采用单行航道或双行航道。在航行密度比较小时，为了减少挖方量和泥沙回淤量，经过技术经济比较和充分研究后，可考虑采用单行航道。航道的宽度一般根据航速、船舶横位、可能的横向漂移等因素，并加必要的富裕宽度确定。进港航道的水深，在工程量大、整治比较困难的条件下，海港一般按大型船舶乘潮进出港的原则确定。河港的进港航道水深应保证设计标准船型的安全通过。

（2）转头水域。转头水域又称回旋水域，是为船舶离靠码头、进出港口需要转头或改换航向专设的水域。在海港和河口港，转头水域的最小水深一般按大型船舶乘潮进出港口的原则考虑；在内河港，最小水深一般不大于航道控制段最小通航水深。

（3）码头前水域（港地）。码头前水域（港地）是指码头前供船舶离靠和进行装卸作业的水域。码头前水域内要求风浪小，水流稳定，具有一定的水深和宽度，能满足船舶靠离装卸作业的要求。按码头布置形式可分为顺岸码头前的水域和突堤码头间的水域，其大小按船舶尺寸、靠离码头的方式、水流和强风的影响、转头区布置等因素确定。

（4）锚地。专供船舶（船队）在水上停泊及进行各种作业的水域，如装卸锚地、停泊锚地、避风锚地、引水锚地及检疫锚地等。装卸锚地为船舶在水上停泊的作业锚地，停泊锚地包括离岗锚地、供船舶等待靠码头和编解队（河港）等用的锚地。避风锚地是指供船舶躲避风浪时的锚地，小船避风须有良好的掩护。检疫锚地为外籍船舶到港后进行卫生检疫的锚地，有时也和引水、海关签证等共用。

2. 港口陆域

港口陆域由码头、港口仓库及货场、铁路及道路、装卸及运输机械、港口辅助生产设备等组成。码头是供船舶停靠并装卸货物和上下旅客的建筑物，它是港口中主要水工建筑物之一。仓库、货场是港口的储存系统，其作用是加速车船周转，提高港口的吞吐能力。

二、港口的规划与布置

1. 港口规划

规划是港口建设的重要前期工作，规划涉及面广，关系到城市建设、铁路、公路等线路的布局。规划之前要对经济和自然条件进行全面的调查和必要的勘测，拟定新建港口或港区的性质、规模，选择具体港址，提出工程项目设计方案，然后进行技术经济论证，分析判断建设项目的技术可行性和经济合理性。规划一般分为选址可行性研究和工程可行性研究两个阶段。

一个港口每年从水运转陆运和从陆运转水运的货物数量总和（以吨计），称为该港的货物吞吐量，它是港口工作的基本指标。在港口锚地进行船舶转载的货物数量（以吨计）应计入港口吞吐量。

港口吞吐量的预估是港口规划的核心。港口的规模、泊位数目、库场面积、装卸设备数量以及集疏设施等皆以吞吐量为依据进行规划设计。远景货物吞吐量是远景规划年度进出港口货物可能达到的数量。因此，要调查研究港口腹地的经济和交通现状及未来发展，以及对外贸易的发展变化，从而确定规划年度内进出口货物的种类、包装形式、来源、流向、年运量、不平衡性、逐年增长情况以及运输方式等；有客运的港口，同时还要确定港口的旅客运量、来源、流向、不平衡性及逐年增长情况等。

船舶是港口最主要的直接服务对象，港口的规划与布置，港口水、陆域的面积与尺寸以及港口建筑物的结构，皆与到港船舶密切相关。因此，船舶的性能、尺度及今后发展趋势也是港口规划设计的主要依据。

港址选择是一项复杂而重要的工作，是港口规划工作的重要步骤，是港口设计工作的先决条件。一个优良港址应满足下列基本要求：

（1）有广阔的经济腹地，以保证有足够的货源，且港址位置适合于经济运输，与其腹地进出口货物重心靠近，使货物总运费最省。

（2）与腹地有方便的交通运输联系。

（3）与城市发展相协调。港口的发展会逐步形成城市，港口建设与城市发展有着密切的关系，这早已为人们所认识。出于环境方面的考虑，现代港口活动与城市居民正常生活分离的概念越来越被广泛采用。因此，现代港口的港址，不应位于被居民区包围的城市中心区附近的岸线（客运码头除外），而应形成港口与城市发展互不干扰的城市用地结构和布局。

（4）有发展余地。我国是一个发展中国家，所以港口的发展必须留有较大的余地。一个优良的港址，至少要满足 30~50 年港口发展的需要。

（5）满足船舶航行和停泊要求。进港航道和港池水深要满足设计船舶吃水要求。要有宽阔的水域，足够布置船舶的锚泊、迴旋、港内航行、停泊作业。水域受波浪影响少，水流、流冰等不致过分影响船舶作业。地质最好是适宜船舶锚泊的细沙及黏土等的混合地质。

（6）有足够的岸线长度和陆域面积，用以布置前方作业地带、库场、铁路、道路及生产辅助设施。

（7）战时港口常作为海上军事活动的辅助基地，也常成为作战目标而遭破坏。故在选址时，应注意能满足船舰调动的迅速性，航道进出口与陆上设施的安全隐蔽性以及疏港设施及防波堤的易于修复性等。

（8）对附近水域生态环境和水、陆域自然景观尽可能不产生不利影响。

（9）尽量利用荒地劣地，少占或不占良田，避免大量拆迁。

由于挖泥及填筑机械的发展，还可以利用海湾天然地形，在深水填筑陆地，修建港口。近代散货船及油轮船型较大，选择有一定避风条件、离岸较近的深水区，修建岛港、外海码头或系泊设施，以引桥、引堤或水下管道与岸连接，是减少工程规模，节省投资的有效措施。我国的天津新港，长江中下游的安庆港、九江港等，都是港水深、水域宽阔、航道及岸坡稳定，是较好的港址实例。

港口的规划要做好工程可行性研究，从各个侧面研究规划实现的可能性，把港口的长期发展规划和近期实施方案联系起来。通过进一步的调查研究和必要的钻探、测量等工作，进行技术经济论证，分析判断建设项目的技术可行性和经济合理性，为确定拟建工程项目方案是否值得投资提供科学依据。

2. 港口布置

港口布置必须遵循统筹安排、合理布局、远近结合、分期建设等原则。图 6-48 为开敞海岸上的港口平面略图，其特点是水域广阔，具有两个口门，能使船舶适应更多的风浪方向而安全顺利地进入港内。

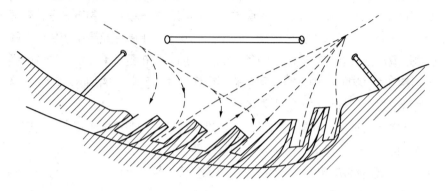

图 6-48　开敞海港平面示意图

港口布置方案在规划阶段是最重要的工作之一，不同的布置方案在许多方面会影响到国家或地区发展的整个进程。图 6-49 所示的是一些港口布置的形式。

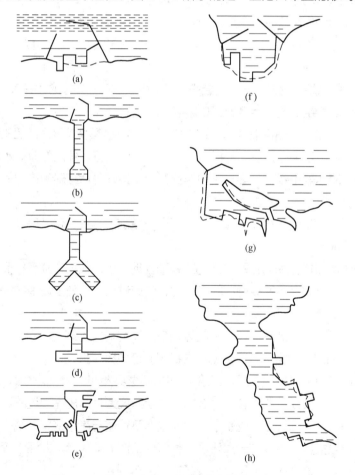

图 6-49　港口布置的基本类型

（a）突出式（虚线表示原海岸线）；（b）挖入式航道和调头地；（c）Y 形挖入式航道；（d）平行的挖入式航道；（e）老巷口增加人工港岛；（f）天然港；（g）天然离岸岛的建设；（h）河口港的建设

这些形式可分为三种基本类型：

（1）自然地形的布置，如图6-49（f）、（g）、（h）所示，可称为天然港。

（2）挖入内陆的布置，如图6-49（b）、（c）、（d）所示。

（3）填筑式的布置，如图6-49（a）、（e）所示。

挖入内陆的布置形式，一般地说，为合理利用土地提供了可能性。在泥沙质海岸，当有大片不能耕种的土地时，宜采用这种建港形式。但这种布置，例如图6-49（b）所示，狭长的航道可能使侵入港内的波高增加，因此必须进行模型研究。如果港口岸线已充分利用，泊位长度已无法延伸，但仍未能满足增加泊位数的要求，这时，只要水域条件适宜，便可采用图6-49（e）的解决方法，即在水域中填筑一个人工岛。近年来，日本常采用这种办法扩建深水码头和在海中填筑临港工业用地。在天然港的情况下，如果疏浚费用不太高，则图6-49（h）所示的河口港可能是单位造价最低而泊位数最多的一种形式。

三、码头建筑

1. 码头平面的形式

按平面布置码头可分为顺岸式码头、突堤式码头、挖入式码头、桥墩式码头等。

（1）顺岸式码头。顺岸式码头（图6-50）分为两种。一种是满堂式码头，与岸上场地沿码头全长连成一片，其前沿与后方的联系方便，装卸能力较大。另一种是引桥式码头，用引桥将透空的顺岸码头与岸连接起来。其优点是陆域宽阔、疏运方便、工程量小。

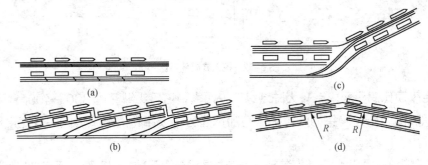

图6-50 顺岸式码头的布置形式

（2）突堤式码头。突堤式码头（图6-51）前沿线与自然岸线间有较大角度，其优点是在一定水域范围内有较多泊位，缺点是宽度有限，库场面积小，作业不方便。

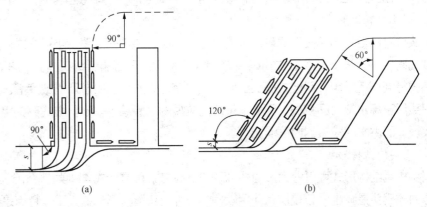

图6-51 突堤式码头布置

（a）直立突堤；（b）斜突堤

（3）挖入式码头。港池由人工开挖形成，在大型的河港及河口港中较为常见，如德国汉堡港、荷兰的鹿特丹港等。挖入式港池布置如图6-52所示，也适用于泻湖及沿岸低洼地建港，利用挖方填筑陆域，有条件的码头可采用陆上施工。近年来日本建设的鹿岛港、中国的唐山港均属这一类型。

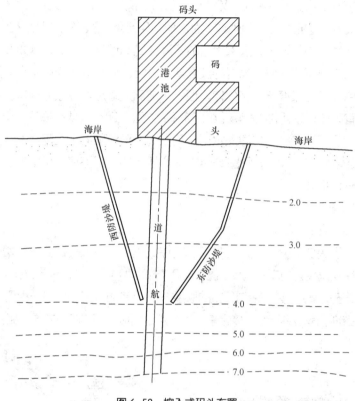

图 6-52 挖入式码头布置

由于现代码头要求有较大陆域纵深（如集装箱码头纵深达 350～400m）和库场面积，国内新建码头的陆域纵深有加宽趋势，天津新港东突堤的平均宽度已达650m。

随着船舶大型化和高效率装卸设备的发展，外海开敞式码头已被逐步推广使用，并且已应用于大型散货码头。

此外，在岸线有限制或沿岸浅水区较宽的港口以及某些有特殊要求的企业（如石化厂），岛式港方案已在开始发展，日本建成的神户岛港属于这一类型。

2. 码头的断面形式

码头按其前沿的横断面形式可以分为直立式码头、斜坡式码头、半直立式码头和半斜坡式码头（图 6-53）。直立式码头前缘临深水，便于船舶停靠和进行装卸作业，在海港中得到广泛采用，斜坡式码头适用于水位变化大的上、中游河港或库港。半直立式码头用于高水位时间较长，而低水位时间较短的水库港等。半斜坡式码头用于枯水期较长，而洪水期较短的山区河流。

3. 码头的结构形式

码头按其结构形式可以分为重力式、板桩式、高桩式和复合式 4 种类型（图 6-54）。

重力式码头是我国分布较广、使用较多的一种码头结构形式。其工作特点是依靠结构本身及其上面填料的重量来保持结构自身的滑移稳定和倾覆稳定。重力式码头坚固耐久，抗冻和抗冰性能好，能承受较大的地面荷载，对较大的集中荷载以及码头地面超载和装卸工艺变化适应性强，施工比较简单，维修费用少，适用于较好的地基，是港务部门和施工单位比较欢迎的码头结构形式。重力式码头的结构形式主要决定于墙身结构。按墙身的施工方法,重力式码头结构可分为干地现场浇筑(或砌筑)的结构和水下安装的预制结构。

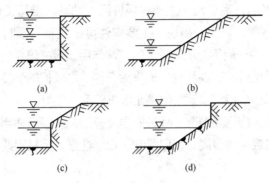

图6-53 码头断面形式

(a)直立式;(b)斜坡式;(c)半直立式;(d)半斜坡式

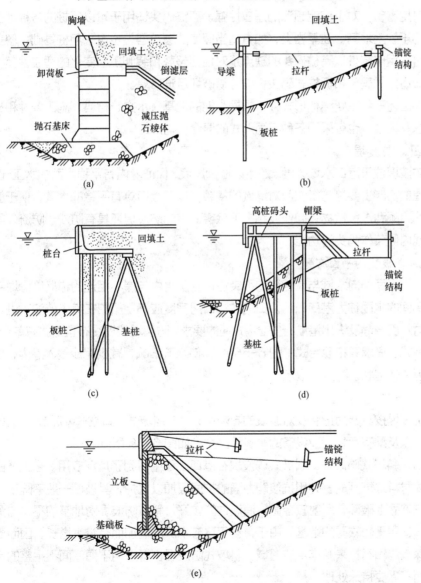

图6-54 码头结构形式

(a)重力式码头;(b)板桩码头;(c)高桩码头;(d)混合式码头(梁板高桩结构和板桩相结合);

(e)混合式码头(锚锭的L形墙板)

防波堤

板桩码头由板桩墙和锚锭设施组成，并借助板桩和锚锭设施承受地面使用荷载和墙后填土产生的侧压力。板桩码头结构简单，施工速度快，除特别坚硬或过于软弱的地基外，均可采用，板桩码头主要靠板桩沉入地基来维持工作。其结构简单，材料用量少，施工方便，施工速度快，主要构件可在预制厂预制，但结构耐久性不如重力式码头，施工中一般不能承受较大的波浪作用。板桩码头按板桩材料可分为木板桩码头、钢筋混凝土板桩码头和钢板桩码头三种。木板桩的强度低，耐久性差，且耗用大量木材，现已很少应用。钢筋混凝土板桩的耐久性好、用钢量少、造价低，在板桩码头中应用较多。但钢筋混凝土板桩的强度有限，一般只适用于水深不大的中小型码头。钢板桩质量轻、强度高、锁口紧密、止水性好、沉桩容易，适用于水深较大的海港码头。

高桩码头是应用广泛的主要码头形式。其工作特点是通过桩台将作用在码头上的荷载经桩基传给地基。高桩码头适宜做成透空结构，其结构轻、减弱波浪的效果好、砂石料用量省，对于挖泥超深的适应性强。高桩码头适用于可以沉桩的各种地基，特别适用于软土地基。在基岩上，如有适当厚度的覆盖层，也可采用桩基础；覆盖层较薄时可采用嵌岩桩。高桩码头的缺点是对地面超载和装卸工艺变化的适应性差，耐久性不如重力式码头和板桩式码头，构件易破坏且难修复。

除上述三种主要结构形式外，根据当地的地基、水文、材料、施工条件和码头使用要求等因素，也可采用各种不同形式的混合结构形式。

四、防波堤

防波堤位于港口水域外围，是用以抵御风浪、保证港内有平稳水面的水工建筑物。防护堤的功能主要是防御波浪对港域的侵袭，保证港口具有平稳的水域，便于船舶停靠系泊，顺利进行货物装卸作业和上下旅客。有的防波堤还具有防沙、防流、导流、防冰或内侧兼作码头的功能。

1. 防波堤的平面布置

突出水面伸向水域与岸相连的称突堤。立于水中与岸不相连的称岛堤。堤头外或两堤头间的水面称为港口口门。口门数和口门宽度应满足船舶在港内停泊、进行装卸作业时水面稳静及进出港航行安全、方便的要求。防波堤的堤线布置形式有单突堤式、双突堤式、岛堤式和混合式（图6-55）。为使水流归顺，减少泥沙侵入港内，堤轴线常布置成环抱状。

2. 防波堤的类型

防波堤按其断面形状及对波浪的影响可分为：斜坡式、直立式、混合式、透空式、浮式，以及配有喷气消波设备的等多种类型，如图6-56所示。

（1）斜坡式防波堤。斜坡式防波堤在港口工程中得到了广泛应用。它主要由块石等散体材料堆筑而成，并用抗浪能力强的护面层加以保护，其坡度一般不陡于1:1，波浪在坡面上破碎，反射较轻微，消波性能较好。斜坡防波堤对地基的不均匀沉降不敏感，适用于较软弱的地基。由于材料用量随水深的增加而有较大增长，因而更适用于水深较浅和石料来源丰富的海域。斜坡式防波堤也可适用于海底面不平整的岩石地基，而不需要特殊处理。

（2）直立式防波堤。直立式防波堤可分为重力式和桩式。重力式一般由墙身、基床和胸墙组成，墙身大多采用方块式沉箱结构，靠建筑物本身重量保持稳定，结构坚固耐用，材料用量少，其内侧可兼作码头，适用于波浪及水深均较大而地基较好的情况。缺点是波浪在墙身前反射，消波效果较差。桩式一般由钢板桩或大型管桩构成连续的墙身，板桩墙之间或墙后填充块石，其强度和耐久性较差，适用于地基土质较差且波浪较小的情况。

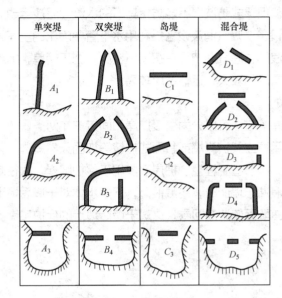

图 6-55 防波堤布置形式

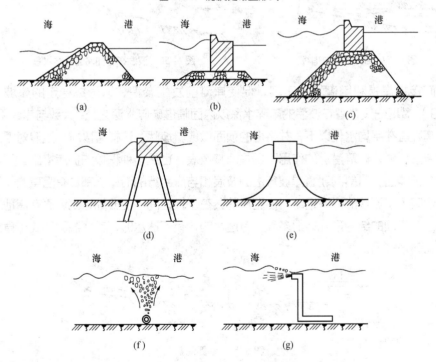

图 6-56 防波堤类型

（a）斜坡式 （b）直立式；（c）混合式；（d）透空式；（e）浮式；

（f）喷气消波设备；（g）喷水消波设备

（3）混合式防波堤。混合式防波堤是直立式上部结构和斜坡式堤基的综合体，适用于水较深的情况。目前防波堤建设日益走向深水，大型深水防波堤大多采用沉箱结构。在斜坡式防波堤上部和混合式防波堤的下部采用的人工块体的类型也日益增多，消波性能越来越好。

（4）透空式防波堤。透空式防波堤在材料使用上和经济上都比较合理，特别适用于水深较大、波浪较小的条件。但透空式防波堤不能阻止泥沙入港，也不能减少水流对港内水域的干扰。

（5）浮式防波堤。浮式防波堤不受地基基础的影响，可随水位的变化而上下，修建迅速，拆卸容易。但浮式防波堤不能防止其下的水流和泥沙运动。

（6）喷气消波设备。喷气消波设备是利用水下管中喷出的空气与水混合所形成的空气幕帘来消减波浪的。喷气消波设备初期投资少，施工简单，拆卸方便，但在使用时，空气压缩机所需动力较大，运输费用较高。

五、护岸建筑

护岸建筑按护岸的方法可以分为直接护岸和间接护岸两类。

直接护岸是利用直立式护岸墙或斜面式护坡等加固天然岸边。斜面式护坡的坡度通常比天然岸坡陡，以节省工程量。护岸墙多用于保护陡岸。以往常将墙做成垂直或接近垂直的，当破浪冲击墙面时，飞溅很高，下落水体对于墙后填土有很大的破坏力（图 6-57）。而凹曲墙面使波浪回卷，这对于墙后填土的保护和岸上的使用条件都较为有利（图 6-58）。

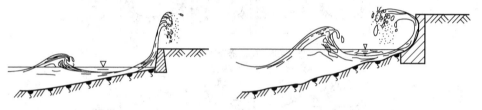

图 6-57　波浪拍击护岸墙　　　　　　图 6-58　波浪在凹曲墙面回卷入海

间接护岸是利用潜堤和丁坝，促使岸滩前发生淤积，以形成稳定的岸坡（图 6-59）。潜堤一般布置在波浪的破碎水深以内面临进破碎水深之处，大致与岸线平行，堤顶高程应在平均水位以下，并将堤的顶面做成斜坡状，这样可以减小波浪对堤的冲击和波浪反射，修筑潜堤的作用不仅是消减波浪，也是一种积极的护岸措施。丁坝自岸边向外伸出，对斜向朝着岸坡行进的波浪和与岸平行的沿岸流都具有阻碍的作用。同时也阻碍了泥沙的沿岸运动，使泥沙落淤在丁坝之间，使滩地增高，原有岸地就更加稳固。丁坝的结构形式有很多种，有透水的，有不透水的；其横截面形式有直立式的，有斜坡式的。

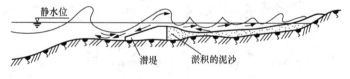

图 6-59　潜堤促淤

第七章 水利水电工程

水是人类生存和人类社会发展不可缺少的宝贵自然资源之一。全球水利资源的总量虽约为 468000 亿 m^3，人均水量 $11800m^3$，其中 90% 以上为海水，其余为内陆水。在内陆水中河流及其径流，对于人类和人类活动起着特别重要的作用。

我国是一个水资源丰富的国家。全国大小河流总长达 42 万 km，河川径流总量为 $2.8×1012m^3$，流域面积在 $1000km^2$ 以上的河流约 1500 条。在我国，时常有七大江河的提法，所指的分别为松花江、辽河、海河、淮河、黄河、长江和珠江七条江河（表 7-1）。这七大江河流域内工农业生产发达，经济繁荣，治理开发程度高，与全国国民经济的发展联系密切。

长江，亚洲第一大河，其流域面积、长度、水量都占亚洲第一位。它发源于青藏高原唐古拉山的主峰格拉丹东雪山。长江流域从西到东约 3219km，由北至南 966 余千米，是世界第三大河，仅次于非洲的尼罗河与南美洲的亚马逊河，水量也是世界第三。总面积 $1808500km^2$（不包括淮河流域），约占全国土地总面积的 1/5。

表 7-1 中国七大江河一览表

项　目	长江	黄河	松花江	珠江	辽河	海河	淮河
流域面积/（万 m^2）	180.9	5.2	55.7	44.4	22.9	26.4	26.9
河流长度/km	6300	5464	2308	2214	1390	1090	1000
年均降水深/mm	1070	475	527	1469	473	559	889
年均径流量/（万 m^3）	9513	658	62	3338	148	328	622
注入	东海	渤海	黑龙江	南海	渤海	长江	渤海

然而，因受地形、气候的影响，河流在地区上分布很不均匀，绝大多数河流分布在东部气候湿润多雨的季风区，而西北内陆河流较少，还有面积广大的无流区。水资源分布的不平衡给我国广大人民群众的生活和生产造成诸多不利的影响。从古到今，我国人民为了生存和发展的需要，从未停止过对自然界的水和水域进行调控，采取各种措施防治水旱灾害，开发利用和保护水资源。

我国历来有兴修水利、用水治水的传统。上古时就有大禹治水三过家门而不入的传说。公元前 256 年的战国时期，秦国蜀郡太守李冰父子就主持修建了都江堰水利工程（图 7-1）。该工程现位于四川省都江堰市城西，是世界迄今为止年代最为久远、唯一留存、以无坝引水工程为特征的宏大水利工程。工程分为三个部分，即鱼嘴分水堤、飞沙堰泄洪道、宝瓶口引水。鱼嘴分水堤把岷江水流一分为二，东边的称为内江，供灌溉渠用水；西边的称为外江，是岷江的正流；又在灌县城附近的岷江南岸筑了离堆，夹在内外江之间。离堆的东侧是内江的水口，称宝瓶口，具有节制水流的功用。夏季岷江水涨，都江鱼嘴淹没了，离堆就成为第二道分水处。内江自宝瓶口以下进入密布于川西平原之上的灌溉系统，旱则引水浸润，涝则堵塞水门。都江堰的规划、设计和施工都具有比较好的科学性和创造性，科学地解决了江水自动分流、自动排沙、控制进水流量等问题，消除了水患，灌溉了农田，使川西平原成为"水旱从人"的"天

都江堰，位于成都平原西部的岷江之上，距今有 2200 多年的历史，是我国乃至全世界保存最完整且还在使用的水利工程。都江堰由鱼嘴分水堤、飞沙堰、宝瓶口三大主体和百丈堤、人字堤等附属工程构成，解决了江水自动分流、自动排沙、控制进水流量等问题，消除岷江水患，使成都平原变为"天府之国"。

143

李冰，今山西省运城市盐湖区解州镇郊斜村人，是战国时期的水利家，对天文地理也有研究。秦昭襄王末年（约公元前256～前251年）为蜀郡守，在今四川省都江堰市（原灌县）岷江出山口处主持兴建了中国早期的灌溉工程都江堰，因而使成都平原富庶起来。

府之国"。同时期的水利工程还有郑国渠，是公元前246年（秦王嬴政元年）秦王采纳韩国人郑国的建议，并由郑国主持兴修的大型灌溉渠（图7-2），它西引泾水东注洛水，长达300余里，灌溉面积达4万公顷。

图7-1 都江堰水利枢纽工程

图7-2 郑国渠

新中国成立后，我国的水利水电工程得到大力的发展。有解决南北水资源不均衡的南水北调的伟大工程，气势磅礴的三峡大坝工程等。这些工程在国家经济的发展和百姓生活水平的提高方面发挥着巨大的作用。

用于调控自然界的地表水和地下水，以达到除害兴利目的而兴建的工程称为水利工程。兴修水利工程目的是控制或调整天然水在空间和时间上的分布，防止或减少旱涝洪水灾害，合理开发和利用水利资源，为工农业生产和人民生活提供良好的环境和物资条件。水利工程具有以下特点：水工建筑物受水的作用，工作条件复杂；施工难度大；各地的水文、气象、地形、地质等自然条件有差异，水文、气象状况存在偶然性，因此大型水利工程的设计，总是各有特点，难以划一；大型水利工程投资大、工期长，对社会、经济和环境都有很大影响。水利工程原是土木工程的一个分支，由于水利工程本身的发展，现在已成为一门相对独立的学科，但仍和土木工程有密切的联系。本章所述水利工程主要包括农田水利工程（排水灌溉）、水电工程以及防洪工程。

第一节｜农田水利工程

国以民为本，民以食为天，农业是我国国民经济的基础产业，我国是一个农业大国，又是一个水资源不足、降水时空分布很不均衡、旱涝灾害频繁的国家。因此以灌溉排水为主要内容的农田水利对我国农业生产具有十分重要的作用。

一、灌溉与排水

农田水利工程主要是灌溉工程和排涝工程，其所涉及的内容主要是通过灌溉和排水改善农田水分情况。农田水分情况一般是指农田中的土壤水、地面水、地下水的状况及其相关的土壤养分、通气、热状况等，它在很大程度上影响了农作物的生长和产量。

（一）灌溉

灌溉是农业生产不可缺少的环节。当农作物水分不能满足作物需要时，则应增加水分，就涉及灌溉。

1. 灌溉取水工程

灌溉水源主要有天然河水、水库蓄水、湖泊、池塘、洼地蓄水、经过处理的城市污水、高山融雪、地下水等。其中天然河水为我国目前主要的灌溉水源。灌溉取水工程的作用是将灌溉用水从水源引入渠道，以满足农田灌溉的需要。因为灌溉取水工程位于渠道的首部，所以也称渠首工程。我国古代在西北、华北及西南等地区兴修了许多无坝取水灌溉工程，如郑国渠、秦渠及灵渠等。

目前常常依据水源的不同，采用不同的灌溉取水方式。常见的灌溉取水工程有无坝取水、有坝取水、抽水取水和水库取水等。

（1）无坝取水：无坝取水是一种无拦河坝的灌溉取水方式，适用于河流水位较高而灌溉区较低的情况，在河道上游水位较高的地方修建进水闸，借较长的引水渠来取得自流灌溉所需要的水头（图 7-3）。无坝取水渠首一般由进水闸、冲沙闸和导流堤三部分组成，为了便于引水和防止泥沙进入渠道，进水闸大多设在河道的凹岸处。

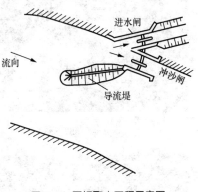

图 7-3 无坝取水工程示意图

无坝取水工程虽然简单，但由于没有调节河流水位和流量的能力，完全依靠河流水位高于渠道的进口高程而自流引水，因此引水流量受河流水位变化的影响很大。必要时，可在渠首前修顺坝，以增加引水流量。有时也需要修建渠首护岸工程。

（2）有坝取水：有坝取水是在河川水位较低时，不适合建立无坝取水的情况下，在河道中选择适当地点修建壅水坝或拦河节制闸建坝取水（图 7-4）。有坝取水相对于无坝取水的优点是可避免河流水位变化的影响，并能稳定引水流量。但是修建闸坝费用相当大，河床也需要有适合的地质条件。由于改变了河流的原来平衡状态，不但会引起上下游河床的变化，而且还可能破坏河流生态平衡，引起环境和气候的各种变化。

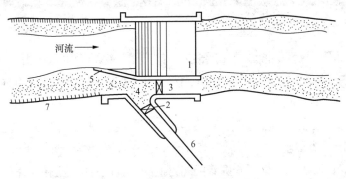

图 7-4 有坝取水工程示意图

1—壅水坝；2—进水闸；3—排沙闸；4—沉砂池；5—导水墙；6—干渠；7—堤防

（3）抽水取水：当河流水量比较丰富，但灌区位置较高，修建其他自流引水工程困难或不经济时，可就近采取抽水取水方式。这样，干渠工程量小，但增加了机电设备及年管理费用，引水流量依机电设备能力而定。

（4）水库取水：当河流的流量、水位均不能满足灌溉要求时，就须在河流的适当地点修建水库进行径流调节，解决来水和用水之间的矛盾。采用水库取水，必须修建大坝、溢洪道和进水闸等建筑物，工程较大，且有相应的库区淹没损失，但水库能充

微喷旋转喷头

分利用河流水资源，这是优于其他取水方式之处。

在实际工作中，一个较大的灌区，特别是在干旱或者半干旱地区，往往需要综合使用多种取水方式，引取多种水源，形成蓄引相结合、三水并用的灌溉系统。

2. 灌溉方法

灌溉方法是指灌溉水以什么形式来湿润土壤，使灌溉水转化为土壤水，以满足作物对水的需求。目前使用的灌溉方法主要有地面灌溉、喷灌、滴灌和微灌等几种（图 7-5～图 7-8）。

图 7-5 地面灌溉

图 7-6 喷灌

图 7-7 滴灌

图 7-8 微灌

（1）地面灌溉：地面灌溉是采用最广泛的方法，将地面水直接引入农田内，称为自流灌溉。由于地势关系，有时需要较高水源的水位才能引水入田。地面灌溉有三种方式：畦灌、沟灌、淹灌。

（2）喷灌：喷灌设施由管道和喷头组成，当需要灌溉时，打开管道上的阀门，压力自喷头洒出，形成均匀的水滴洒在农田里，也称人工降雨灌溉。

（3）滴灌：滴灌是在地下修建专门的管道网，或用专门沟道代替管道网，将灌溉水引入田间耕作层，借毛细管作用自下而上湿润土壤，目前我国部分地区正在试用。喷灌与滴管因无地表渠道，所以增加了耕地的有效面积。

（4）微灌：微灌是微水灌溉的简称。它是利用微灌系统设备按照作物需水要求，通过低压管道系统与安装在尾部（末级管道上）的特制灌水器（滴头、微喷头、渗灌管和微管等），将水和作物生长所需的水和养分以较小的流量均匀、准确地直接输送到作物根部附近的土壤表面或土层中，使作物根的土壤经常保持在最佳水、肥、气状态的灌水方法。微灌的特点是灌水流量小，一次灌水延续时间长，周期短，需要的工作压力较低，能够较精确地控制灌水量，把水和养分直接输送到作物根部附近的土壤中，满足作物生长发育的需要。

（二）排水

农田排水的目的是排除地面积水和降低地下水位。因而，要求排水沟必须挖到一定的深度，以使排水系统的水位降低，从而有利于作物的生长。排水沟须有适当的纵坡，以便使排水流入河流、湖泊或海洋。

排水系统可分为明沟排水系统和暗沟排水系统。暗沟排水系统常用混凝土管、陶管、埋块石等，在缺乏石料的地区可用竹、树枝的梢捆来代替，上面用土覆盖好。暗沟不仅能排地表水，也能排地下水，但是造价过高，只有在特殊的情况下才采用。一般大面积农田排水都采用明沟排水。明沟排水是相对于暗沟或埋管排水而言的，是在地面上开挖出小沟（小渠），其断面通常是梯形或矩形，沟底顺排水方向不断降低（正坡），水靠自身重力流动。明沟排水系统，由毛沟、支沟和干沟等组成，并应尽量利用天然排水沟。

灌区的排水系统必须与灌溉渠密切配合，在布置灌渠时，就应同时布置。在干旱和半干旱地区，虽然降雨少，但常因灌溉水入渗而引起地下水位上升和土壤次生盐碱化，也需修建排水系统，排除多余的灌溉退水、雨季地表径流和过多的地下水，控制地下水位，保持良好的土壤水盐动态。在旱涝交替或水资源缺乏的地区，应考虑排水的再利用，采取蓄水措施，进行地下水回灌以及水质净化处理等。

二、农田水利工程设施

农田水利工程设施在农业上的作用是非常大的，加强农田水利基础设施建设，直接关系到水资源的可持续利用、粮食生产的安全和国内外的安定。农田水利设施包括灌溉泵站、排水泵站以及灌溉渠道和渠系建筑物。

（一）灌溉泵站

当灌区的位置比较高，水源的水不可能进行自流灌溉时，一般都根据当地的具体情况，在水库上游或下游、河边、渠道上设置水泵站，进行抽水灌溉。泵站的规划和灌区的划分方法是：一般在灌区面积较小，地形比较单一，扬程又不大时，多采用单级扬水，一处建站；如果灌区面积较大，地形复杂，高程有高有低，则多采用分区建站、多级扬水。泵站的建筑物布置形式一般分为有引水渠泵站布置形式和无引水渠泵站布置形式两种。

1. 有引水渠泵站布置形式

当水源与出水池之间地形比较平缓，且相距又较远时，通常采用有引水渠的形式。这种形式的特点是：水泵进水受水源影响小，泵站的防洪问题容易解决；泵房可能处于深挖方中，散热条件较差；特别是泥沙多的水源，容易使进水池淤积，以致影响正常运行。因此，在地形条件允许的情况下设置排沙设施，定期冲淤排沙。有引水渠泵站一般包括引水渠、进水池、泵房、出水管道和出水池等（图7-9）。

2. 无引水渠泵站布置形式

当站址处于地形较陡或灌区距水源较近时，常采用无引水渠布置形式，即将泵站修建在水源岸边，直接从水源取水。这种形式的特点是：泵房受水源的水位影响很大，防洪问题较难解决；但可减少土方开挖和取消进水闸。

（二）排水泵站

排水泵站的建筑物与灌溉泵站无大差异，对河流来说只是进水池与出水池的方向易位。如地势适中，附近农田有排有灌，经过论证，可建排灌结合。排水站规划的原则是：高低水分开；主客水分开；洪涝水分开，以自排为主，机排为辅；排水时间由各种作物能耐淹的水深和耐淹的时间确定，力求及时排水；洪涝水分开，治涝必先防洪。

图 7-9　有引水渠泵站布置图

1—进水闸；2—引水渠；3—进水池；4—泵房；5—出水管道；6—出水池；7—灌溉干渠

（三）灌溉渠道和渠系建筑物

灌溉渠道和渠系建筑物构成了农田水利工程的重要组成元素。自水源引取的灌溉水，需要通过各种渠道输送和分配到农田。渠道所经过地方的建筑物，成为渠系建筑物。

1．灌溉渠道

灌溉渠道一般分为干、支、斗、农、毛渠五级。小型灌区有的只有二到三级渠道。渠道断面形式取决于水流、地形、地质以及施工等条件。最常采用的是梯形断面。当渠道深度较大，或渠道经过不同的土壤时，可采用复式断面，随深度采用不同边坡。在坚固岩石中，为减少挖方，可采用矩形断面。在平原地区断面大的渠道常采用半填半挖断面，既可减少土方，又可利用弃土。渠道断面形式如图 7-10 所示。

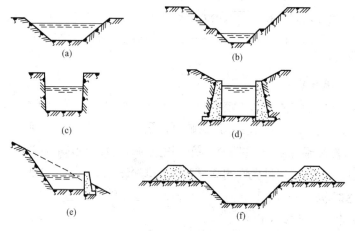

图 7-10　渠道断面示意图

（a）梯形断面；（b）复式断面；（c）矩形断面；（d）有挡土墙矩形断面；

（e）盘山断面；（f）半填半挖断面

在渠道断面设计中，采用水力最优断面，即最经济的断面，在同等过水断面的情况下，通过的流量最大。这就要求渠道底宽、水深和边坡有适当的比例。

渠道设计时，还要注意使渠道流速适当，流速过大会引起冲刷，过小容易淤积，使河道杂草重生。渠道流速应该介于不冲流速和不淤流速之间，不冲流速是指不引起渠道冲刷的最大允许流速，而不至引起渠道淤积的最小流速称为不淤流速。

除了要考虑渠道的流速问题还要考虑渠道水量的问题，渠道的水量会因为水的渗透和蒸发而损失。在灌溉渠道中，有时候渗透损失可达到50%以上，不仅造成了水量的流失，还会引起地下水位的升高。渠道的渗透流量随时间的增长而逐渐减少，这是因为渗透使土壤细颗粒移动，细颗粒填充了土壤中的孔隙；另一方面水流中的悬移质和溶解盐进入渠床的土壤中，渠床周边形成透水性小的铺盖。一般要做好防止渗透的措施，通常采用的方法包括提高渠床土壤的不透水性和衬砌渠床。

2. 渠系建筑物

在渠道规划的过程中，各种渠系建筑物的位置和规模应大致确定。这要结合灌溉及排水要求、建筑材料和施工技术等因素来考虑。渠系建筑物的种类很多，根据其作用，大体可归纳为：交叉建筑物、连接建筑物、水闸等。

（1）交叉建筑物。当渠道穿越山冈、河流、山谷、道路、低洼地带或与其他渠道相遇时，必须修建交叉建筑物。常用的交叉建筑物包括隧洞、渡槽、倒虹吸管、涵洞等。

隧洞是渠道穿越山冈的建筑物，在结构上与隧道类似。渡槽是渠道跨越河流、山谷、道路或其他渠道的高架输水建筑物（图7-11），在结构上基本与桥梁相似，渡槽可分为槽身和支承两部分。倒虹吸管也是广泛采用的一种交叉建筑物（图7-12）。倒虹吸管的铺设方式，按用途可以分为两类：穿越式倒虹吸管，从河流、渠道或公路下面穿过，一般水头不大，主要荷载是管上部的土压力；横跨式倒虹吸管，当河道或山谷比较宽阔，位置较低时采用，这种形式一般是水头高、流量大，需在管道转弯处设有镇墩，以保持管道稳定。涵洞是公路或铁路与沟渠相交的地方使水从路下流过的通道，作用与桥相同，但一般孔径较小，形状有管形、箱形及拱形等。此外，涵洞还是一种洞穴式水利设施，有闸门以调节水量。涵洞是设于路基下的排水孔道，通常由洞身、洞口建筑两大部分组成。

图7-11 渡槽

（2）连接建筑物。把上下渠道连接起来的建筑物称为连接建筑物。渠道上连接建筑物，主要有跌水和陡坡两种。当渠道垂直于地面等高线布置时，往往会遇到地面坡度大于渠道纵坡的情况。如果保持渠道纵坡不变，渠道便会高出地面；若加大渠道纵坡，又会促成对渠道的冲刷。在这种情况下，可将渠道分段，使相邻段之间形成集中落差，把上下两段渠道连接起来的建筑物，称为连接建筑物。使渠水铅直下落的建筑物，称为跌水（图7-13）。当渠道经过地形急剧变化的地段时，也可利用地形变陡处修建连接建筑物，称为陡坡。

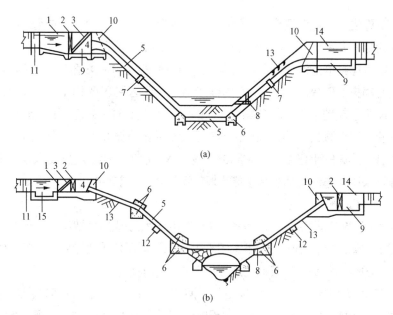

(a)

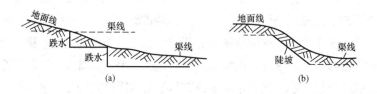

(b)

图 7-12 倒虹吸管布置图

（a）埋设于地面以下的倒虹吸管；（b）桥式倒虹吸管

1—进口渐变段；2—闸门；3—拦污槽；4—进水口；5—管身；6—镇墩；7—伸缩接头；8—防水冲沙孔；

9—消力池；10—挡水墙；11—进口渠道；12—中间支墩；13—原地面线；14—出口段；15—沉砂池

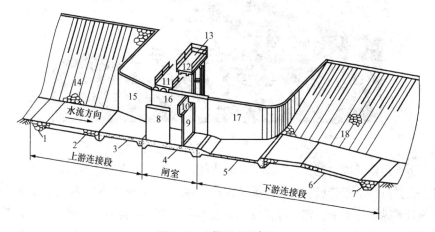

图 7-13 连接建筑物

（a）地形较缓；（b）地形较陡

（3）水闸。水闸是渠系上应用最广泛的一种建筑物（图 7-14）。通常修建在河道、渠道等位置，利用闸门控制流量和调节水位。按其在渠系上的作用，可分为：进水闸、分水闸、节制闸、泄水闸、排沙闸。

图 7-14 水闸组成示意图

1—上游放冲槽；2—上游护底；3—铺盖；4—底板；5—护坦；6—海漫；7—下游防冲槽；8—闸墩；

9—闸门；10—胸墙；11—交通桥；12—工作桥；13—启闭机；14—上游护坡；

15—上游翼墙；16—边墩；17—下游翼墙；18—下游护坡

第二节｜水 电 工 程

我国具有十分丰富的水能资源，理论蕴藏量为 6.91 亿 kW，可发电 5.9 万亿 kW·h。其中可开发量 3.83 亿 kW，年发电量 1.9 万亿 kW·h，居世界第一位。因此，水力发电在我国应用十分广泛。水力发电突出的优点是以水为能源，水可周而复始地循环供应，是永不会枯竭的能源，更重要的是水力发电成本要比火力发电低得多，不会亏成本。因此，水电资源在我国能源结构中的地位非常重要，是我国现有能源中唯一可以大规模开发的可再生能源。

一、水电开发的方式和主要类型

水力发电除了需要流量之外，还需要集中落差（水头）。根据河道的水流条件、地质地形条件以及集中落差的不同方法，水电站可分为坝式水电站、引水式水电站、抽水蓄能电站以及潮汐电站。

（一）坝式水电站

在河道上拦河筑坝壅高水位，形成发电水头的水电站，称为坝式水电站。这种水电站一般修建在比较缓或流量很大的河流上，是河流水电开发中广泛采用的一种形式。根据坝式开发方式的水电站厂房与拦河坝或溢流坝的相对位置，可分为河床式、坝后式、溢流式或混合式等。

1. 河床式水电站

河床式水电站的特点是位于河床内的水电站厂房本身起挡水作用，从而成为集中水

图 7–15　河床式水电站

头的挡水建筑物之一，这类水电站一般见于河流中、下游，水头较低，流量较大（图 7-15）。

河床式水电站枢纽最常见的布置方式是泄水闸（或溢流坝）在河床中部，厂房及船闸分踞两岸，厂房与泄水闸之间用导流墙隔开，以防泄洪影响发电。当泄水闸和厂房均较长，布置上有困难时，可将厂房机组段分散于泄水闸闸墩内而成为闸墩式厂房；或通过厂房宣泄部分洪水而成为泄水式厂房（也称混合式厂房）。这两种布置方式在泄洪时还可因射流获得增加落差的效益。

2. 坝后式水电站

当水头较大时，厂房本身抵抗不了水的推力，将厂房移到坝后，由大坝挡水，就形成坝后式水电站。坝后式水电站的特点是厂房布置在坝后或者邻近，水头取决于坝高。坝后式水电站一般修建在河流的中上游，其优点是库容较大，调节性能好。坝后式水电站的厂房比较普遍，例如万家寨水电站、三门峡水电站厂房以及举世瞩目的三峡水电站也是采用坝后式水电站厂房。

3. 溢流式水电站

当厂房与溢洪道无法同时布置时，常采用溢流式水电站，即将厂房布置在河岸的

富春江河床式电站，位于浙江桐庐富春江上，控制流域面积 31300km²，多年平均流量 1000m³/s，设计洪水流量 23100m³/s，总库容 8.74 亿 m³，设计灌溉面积 6 万亩。装机容量 29.72 万 kW。

长江三峡水利枢纽工程，简称三峡工程，分布在中国重庆市到湖北省宜昌市的长江干流上，大坝位于三峡西陵峡内的宜昌市夷陵区三斗坪，它是世界上规模最大的水电站，也是中国有史以来建设的最大型的工程项目。电站采用坝后式，分设左岸及右岸厂房，分别安装 14 台及 12 台水轮发电机组。通航建筑物包括永久船闸和垂直升船机，均布置在左岸。永久船闸为双线五级连续船闸，可通过万吨级船队。

浙江新安水电站，厂房顶溢流式水电站，建于1957年4月，是建国后中国自行设计、自制设备、自主建设的第一座大型水力发电站。其位于杭州建德市新安江镇以西6km。

地下洞室内或者设法把溢流坝厂房结合起来，从厂房上溢流或者从厂房泄水成为溢流式或泄水式厂房。

溢流式厂房适用于中、高水头的水电站，坝址河谷狭窄、洪水流量大，河谷只够布置溢流坝，采用坝后式厂房会引起大量土石方开挖，这时可以采用溢流式厂房。溢流式厂房布置紧凑，由于厂房通常布置在河床中央，泄洪时下游水流条件较好。

溢流式厂房布置的主要特点为：由于厂房顶泄洪，溢流式厂房通常是全封闭的，除必要的进厂出入口外，一般不设窗户，上游被大坝所挡，因此需要人工照明、通风和防潮等措施；溢流式厂房的厂坝之间往往留有较大的空间，常将副厂房布置在厂坝之间，可节省投资；尾水平台在泄洪时受到较大的吸力，而且在泄洪开始和终了时受到水舌的冲击，所以尾水平台上不宜设副厂房；溢流式厂房的安装间结合进厂交通条件，一般设于主厂房的一端或两端，很少设于中间。

（二）引水式水电站

引水式水电站是全部或者主要由引水系统集中水头和引用流量开发水能的水电站。引水式水电站可分为无压引水式水电站和有压引水式水电站，无压引水式水电站（图7-16）的引水道为明渠、无压隧洞、渡槽等。有压引水式水电站的引水道，一般多为压力隧洞、压力管道等。一般在河流比降较大、流量相对较小的山区或丘陵地区的河流上建立引水式水电站，可以获得较好的经济效益。在丘陵地区，引水道上下游的水位相差较小，常采用无压引水式水电站；在高山峡谷地区，引水道上下游的水位相差很大，常建造有压引水式水电站。

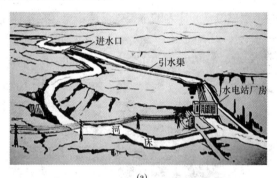

(a)

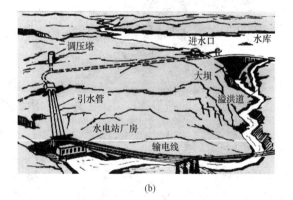

(b)

图7-16 引水式水电站

（a）无压引水式电站；（b）有压引水式电站

引水式水电站的主要建筑物，根据其位置和用途，可分为以下三个部分：首部枢纽建筑物、引水道及其辅助建筑物和厂房枢纽。与坝式水电站相比，引水式水电站引用的流量常较小，又无蓄水库调节径流，水量利用率较差，综合利用效益较小。但引水式水电站因无水库淹没损失，工程量又较小，单位造价往往较低，常成为其主要优点。

（三）抽水蓄能水电站

抽水蓄能电站不同于一般水力发电站。一般水力发电站只安装有发电机，将高水位的水一次使用后弃之东流，而抽水蓄能电站安装有抽水—发电可逆式机组，既能抽水，又能发电。在白天或前半夜，水库放水，高水位的水通过机组发电，将高水位的水的机械能转化为电能，向电网输送，缓解用电高峰时电力不足问题；到后半夜，电网处于低谷，电网中不能储存电能，这时机组作为抽水机，将低水位的水抽向高水位，注入上库。这样，用电低谷电网中多余的电能转化为水的机械能储存在水库中，解决了电能不能储存的问题。由于能量转换有损耗，大体上用 4 度电抽水可以发出 3 度电。

抽水蓄能电站包括上水库、高压引水系统、主厂房、低压尾水系统和下水库。按电站有无天然径流分为纯抽水蓄能电站和混合式抽水蓄能电站。

（1）纯抽水蓄能电站：没有或只有少量的天然来水进入上水库来补充蒸发、渗漏损失，而作为能量载体的水体基本保持一个定量，只是在一个周期内，在上、下水库之间往复利用。厂房内安装的全部是抽水蓄能机组，其主要功能是调峰填谷、承担系统事故备用等任务，而不承担常规发电和综合利用等任务。

（2）混合式抽水蓄能电站：其上水库具有天然径流汇入，来水流量已达到能安装常规水轮发电机组来承担系统的负荷。因而其电站厂房内所安装的机组，一部分是常规水轮发电机组，另一部分是抽水蓄能机组。相应地这类电站的发电量也由两部分构成，一部分为抽水蓄能发电量，另一部分为天然径流发电量。所以这类水电站的功能，除了调峰填谷和承担系统事故备用等任务外，还有常规发电和满足综合利用要求等任务。

1968 年和 1973 年我国分别建成两座小型混合式抽水蓄能电站。我国抽水蓄能电站建设起步较晚，由于后发效应，起点较高，近几年建设的几座抽水蓄能电站技术已达到世界水平。至 2005 年底，全国（不计台湾）已建抽水蓄能电站总装机容量达到 6122MW，装机容量跃居世界第五位，遍布全国 14 个省市。

（四）潮汐电站

潮汐发电是利用潮水涨、落产生的水位差所具有的势能来发电（图 7-17）。据计算，世界海洋潮汐能蕴藏量约为 27 亿 kW，若能全部转化成电能，每年发电量大约为 1.2 万亿 kW·h。潮汐电站是一种利用涨潮落潮时的潮位差来将海洋或有潮汐能量转换成电能的电站，是唯一实际应用的海洋能电站。在海湾或有潮汐的河口筑起水坝，形成

十三陵抽水蓄能电站，利用已建十三陵水库为下库，在蟒山后上寺沟头修建上库，上下库落差 430m。电站装机容量为 80 万 kW，设计年发电量 12 亿 kW·h。其主要任务是担负北京地区调峰和紧急事故备用电源，改善首都供电质量；接入华北电力系统，与京津唐电网联网运行；减少火电频繁调整出力和开启，改善运行条件，降低煤耗，同时兼有填谷、调频和调相等功能。

法国朗斯潮汐电站

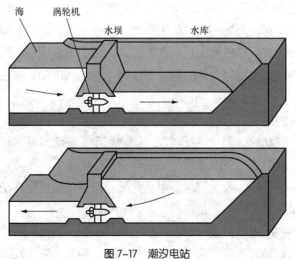

图 7-17 潮汐电站

水库。涨潮时水库蓄水，落潮时海洋水位降低，水库放水，以驱动水轮发电机组发电。这种机组的特点是水头低、流量大。

二、水电站的建筑物

建设水电站主要是为了水力发电，但也要考虑其他国民经济部门的需要，如防洪、灌溉、航运等，以贯彻综合利用的原则，充分发挥水资源的作用。水电站建筑物的种类和作用很多，主要有：

（1）挡水建筑物。一般为坝或闸，用以截断河流，集中落差，形成水库。

（2）泄水建筑物。用来下泄多余的洪水或放水以降低水库水位，如溢洪道孔或泄水孔等。

（3）水电站进水建筑物。又称进水口或取水口，是将水引入引水道的进口。

（4）水电站引水建筑物。用来把水库的水引入水轮机。根据水电站地形、地质、水文气象等条件和水电站类型的不同，可以采用明渠、隧洞、管道。有时引水道中还包括沉砂池、渡槽、涵洞倒吸虹管和桥梁等交叉建筑物及将水流自水轮机泄向下游的尾水建筑物。

（5）水电站平水建筑物。当水电站负荷变化时，来平衡引水建筑物（引水道或尾水道）中的压力和流速的变化，如有压引水道中的调压室及无压引水道中的压力前池等。

（6）发电、变电和配电建筑物。包括安装水轮发电机组及其控制设备的厂房，安装变压器的变压器场和安装高压开关的开关站。它们集中在一起，常称为厂房枢纽。

第三节　防　洪　工　程

我国是一个洪水灾害频发的国家，洪水灾害严重威胁着人民的生命财产安全，必须采取防治措施。防洪包括防御洪水危害的对策、措施和方法，主要研究对象包括洪水自然规律，河道、洪泛区状况及其演变。防洪工作的基本内容可分为建设、管理、防汛和科学研究。防洪工程是控制、防御洪水以减免洪灾损失所修建的工程。

一、防洪规划

防洪规划是指为防治某一流域、河段或者区域的洪涝灾害而制定的总体部署，包括国家确定的重要江河、湖泊的流域防洪规划，其他江河、河段、湖泊的防洪规划以及区域防洪规划。防洪规划应当服从所在流域、区域的综合规划；区域防洪规划应当服从所在流域的流域防洪规划。防洪规划是江河、湖泊治理和防洪工程设施建设的基本依据。

国家经济建设的目标、方针、政策和防护区的重要性，是编制规划的基本依据。一般应遵循以下几方面的原则：统筹规划、综合利用、蓄泄兼筹、因地制宜、区别对待设计洪水和超标准洪水、防洪工程与防洪非工程措施结合。

防洪规划的内容包括：收集资料、洪水分析、拟定规划目标与防洪标准、制定防洪方案、确定防洪高度、防洪效益分析。

二、防洪工程的功能分类

防洪工程按功能和兴建目的可分为挡、泄（排）和蓄（滞）几类。

（一）挡

主要是运用工程措施"挡"住洪水对保护对象的侵袭。如用河堤、湖堤防御河、湖的洪水泛滥；用海堤和挡潮闸防御海潮；用围堤保护低洼地区不受洪水侵袭等。利用具有挡水功能的防洪工程，是最古老和最常用的措施。用挡的办法防御洪水，将改变洪水自然宣泄和调蓄的条件，一般将抬高天然洪水位。有些河、湖水位变幅较大，且由于泥沙淤积等自然演变和人类开发利用洪泛区等活动的影响，洪水位还有不断增高的趋势。一般堤线都较长、筑堤材料和地基选择余地较小、结构不能太复杂，堤身不宜太高。因此，用挡的办法防御洪水在技术经济上受到一定限制。

（二）泄

主要是增加泄洪能力。常用的措施有修筑河堤、整治河道（如扩大河槽、裁弯取直）、开辟分洪道等，是平原地区河道较为广泛采用的措施。

（三）蓄（滞）

主要作用是拦蓄（滞）调节洪水，削减洪峰，减轻下游防洪负担。如利用水库、分洪区（含改造利用湖、洼、淀等）工程等。水库除可起防洪作用外，还能蓄水调节径流，利用水资源，发挥综合效益，成为近代河流开发中普遍采取的措施。但修水库投资大，还要淹没大量土地，迁移人口，有些地方还淹没矿藏，带来损失。开辟分洪区，分蓄（滞）河道超额洪水，一般都是利用人口较少的地区，也是很多河流防洪系统中的重要组成部分。在山区实施水土保持措施，可起蓄水保土作用，遇一般暴雨，对拦减当地的洪水有一定效果。

三、防洪工程的形式

防洪工程的形式包括堤坝、河道整治分洪工程以及水库等。

（一）堤坝

堤和坝的总称，也泛指防水拦水的建筑物和构筑物。现代的水坝主要有两大类：土石坝和混凝土坝。近年来，大型堤坝都采用高科技的钢筋水泥建筑。

土石坝是用土或石头建造的宽坝。因为底部承受的水压比顶部的大得多，所以底部较顶部宽。土石坝多是横越大河建成的，用的都是既普通又便宜的材料。由于物料较松散，能承受地基的动摇。但水会慢慢渗入堤坝，降低堤坝的坚固程度。因此，工程师会在堤坝表面加上一层防水的黏土，或设计一些通道，让一部分水流走。

混凝土坝多用混凝土建成，通常建筑在深而窄的山谷，因为只有混凝土才能承受堤坝底部的高水压。混凝土坝可以细分为混凝土重力坝、混凝土拱坝、混凝土支墩坝等。混凝土坝的主要特点是利用自身的重量来抵抗水体压力。

（二）河道整治

河道整治是指为防洪、航运、供水、排水及河岸洲滩的合理利用，按河道演变的规律，因势利导，调整、稳定河道主流位置，以改善水流、泥沙运动和河床冲淤部位的工程措施。河道整治分两大类：山区河道整治，主要有渠化航道、炸礁、除障、改善流态与局部疏浚；平原河道整治（含河口段），主要有控制和调整河势、裁弯取直、河道展宽及疏浚等。

中国有 4000 年前禹疏九河，导流入海的传说。明代的潘季驯治理黄河颇有成效，他还著有《河防一览》，其中"以河治河，束水攻沙"的理论，具有创见性和科学性，流传久远。随着近代水力学、河流动力学、河道泥沙工程学的进步，河工模型试验的

西险大塘，是东苕溪的右岸大堤，因位于杭州之西，堤塘险要，故称西险大塘。西险大塘起自余杭镇的石门桥，经余杭、瓶窑、安溪、獐山至湖州德清大闸止，全长44.94km，其中杭州市境内长38.98km。

荆江分洪工程

密云水库，在密云县城北13km处，它位于燕山群峰之中，横跨潮、白两河。水库是亚洲最大的人工湖，有"燕山明珠"之称。它是北京市民用、工业用水的主要来源。

发展及工程材料的改进，河道整治发展到一个新的阶段。

河道整治的措施包括：修建河道整治建筑物控制、调整河势，如修建丁坝、顺坝、锁坝、护岸、潜坝、鱼嘴等，有的还用环流建筑物。对单一河道，抓住河道演变过程中的有利时机进行河势控制，一般在凹岸修建整治建筑物，以稳定滩岸，改善不利河弯，固定河势流路。对分汊河道，可在上游控制点、汊道入口处及江心洲的首部修建整治建筑物，稳定主、支汊，或堵塞支汊，变心滩为边滩，使分汊河道成为单一河道。在多沙河流上，还可利用透水建筑物使泥沙沉淀，淤塞汊道；实施河道裁弯工程用于过分弯曲的河道；实施河道展宽工程，用于堤距过窄或有少数突出山嘴的卡口河段。通过退堤以展宽河道，有的还以退堤和扩槽进行整治；可通过爆破、机械开挖及人工开挖完成疏浚。在平原河道，多采用挖泥船等机械疏浚，切除弯道内的不利滩嘴，浚深扩宽航道，以提高河道的通航能力。在山区河道通过爆破和机械开挖，拓宽、浚深水道，切除有害石梁、暗礁，以整治滩险，满足航运和浮运竹木的要求。

（三）分洪工程

当河道洪水位将超过保证水位或流量将超过安全泄量时，为保障保护区安全，而采取的分泄超额洪水的措施。它是河流防洪系统中重要的组成部分。为保护重要城市、工矿区或重点地区的防洪安全，当在保护区附近有适当的分洪条件时，可兴建分洪工程，把超额洪水分泄入湖泊、洼地，或分注于其他河流，或直泄入海，或绕过保护区在下游仍返回原河道。分洪工程一般由进洪设施与分洪道、蓄滞洪区、避洪设施、泄洪排水设施等部分组成，至少应有进洪设施和分洪道或蓄洪区。以分洪道为主的有时也称分洪道工程，在中国又称减河。以蓄滞洪区为主的，也称分洪区或蓄洪区。

（四）水库

水库是我国防洪广泛采用的工程措施之一。在防洪区上游河道适当位置兴建能调蓄洪水的综合利用水库，利用水库库容拦蓄洪水，削减进入下游河道的洪峰流量，达到减免洪水灾害的目的。水库对洪水的调节作用有两种不同方式，一种起滞洪作用，另一种起蓄洪作用。

滞洪就是使洪水在水库中暂时停留。当水库的溢洪道上无闸门控制，水库蓄水位与溢洪道堰顶高程平齐时，则水库只能起到暂时滞留洪水的作用。在溢洪道未设闸门的情况下，在水库管理运用阶段，如果能在汛期前用水，将水库水位降到水库限制水位，且水库限制水位低于溢洪道堰顶高程，则限制水位至溢洪道堰顶高程之间的库容，就能起到蓄洪作用。蓄在水库的一部分洪水可在枯水期有计划地用于兴利需要。当溢洪道设有闸门时，水库能在更大程度上起到蓄洪作用可以通过改变闸门开启度来调节下泄流量的大小。由于有闸门控制，所以这类水库防洪限制水位可以高出溢洪道堰顶，并在泄洪过程中随时调节闸门开启度来控制下泄流量，具有滞洪和蓄洪双重作用。

第八章 地 下 工 程

地下工程是指在地面以下土层或岩体中为开发利用空间资源所建造的各种类型的地下建筑物或结构的工程。它包括工业与民用方面的地下车间、电站、库房、地下商业街、人防与市政地下工程；文化、体育、娱乐与生活等方面的地下联合建筑体；交通运输方面的地下铁道、公路隧道、水下隧道和过街地下通道等；军事方面的地下指挥所、通信枢纽、掩蔽所、军火库等。

本章所介绍的地下工程，不包含前面交通土木工程中提及的隧道工程，即指除了作为地下通路的隧道和矿井等地下构筑物以外的地下工程。

人类在原始时期就利用天然洞穴作为群居、活动场所和墓室，但基本局限于帝王贵人的陵墓和人类居住的窑洞。工业革命以后，随着各种工程技术手段的不断提高，人类开始大规模开发地下空间。如果说20世纪是高层建筑飞速发展的世纪，那么21世纪将成为地下空间发展的世纪。随着城市的快速发展，城市人口饱和、建筑向高空的发展已满足不了人们的需求。建筑空间拥挤、绿地减少。此外，资源的过度开发，必然会带来环境污染、能源紧张、交通拥挤和水资源短缺等严重问题。因此人们不得不向地下要生存空间，以缓解土地资源紧张而带来的压力。

地下空间开发利用的发展大体可分为如下四个时期：

第一个时期为原始时期：从人类出现到公元前3000年的新石器时代。人类利用地下洞穴遮风避雨、防寒防暑、防御自然灾害等。如北京周口店天然栖生溶洞（图8-1）、陕西蓝田猿人的黄土窑洞（图8-2）等。

图 8-1 周口店天然栖生溶洞

图 8-2 黄土窑洞复原图

第二个时期为古代时期：从公元前3000年到5世纪，进入铜器和铁器时代，生产力初步发展，地下空间处于初步利用阶段。我国秦汉出现砖瓦后，楼阁、宫廷等地面建筑出现。地下建造拱形结构物、陵墓、墓穴（例如秦始皇陵、长沙马王堆汉墓、徐州中山靖王墓）等也应运而生（图8-3）。在国外，采矿穴、古罗马下水道、古巴比伦城幼发拉底河下的人行隧道、引水隧道等也都是这一时期有代表性的地下工程。

秦始皇陵，位于陕西省西安市临潼区以东的骊山脚下。陵墓规模宏大，气势雄伟。陵园总面积为56.25km²（相当于78个故宫的大小）。陵上封土原高约115m，现仍高达76m。内外两重城垣，内城周长3840m，外城周长6210m。内外城廓有高约8～10m的城墙，今尚残留遗址。墓葬区在南，寝殿和便殿建筑群在北。1974年1月29日，在秦始皇陵坟丘东侧1.5km处，当地农民打井无意中挖出一个陶制武士头。后经国家有关组织的发掘，终于发现了使全世界都为之震惊的秦始皇陵兵马俑。

图 8-3　秦始皇陵兵马俑坑

第三个时期为中世纪时代：从5世纪到14世纪，是地下工程进一步发展的时期。洛阳地下粮仓、云冈石窟、龙门石窟（图8-4）、敦煌莫高窟（图8-5）等都是这一时期修建而成的。

图 8-4　龙门石窟

图 8-5　敦煌莫高窟

第四个时期为近代和现代：炸药的发明和应用，推动了地下空间的开发，20世纪80年代后，进入了地下工程的大规模开发利用时代。西方发达国家对于地下空间的开发和利用已有近150年的历史，已形成地下交通、城市管网、地下能源、水源储备和地下商业综合体开发等一系列综合开发模式。

从1863年英国伦敦建成世界上第一条地铁开始，国外地下空间的发展已经历了相当长的一段时间。国外地下空间的开发利用从大型建筑物向地下的自然延伸发展到复杂的地下综合体（地下街）再到地下城（与地下快速轨道交通系统相结合的地下街系统），地下建筑在旧城的改造再开发中发挥了重要作用。同时地下市政设施也从地下供、排水管网发展到地下大型供水系统，地下大型能源供应系统，地下大型排水及污水处理系统，地下生活垃圾的清除、处理和回收系统，以及地下综合管线廊道（共同沟）。与旧城改造及历史文化建筑扩建相随，在北美、西欧及日本出现了相当数量的大型地下公共建筑：公共图书馆和大学图书馆、会议中心、展览中心以及体育馆、音乐厅、大型实验室等地下文化体育教育设施。地下建筑的内部空间环境质量、防灾措施以及运营管理都达到了较高的水平。地下空间利用规划从专项规划入手，逐步形成系统的规划。其中以地铁规划和市政基础设施规划最为突出。一些地下空间利用较早和较为充分的国家，如北欧的芬兰、瑞典、挪威和日本、加拿大等，正从城市中某个区域的综合规划走向整个城市和某些系统的综合规划。各国的地下空间开发利用在其发展过程中形成了各自独有的特色。

20 世纪 60～70 年代以人防工程建设、地下工厂和北京、天津的地下铁路为主，我国城市现代地下空间开发利用开始起步。此后，随着国民经济的发展和城市化进程的加快，城市空间容量不足的矛盾日益加剧，上海、北京、南京、杭州、广州、深圳等城市开始了城市地下空间开发利用的研究和以城市交通改造为主的城市再开发，地下空间开发和利用开始进入适度发展阶段。目前，我国城市地下工程已初具规模，是世界地下工程和隧道最多、发展最快的国家。不仅中吉乌通道、泛亚铁路入地，城市交通也将以地铁为主，而且水电工程、西气东输工程、城市空间开发等均在利用地下空间。水下隧道项目也日渐增多，其中不乏福建厦门翔安海底隧道、天津市首条穿越海河"共同沟"等亮点工程。2000 年，全国首座"海底车库"也在厦门建成并投入使用。车库部分建筑在海面以下，实行自动收费，并配有消防、监控系统。

当下地下工程的亮点无疑是各大城市掀起的地铁建设热潮。上海"九五"、"十五"时期以交通为重点，大规模开发地下空间资源，先后完成地铁 1、2 号线、明珠线的建设和 8 条跨黄浦江隧道，并规划建设 11 条地铁线和 10 条轻轨线。上海"十一五"期间着力建设"东西南北中"八大骨干工程，2010 年已建成 311.6km 的地铁基本网络，负担接近 50% 的公交客流量。杭州地下空间开发主要集中于正在建设的钱江新城中。他们坚持地上空间与地下空间同步规划，地下空间开发工程先行。新城地下空间共 4 层，总建筑面积达 150 万～200 万 m²。包括地下交通、商业、文化、休闲、停车、防灾等。两条地铁线、两个地铁站将把地下城和其他城区紧密地联系在一起。广州地铁一号线于 1999 年 6 月全线开通运营。截至 2010 年底已开通运营 8 条线路，地铁运营线路达 218km。目前我国大陆地区建成地铁并开通的城市有北京、天津、上海、广州、深圳、南京、青岛、重庆、沈阳和成都，正在建设或规划的城市已超过 20 座。"十二五"期间，我国将进一步实施"城市化、西部大开发"等战略，浅层地下空间将会在东部沿海经济发达的大城市首先得到充分地开发利用，并逐步西移。与此同时，北京、上海、广州和深圳等城市，由于地铁一期、二期、三期工程的相继建成，在大型地铁换乘枢纽地区，随着地铁车站及相邻设施的大型化、深层化、综合化、复杂化趋势，势必促进地下空间技术的创新和进步。由此可见，随着社会进步和经济的飞速发展，我国地下工程必将迎来前所未有的蓬勃发展时期。

第一节 | 地 下 工 业 建 筑

地下工业建筑主要包括地下电站、地下工厂、地下垃圾焚烧厂等。

一、地下电站

地下水力、核能、火力发电站和压缩空气站，均属于动力类地下厂房。无论在平时还是战时，都是国民经济的核心部门。

（一）地下水电站

厂房设置在地下的水电站。它一般是由立体交叉的硐室群组成。其主要优点是厂房不占地面位置，与地面水工建筑物施工干扰较少，工期较短。采用这种厂房形式的首要条件是地质上能满足硐室对稳定性的要求，厂房位置要避开地质上大断裂；对地

全国首座"海底车库"，于 2000 年 5 月在福建厦门建成并投入使用，占地 1.7 万多 m²，总建筑面积 13861m²。该停车库南临轮渡码头，北接客运码头，部分建筑在海面以下，内有小车泊位 435 个。它也是目前我国唯一的"潜水艇式"的海底车库。

鲁布革水电站，位于南盘江支流黄泥河上，云南省罗平县和贵州省兴义县境内，距昆明市 320km，为引水式水电站。主要任务为发电。装机容量 600MW，保证出力 85MW，多年平均年发电量 28.49 亿 kW·h。主坝为堆石坝，最大坝高 103.8m。1982 年开工，1985 年底截流，1988 年底第一台机发电，1990 年底建成，是我国水电建设中第一个对外开放，引进外资、设备、技术和单项工程对外招标承包的水电工程。

应力大的地方要考虑厂房硐室处于最有利的地应力方向，并比较各种硐室的断面形式，改善硐室的周边应力条件。硐室的跨度大小反映出开挖技术上的难度。中国鲁布革水电站地下式厂房采用水轮机平面扭转一角度的布置方式，使硐室跨度大为减小；同时对硐室采用喷锚技术，并用岩石力学和弹塑性理论、有限元法、模型试验方法等进行设计，从而降低了工程造价。

地下式水电站从枢纽布置来看，可分成两类。一类是地下式厂房位于首部枢纽。有些地下式厂房为了缩短高压引水管道，根据地质和防污条件的许可，把厂房向岸边靠近。另一类是地下式厂房位置远离首部枢纽，设在下游尾水出口的部位。这种布置大都属于长洞引水式水电站。地下式水电站特别适宜于在山区峡谷河流修建。中国早在20世纪50年代末已建成流溪河、古田一级电站等地下式水电站，20世纪60年代建成刘家峡、龚咀、白山等大型地下式水电站。其中白山水电站主厂房的硐室规模颇为庞大，其开挖尺寸为长121.5m，宽25m，高54m。地下水电站的布置如图8-6所示。

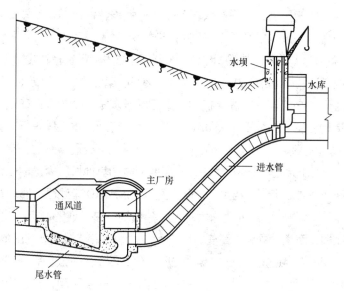

图8-6　地下水电站布置

（二）地下抽水蓄能水电站

地下水力发电站利用的是江河水源，而地下抽水蓄能水电站则是循环使用地下水，具有地上、地下两个水库。供电时，水由地上水库经水轮发电机发电后流入地下水库；供电低峰时，用多余的电力反过来将地下水库的水抽回原地面水库，以便循环使用。

（三）地下核电站

核电站是利用核分裂或核融合反应所释放的能量产生电能的发电厂。目前商业运转中的核能发电厂都是利用核分裂反应发电。核电站一般分为两部分：利用原子核裂变生产蒸汽的核岛（包括反应堆装置和一回路系统）和利用蒸汽发电的常规岛（包括汽轮发电机系统），使用的燃料一般是放射性重金属铀、钚。如果放射性物质释放到外界环境，会对生态环境和人们的生命财产安全造成巨大伤害，因此核电站一般都建在地下。

核电与水电、火电一起构成世界能源的三大支柱，在世界能源结构中占有重要地位。世界上第一座核电站1954年在苏联建成，而中国核电起步相对较晚，自1991年自行设计建造的浙江秦山核电站并网发电以来，共有广东大亚湾、秦山二期、广东岭澳、秦山三期、江苏田湾 6 座核电站 13 台机组先后投入运行。首个在海岛上建设的福建宁德核电站于 2008 年 2 月正式动工。至 2009 年，世界各国核电站总发电量的比例平均为 17%，核发电量超过 30% 的国家和地区至少有 16 个，美国有 104 座核电站在运行，占其总发电量的 20%；法国 59 台核电机组，占其总发电量的 80%；日本有 55 座核电站，占总发电量的 30% 以上。截止 2011 年 3 月底，我国现有的 6 座核电站的装机容量为 1080.8 万 kW，正在建造的共 28 台机组，装机容量为 3087 万 kW，中国已成为世界在建核电机组规模最大的国家。

二、地下工厂

与常规的地上工厂相比，地下工厂有其特有的优势，目前应用最多的是地下污水处理厂、地下垃圾焚烧厂等。

地上污水处理厂、垃圾焚烧厂存在着美观性差、污染性强的弊端，与周围的自然景观很难融合，对市容和市貌会产生较大的负面影响。而修建于地下则有很多优点：

（1）占用空间少。考虑到地下空间和投资的限制，构筑物设计都比较紧凑，技术上也尽量选用占地面积小的处理工艺。此外，地下工厂无需考虑绿化及隔离带等要求，一般占地面积较少，节省空间。

（2）噪声污染小。地下工厂的主要处理设备均处于地下，许多机械的噪声和振动将对地面的建筑和居民基本不产生影响，有效地防止了噪音对周围居民生活与工作的影响。

（3）环境污染小。由于处于地下全封闭管理，可以对处理产生的臭气进行全面的处理，对环境和城市居民生活不产生影响。英国伊斯特本的新奇地下污水处理厂虽然建在繁忙的街道和海滩之间，但未对休斯特本的旅游区自然景观产生任何不利影响。

（4）节省土地资源。由于地下工厂只有部分辅助建筑物建在地面，占用土地资源很少，节省了城市开阔空间，不会使周边土地贬值，对于周边区域的未来发展没有障碍。

含嘉仓，是隋朝在洛阳修建的大型储粮仓库。含嘉仓储粮的窖都在地下，最深为 12m，一般为 7～9m。粮窖口大底小，窖口最大直径为 18m，一般为 10～16m。窖底、窖壁修制得平整、光滑、坚实，再用火烧烤，防止地下水分、湿气上升，最后还要铺设木板、草、糠、席等防潮用品。窖顶为圆锥形，最外层是厚厚的黄泥。整个仓窖防潮、密封、温度又低，能很好的保存粮食。其中一个窖里，存有北宋时放进的 50 万斤谷子，至 1969 年考古发现时大都颗粒完整。

第二节 | 地下仓储建筑

一、地下仓库

地下仓库是修建在地下的贮品建筑物。根据贮品的不同有地下粮库，油品、药品库，地下冷藏库，地下物资仓库，地下燃油、燃气库，地下军械、弹药库等。

我国利用地下仓储粮的历史悠久。早在公元 605 年，隋炀帝杨广便在洛阳兴建"含嘉仓"，翌年迁都洛阳，又在洛口置"兴洛仓"。新中国成立后（20 世纪 60 年代中期），我国由于国力所限，为了解决长期安全储粮和备战备荒的需要，"深挖洞，广积粮"，在研究洛阳"含嘉仓"的基础上，开始建造土体地下仓。在原国家粮食部的支持下，截至 1980 年底，全国有 26 个省、市、自治区建造了地下仓，总仓容达到 180 多万 t；到 2006 年全国地下仓总仓容已发展到 300 多万 t。

地下粮仓以其施工方便、工期较短、见效快、储粮品质稳定的优势，近年来得到了较快的发展。作为绿色储粮的一种理想仓型，其本身良好的隔热性能为安全储粮提供了硬件保障。

二、地下停车场

地下停车场是指建在地下用来停放各种大小机动车辆的建筑物,也称地下车库,在国外一般称为停车场。城市地下停车场宜布置在城市中心区或其他交通繁忙和车辆集中的广场、街道下,使其对改善城市交通起积极作用。地下停车场的分类形式见表8-1。

表 8-1   地下停车场的分类

按建筑形式分	按使用性质分	按运输方式分	按地质条件分
单建式	公共停车场	坡道式	土层中地下车库
附建式	专用停车场	机械式	岩层中地下车库

(一)单建式和附建式地下停车场

单建式地下停车场,如图8-7所示,一般建于城市广场、公园、道路、绿地或空地之下,主要特点是不论其规模大小,对地面上的城市空间和建筑物基本上没有影响,除少量出入口和通风口外,顶部覆土后可以为城市保留开敞空间。

附建式地下停车场,如图8-8所示,是在一些大型公共建筑需要就近建专用停车场而附近又没有足够的空地建设单建式车库时,利用地面高层建筑及其裙房的地下室布置的地下专用停车场。

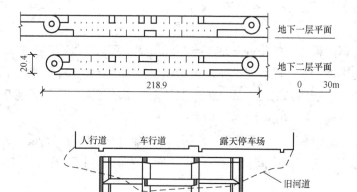

图 8-7 日本大阪市利用旧河道建造的单建式地下停车场

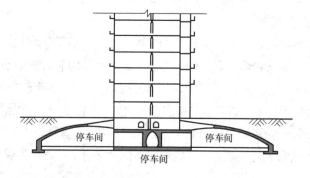

图 8-8 附建在高层住宅楼的地下停车库

(二)坡道式停车场和机械式停车场

坡道式停车场的坡道类型(图8-9)与机械式地下停车场(图8-10)相比,其优点是造价低,运行成本低,能够保证必要的进出车速度,且不受机电设备运行状态的影响。但其用于交通运输使用的面积占整个车场面积的比重较大，不如机械式地下停车场面积利用率高，且通风量大，需要的管理人数较多。

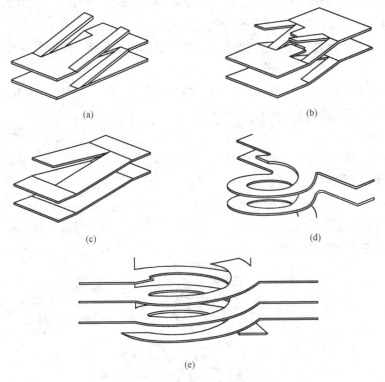

(a)   (b)

(c)   (d)

(e)

图 8-9 停车场坡道的类型

（a）直线长坡道；（b）直线短坡道（错道）；（c）倾斜楼板；

（d）曲线整圆坡道（螺旋形）；（e）曲线半圆坡道

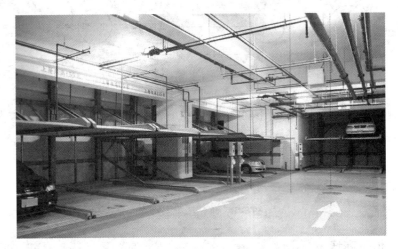

图 8-10 台北中和泰极机械式地下停车场

第三节 | 地 下 民 用 建 筑

地下民用建筑大多为地下综合体，指沿三维空间发展建设的，地面地下连通的，结合交通、商业贮存、娱乐、市政等多用途的大型公共地下建筑。可分为地下街和地下商场。

八重洲地下街，是日本东京著名的地下街。20世纪60年代初为了满足铁路客运量增长的需要，在丸之内车站的另一侧新建八重洲车站，作为主车站，定名为东京站，同时对两个车站附近地区进行立体化再开发，在八重洲站前广场和通往银座方向的八重洲大街的一段，建设了著名的八重洲地下街。

八重洲地下街分两期建成(1963～1965年和1966～1969年)，是日本规模较大的地下街，总建筑面积为7万多 m^2，加上连通的地下室，总建筑面积达到9.6万 m^2。共分三层，左右两侧上层为商场，中层为车库，底层为机房，中部为地下铁道。

一、地下街

地下街的主要功能和作用是缓解由城市繁华地带所带来的土地资源紧缺、交通拥挤、服务设施缺乏的矛盾。它包括的内容较多，由许多不同领域、不同功能的地下空间建筑组合在一起，主要包括以下几个部分：

（1）地下步行道系统，包括出入口、连接通道（地下室、地铁车站）、广场、步行通道、垂直交通设施、步行过街等；

（2）地下营业系统，如商业步行街、文化娱乐步行街、食品店步行街等，可按其使用功能性质进行设计；

（3）地下机动车运行及存放系统，地下街常配置地下快速路及地下停车场，使地面车辆由通道转快速路后通过，也可停放在车库内；

（4）地下街的内部设备系统，包括通风、空调、变配电、供水、排水等设备用房和中央防灾控制室、备用水源、电源用房；

（5）辅助用房，包括管理、办公、仓库、卫生间、休息、接待等房间。

地下街的功能分析如图8-11所示。

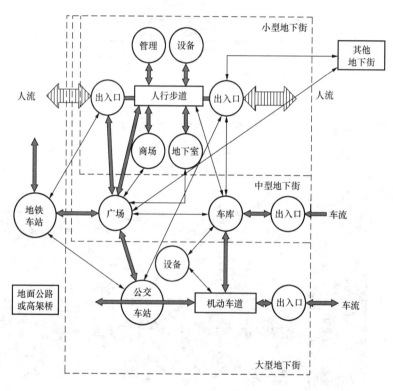

图 8-11 地下街功能分析图

二、地下商场

随着城市化的推进，可用耕地面积的不断减少，人类的活动空间越来越狭窄。要达到既控制城市增长，又增加城市的容量和人类的活动空间，同时减少侵占耕地的目的，开发地下商业空间将成为必然的选择。

加拿大多伦多的伊顿中心是一个庞大的多功能综合商城。说它庞大一点也不过分，多伦多市中心的两个地铁站（Queen站和Dundas站）都涵盖在它的里面。它是游客在多伦多购物的好去处。伊顿中心是一个地面和地下建筑相结合的综合商业建筑（图8-12），并在两头和中间分别建有三座30多层的办公大楼。一个透明过街天桥将伊顿中心和另一个购物天堂哈得森·贝百货公司相贯通，浑然一体，大大拓展了游客的购物空间。

蒙特利尔地下商城始建于 1962 年，是几位发展商为 1967 年世博会提出的构想，依照纽约洛克菲勒购物中心为蓝图，由建筑师 M. I. Pei 负责修建。1966 年蒙特利尔地铁竣工，随后更多的沿地铁站附近的地下综合中心开始修建。其中，位于玛丽亚城广场的购物中心是在地铁站 Bonaventure 修建的第一个地下综合中心，也是占地面积最大的购物中心。共有四层，地下三层，地上一层。用通道将蒙特利尔最古老的地铁站、贝尔中心、商业中心、办公区连接在一起。而玛丽亚城广场部分也成为整个地下商城的中心。

在我国一些大城市里成功经营的地下商城也很多。在北京，中关村广场购物中心是北京市政府规划的八大商业区之一。项目总投资 10 亿元，总建筑面积约 20 万 m^2，很好的集合大型超市、百货店、精品店、便利店、电影院、美食餐饮等不同业态为顾客提供"一站式"的购物及休闲功能，满足区域人口的"综合性购物休闲"需求。北京东方新天地（图 8-13）属于东方广场的一部分，雄踞于北京市中心，坐落于东长安街 1 号之绝佳位置，东方广场总建筑面积达 80 万 m^2，是目前亚洲最大的商业建筑群之一，是真正的北京"城中之城"。东方新天地商场面积达 12 万 m^2，拥有 7 个不同主题的购物区、四季常青的花坛、市中心最大的五彩音乐喷泉以及拥有逾 1800 个停车位的室内停车场。

堪称世界之最的蒙特利尔地下商城，名为 RÉSO，为法语中"网"的谐音。其实地下商城本身就像一张网，将商店、餐馆、影院、办公大楼等连接在一起。据官方统计，该地下商城长约 23km，占地 400 万 m^2，共连接了 10 个地铁站，2 个公共汽车终点站，1200 个办公点，200 个餐馆，40 家银行，40 家影院，2 个大型购物商场，近 2000 家店铺，3 个大型展览楼和其他娱乐场所。此外，奥林匹克公园(Olympic Park)、贝尔中心、蒙特利尔火车站、艺术广场等也都位于这个错综的网上。

图 8-12　多伦多伊顿中心

图 8-13　北京东方新天地

在广州，"动漫星城"总投资高达 6 亿元，总建筑面积约 3.2 万 m^2，地下三层商场，使用面积约 2 万 m^2，停车场面积约 8000m^2。"动漫星城"是经广州市地下铁道总公司与广州天源投资有限公司共同研究决定后，将位于人民公园南广场的广州最大地下商业城建成为"全国首个动漫网游体验基地"。流行前线地处广州市中心，中山三路与校场西路交汇处，为首家与地铁连通的地下商场，开业之初就与地铁一号线烈士陵园站相连。地王广场地下三层，它与流行前线均是年轻人的天堂，是集体验、潮流、实惠于一体的大型地下购物广场。

在上海,沿着地铁一号线的路轨,香港名店街、迪美购物中心等已成为上海地下商业的标杆。

第四节 | 人民防空工程

人民防空工程也称为人防工程或人防工事,是指为保障战时人员与物资掩蔽、人民防空指挥、医疗救护而单独修建的地下防护建筑,以及结合地面建筑修建的战时可用于防空的地下室。人防工程是防备敌人突然袭击,有效地掩蔽人员和物资,保存战争潜力的重要设施;是坚持城镇战斗,长期支持反侵略战争直至胜利的工程保障。

我国城市地下空间开发利用始于防备空袭而建造的人民防空工程。从 1950 年开始,我国人防工程建设从无到有,从小到大,有了很大的发展,取得了很大的成绩。1978 年,第三次全国人防工作会议提出了"平战结合"的人防建设方针,1986 年国家人防委、建设部在厦门联合召开了"全国人防建设与城市建设相结合座谈会",进一步明确了平战结合的主要方向是与城市建设相结合。实行平战结合,与城市建设相结合,使人防工程除战略效益外,充分发挥了社会效益和经济效益,并成为今天以解决城市交通阻塞和缓解城市服务设施紧缺为动因的城市地下空间开发利用的主体。据 2005 年统计,平战结合开发利用的人防工程达数千万 m^2,年产值和营业总额近千亿元。

目前,除北京、天津、上海、广州、深圳等城市建设了地下交通和少量共同沟之外,在我国大多数城市,地下项目主体依然是人防工程。许多城市建设的地下商城和地下商业街,也大都是平战结合人防工程项目。近年来,随着改革开放不断深入和经济社会快速发展,我国城市建设正处于高速发展期。与经济建设相协调、与城市建设相结合,平战结合人防工程建设也实现了跨越式发展,具有如下特点:

一是结合城市广场公园建设修建公用人防工程。目前,北京比较流行的方式是结合绿地公园修建平战结合人防工程,契合环境和资源保护的主题。河南省信阳、驻马店、漯河等中小城市引资建设的平战结合人防项目,都位于城市广场地下。

二是结合城区道路改扩建修建公用人防工程。著名的长沙市黄兴北路地下商业街,就是抓住了黄兴北路打通的机会而修建的。

三是结合大型场馆建设修建公用人防工程。青岛市"五四广场"人防工程就是结合奥运场馆建设而修建的。济南市经十一路地下商业街项目,也是结合省体育中心及周边设施改造而同步建设的。

四是结合地铁建设修建公用人防工程。广州市黄沙区地铁站地下综合体,就与地面广场、汽车站、过街地道等实现了有机组合,将商业、娱乐、人员转乘、掩蔽等多种功能集为一体。

第五节 | 地下空间的开发与利用

21 世纪必将是地下的世纪。有人预测,本世纪末将有三分之一的世界人口工作、生活在地下空间。地下空间作为城市空间资源的重要组成部分,其合理开发和利用是解决城市问题、完善城市功能的重要手段。

城市轨道交通的建设必将大规模、有序化地推进地下空间资源的开发利用。根据预测分析,今后 30~50 年是我国城市轨道交通建设鼎盛时期,在大城市中心区的基本建设模式是"地铁＋轻轨"。地铁建设速度的加快，一方面带动了沿线地域的城市更新改造，与此同时，尤其是地铁站地区的地产、房产和地下空间必将得到充分开发利用。"十二五"期间是我国城市地铁建设与城市建设整合、高效、综合开发利用地下空间资源的重要历史时期。

城市综合防灾建设必将推进地下空间的开发利用。开发利用地下空间，建设人民防空工程是我国的基本国策。根据分析预测，今后相当长的一段时间内，我国必须有计划持续建设人民防空工程。与此同时，必须充分地挖掘各类地下建筑物及地下空间的防护潜能，将战争防御与提高和平时期城市抵御自然灾害的综合防灾抗毁能力相结合，综合、科学、经济、合理、高效地开发利用地下空间资源是我国的发展方向。

城市环境保护和城市绿地建设与地下空间的复合开发将是我国城市地下空间开发利用的新动向。由于我国大城市人均绿地面积普遍很低，城市更新改造过程中，"拆房建绿"是一种基本途径。为了提高绿地土地资源的利用效率，完善该地域的城市功能，充分发挥城市中心的社会、环境和经济效益，"绿地建设与地下空间"的复合开发是一种很好的综合开发模式，已经在北京、上海、大连、深圳等大城市得到很好验证。"复合开发"是我国城市地下空间开发利用的新动向。

小汽车的发展必将带动城市地下车库的建设及地下空间的开发利用。我国大城市个人小汽车拥有量的增长速度将会加快。为了解决城市中心区的公共停车和居住区的个人停车难问题，开发利用地下空间，建设各种类型的地下车库是综合考虑"环境质量、用地难、快速便捷、经济合理、安全管理"等因素的最佳途径，必将成为一种新趋势。

城市基础设施的更新必将推动共同沟的建设与地下空间的开发利用。由于共同沟为各类市政公益管线设施创造了一种"集约化、综合化、廊道化"的铺设环境条件，使道路下部的地层空间资源得到高效利用，使内部管线有一种坚固的结构物保护，使管线的运营与管理能在可靠的监控条件下安全高效地进行。随着城市的不断发展，共同沟内还可提供预留发展空间，确保沿线地域城市可持续发展的需要。尽管一次性投资大，工期较长，但是，在我国的一些特大城市，尤其是城市发展定位为"国际化大都市"目标的一些城市将会优先发展区域共同沟。北京、上海、深圳等城市的建设经验是很好的例证。

城市地下空间的大规模开发利用必将加快相关政策、法规建设的步伐。根据国外经验，随着地铁、地下街、地下车库、共同沟、平战结合人防工程等各类地下空间设施的大量兴建，相关政策和法规必将先行，一方面起引导作用，另一方面将会更好地规范行为，提高效益，减少资源浪费。

城市地下空间开发利用与管理的相关科学技术将会得到飞速发展。"十二五"期间，我国将进一步实施"城市化、西部大开发、科教兴国"等战略，浅层地下空间将会在东部沿海经济发达的大城市首先得到充分地开发利用，并逐步西移。与此同时北京、上海、广州、深圳等城市，由于地铁一期、二期、三期工程的相继建成，在大型地铁换乘枢纽地区，随着地铁车站及相邻设施的大型化、深层化、综合化、复杂化趋势，势必促进地下空间技术的创新和进步。尤其在地下勘察技术、规划设计技术、工程建设技术（新工法、新机械、新材料）、环境保护技术、安全防灾与管理技术等方面将会得到快速发展。引进、消化、吸收国外先进成熟科技，进行本土化改造和创新是一条多快好省的优选道路。

第九章　土木工程的配套工程

随着科技发展和物质文化生活水平的提高，人们对房屋建筑的要求也越来越高，要求建筑能够具有卫生、安全、舒适和便捷的服务功能，因此在建筑内设置完善的给水排水、采暖通风以及建筑电气等配套工程有着重要的意义和作用。作为现代城市的艺术作品——房屋建筑是建筑、结构和配套工程的结合，只有通过配套工程向建筑不断地提供能量，建筑物才具有生命力。

第一节｜城市给水排水工程

城市给水排水工程是城市重要的基础设施，是衡量城市建设发展水平的一个重要方面，其任务是为生活和生产提供符合相应水质标准的水，同时将使用后的污、废水汇集并输送到适当地点，进行处理达到标准后排放。

一、城市给水工程

城市给水工程是为满足城乡居民生活及工业生产等用水需要而建造的工程设施。它的任务是自水源取水，并将其净化到所要求的水质标准后，经输配水系统送往用户，从而解决城市区域供水问题。

（一）城市给水工程组成

城市给水工程一般由水源、取水工程、净水工程、输配水工程及泵站等组成。

（1）水源。城市给水水源可分为两大类：一类是地表水，如江、河、湖泊、水库及海水等；另一类是地下水，如井水、泉水等。通常情况下，地下水的水质条件优于地表水，因此饮用水水源应优先考虑地下水。但地下水开采如不合理，会引起区域地下水位下降，造成地面沉降和水质恶化等公害。

（2）取水工程。地下水取水构筑物的形式与地下水埋深、含水层厚度等水文地质条件有关，有管井、大口井、渗渠等形式。地表水取水构筑物形式与河床地质条件、航运等有关，有河床固定式取水、浮船活动式取水等形式。

（3）净水工程。地表水的处理工艺主要包括沉淀、过滤及消毒三个部分。地下水如水质条件好，一般只需消毒即可，当铁、锰含量超标时，应考虑除铁除锰。经处理后供于生活用水的水质应满足《生活饮用水卫生标准》。

（4）输配水工程。包括输水管道、配水管网、调节构筑物等，其作用是将净水厂处理后符合要求的水送至用户。在输配水的过程中，当用户用水和供水出现供需矛盾时，可利用水池、水塔或水箱等调节构筑物进行调节。

（5）泵站。泵站的作用是保证给水系统正常运行的关键，是完成水的提升、输送的动力来源。可分为深井泵站（仅用于地下水源）、一泵站、二泵站、中途泵站等。

地下水，是存在于地壳岩石裂缝或土壤空隙中的水。广泛埋藏于地表以下的各种状态的水，统称为地下水。大气降水是地下水的主要来源。

根据地下埋藏条件的不同，地下水可分为上层滞水、潜水和自流水三大类。

《生活饮用水卫生标准》，是从保护人群身体健康和保证人类生活质量出发，对饮用水中与人群健康相关的各种因素（物理、化学和生物），以法律形式做出量值规定，以及为实现量值所作的有关行为规范的规定，经国家有关部门批准，以一定形式发布的法定卫生标准。

生活饮用水水质标准和卫生三项基本要求

（1）为防止介水传染病的发生和传播，要求生活饮用水不含病原微生物。

（2）水中所含化学物质及放射性物质不得对人体健康产生危害，要求水中的化学物质及放射性物质不引起急性和慢性中毒及潜在的远期危害（致癌、致畸、致突变作用）。

（3）水的感官性状是人们对饮用水的直观感觉，是评价水质的重要依据。生活饮用水必须确保感官良好，为人们所乐于饮用。

（6）调节设施。包括清水池、水塔、高地水池、屋顶水箱，作用是调节取水、净水与用水之间的数量差异，储备事故及消防用水。

（二）城市给水系统种类

城市给水系统的选择要根据地形条件、水源情况、用户的要求，结合原有给水系统设施条件，综合考虑通过技术经济比较确定。概括起来城市的给水系统主要有以下几种：

（1）统一给水系统。当城市给水系统的水质，均按生活用水标准统一供应各类建筑作生活、生产、消防用水，则称此类给水系统为统一给水系统。统一给水系统适用于新建的中小城市、工业区或大型厂矿企业中，用户较集中、地形较平坦且对水质、水压要求也比较接近的情况，其特点是造价低，运行费用高。

（2）分质给水系统。当一座城市或大型厂矿企业的用水，因生产对水质要求不同，特别对用水大户，其对水质的要求低于生活用水标准，则适宜采用分质给水系统。分质给水系统的优点显然是因分质供水节省了净水运行费用，缺点是需要设置两套净水设施和两套管网，管理工作复杂。

（3）分压给水系统。当城市或大型厂矿企业用水户要求水压差别很大时，采用分压给水系统是很合适的。根据高、低压供水范围和压差值由泵站水泵组合完成。采用分压给水系统会导致泵站数目增多，但输水管及管网供水安全性好，节省电费。

（4）分区给水系统。分区给水系统是将整个系统分成几个区，各区之间采取适当的联系，而每区有单独的泵站和管网。采用分区系统技术是为使管网的水压不超过水管能承受的压力。一次加压往往使管网的压力过高，经过分区后，各区水管承受的压力下降，并使漏水量减少。分区给水系统多用于面积比较辽阔、地形有明显高低分区变化、城市规划功能划分明确、具有分期建设条件的大、中城市。如上海浦东新区和浦西地区采用了这种给水系统。

（5）循环和循序给水系统。循环系统是指使用过的水经过处理后循环使用，只从水源取得少量循环时损耗的水，是一种节水给水系统。循序系统是在车间之间或工厂之间，根据水质重复利用的原理，水源水先在某车间或工厂使用，用过的水又到其他车间或工厂应用，或经冷却、沉淀等处理后再循序使用。

（6）区域给水系统。这是一种统一从沿河城市的上游取水，经水质净化后，用输、配管道送给沿该河诸多城市使用，是一种区域性供水系统。这种系统因水源免受城市排水污染，水源水质是稳定的，但开发投资较大。

（7）中水系统。中水即再生水，是指污水经适当处理后，达到一定的水质指标，满足某种使用要求，可以进行有益使用的水。和海水淡化、跨流域调水相比，再生水具有明显的优势。从经济的角度看，再生水的成本最低。从环保的角度看，污水再生利用有助于改善生态环境，实现水生态的良性循环。中水系统是指将各类使用过的排水，经处理后达到中水水质的要求，而回用于厕所便器冲洗、绿化、洗车、清扫等各用水点的一整套工程设施。按规模，中水系统的可分为建筑中水系统、小区中水系统以及城镇中水系统。中水系统的组成包括中水原水系统、中水处理系统以及中水供水系统。

中水的合理利用不但有很好的经济效益，而且其社会和生态效益也是巨大的。首先，随着城市自来水价格的提高，中水运行成本的进一步降低，以及回用水量的增大，

中水系统按照其服务的范围不同分类
（1）建筑物中水系统；
（2）小区中水系统；
（3）城镇中水系统。

中水系统组成的一般分类
（1）中水原水系统；
（2）中水处理系统；
（3）中水供水系统。

城市污水处理厂

日本"首都圈外围排水系统"，由内径 10m 左右的下水道将 5 条深约 70m、内径约 30m 的大型竖井连接起来，前 4 个竖井里导入的洪水通过下水道流入最后一个竖井，集中到由 59 根高 18m、重 500t 的大柱子撑起的长 177m、宽 78m 的巨大蓄水池——"调压水槽"，最后通过 4 台大功率的抽水泵，排入日本一级大河流江户川，最终汇入东京湾，全长 6.3km。

经济效益将会越来越突出；其次，中水合理利用能维持生态平衡，有效的保护水资源，改变传统的"开采—利用—排放"开采模式，实现水资源的良性循环，并对城市的水资源紧缺状况起到了积极的缓解作用，具有长远的社会效益；第三，再生水合理利用的生态效益体现在不但可以清除废水污水对城市环境的不利影响，而且可以进一步净化环境，美化环境。

（三）城市给水系统规划设计概要

城市给水系统要持续不断地向城市供应数量充足、质量合格的水，以满足城市居民日常生活、生产、消防等方面的需要。因此，必须对给水系统进行周密的规划和设计。城市给水系统的布置受城市规划、水源、城市地形等诸多因素的影响。其规划主要内容包括：估算城市用水量、确定水源和水处理方法、选定水厂位置、进行输水管渠和配水管网的布置等。制订规划时，要考虑分期建设的可能性，为城市远期发展留有足够的余地，合理利用已有的给水设施，防止盲目开采。

给水管网的布置要求在满足供水安全的前提下，投资最小。常用的形式有枝型和网型。枝型比网型管网的造价低，但是供水可靠性远低于网型。所以现在的供水管网一般都规定采用网型，但地处城市边缘的个别人口稀疏地块仍可采用枝型。给水管道一般按城市规划道路定线，但尽量避免在高级路面或重要道路下通过，与其他管线和建筑物的净距应符合有关规定。供水管材可以采用钢筋混凝土管、铸铁管、钢管和聚氯乙烯管（PVC）等。钢筋混凝土管的管径一般在 600～1500mm 之间，可以作为输水干管。铸铁管的管径一般在 250～800mm 之间，为供水管网中的主要管线。其余管材的管径可大可小，且抗震性能优于前两种传统管线，是未来管材的发展方向。

二、城市排水系统

城市排水系统，是处理和排除城市污水和雨水的工程设施系统，是城市公用设施的重要组成部分，在整个水污染控制和水生态环境保护体系中扮演着一个重要角色。

（一）城市排水系统组成

城市排水系统由庭院和街道下的排水管网、污水处理厂和排出口等组成，当管道埋深过大或污水不能靠自重流入排水管网时，还需要设置污水泵站。

（1）排水管网。排水管网分布在庭院和街道下，收集输送来自于建筑内的污废水，管网上的附属构筑物有检查井、雨水井、跌水井、倒虹管等。

检查井的功能是便于清通管道堵塞物，所以一般在管道交汇、转弯、管道尺寸变化、管道坡度改变处、跌水处以及直线段相距一定距离处都应设置排水检查井。

雨水井是分流制雨水管道或合流制管道上收集雨水的构筑物，一般设于道路交叉路口边侧，或直线道路适当距离边侧，或边侧低洼处。雨水经雨水口流进与其连通的连接管后进入排水管道。

跌水井是设在排水管道的高程突然下落处的窨井。在井中，上游水流从高处落向低处，然后流走，故称跌水井。同普通窨井相比，跌水井需消除跌水的能量。

倒虹管是管道遇到河道、铁路等障碍物，不能按原有高程埋设，而从障碍物下面绕过时采用的一种倒虹形管段。

（2）污水处理厂。城市污水处理厂主要是利用生物的方法降低污水中有机物的含量，使污水达到允许排放的标准，以减小对水体、环境的破坏。污水处理厂厂址选择一般应位于城镇水体的下游，为避免气味对居住区的影响应设置一定隔离带，并设在主导风向的下方。

处理厂由处理构筑物（主要是池式构筑物）和附属建筑物组成，常附有必要的道路系统、照明系统、给水系统、排水系统、供电系统、电信系统和绿化场地。处理构筑物之间用管道或明渠连接。

（3）排出口。为使污水和水体混合较好，排水出水口一般采用淹没式出流，雨水一般采用跌水式出流。

（4）污水泵站。是设置于污水管道系统中，用以抽升城市污水的泵站。作用是提升污水的高程，因为污水管不像给水管（自来水），是没有压力的，靠污水自身的重力自流的，由于城市截污网管收集的污水面积较广，离污水处理厂距离较远。不可能将管道埋得很深，所以需要设置泵站，提升污水的高程。

（二）城市排水系统体制

城市污水按来源不同分为生活污水、工业废水和降水三类。上述三类污水是用一个管道系统排除，还是采用两个或两个以上各自独立的管道系统排除，称为排水体制。排水体制一般可分为合流制和分流制。

（1）合流制。将生活污水、工业废水和雨水混合在一个管渠内排除的系统称为合流制排水系统。合流制排水管道系统包括两种形式：直排式合流制和截流式合流制。直排式合流制是管渠系统的布置就近坡向水体，分若干个排水口，混合的污水不经处理和利用直接就近排入水体。这种排水系统对水体污染严重，但管渠造价低，又不进污水处理厂，所以投资省。这种体制多在城市建设早期使用，不少老城区都采用这种方式。因其所造成的污染危害很大，目前一般不宜采用。截流式合流制排水系统是在同一管渠内输送多种混合污水，集中到污水处理厂处理，从而消除了晴天时城市污水及初期雨水对水体的污染，在一定程度上满足环境保护方面的要求。另外，该类系统还具有管线单一、管渠的总长度小等优点。因此在节省投资、管道施工等方面较为有利。

（2）分流制。将生活污水、生产废水和雨水分别在两种以上管道系统内排放的系统称为分流制排水系统。在新建城市中大多采用分流制系统，城市生活污水或工业废水全部送到污水处理厂处理后排放，雨水采用独立的雨水排水系统直接排放到水体中，符合城市卫生的要求，在国内外获得了较广泛的应用。排除生活污水、工业废水或城市污水的系统称为污水排水系统；排除雨水的系统称为雨水排水系统。由于排除雨水的方式不同，分流制排水系统又分为完全分流制、不完全分流制和半分流制三种。完全分流制排水系统既有污水排水系统，又有雨水排水系统。生活污水、工业废水通过污水排水系统排至污水处理厂，经过处理后排入水体；雨水则通过雨水排水系统直接排入水体。不完全分流制排水系统只设污水排水系统，没有完整的雨水排水系统，各种污水通过污水排水系统送至污水处理厂，经过处理后排入水体；雨水则通过地面漫流进入不成系统的明渠或小河，然后进入较大的水体。半分流制（又称截留式分流制）排水系统既有污水排水系统，又有雨水排水系统。之所以称为半分流是因为它在雨水干管上设雨水跳越井，可截留初期雨水和街道地面冲洗废水进入污水管道。雨水干管流量不大时，雨水和污水一起引入污水处理厂；雨水干管的流量超过截留量时，跳越截留管道经过雨水出流干管排入水体。

（三）城市排水系统规划设计概要

排水工程是城市和工业企业基本建设的重要组成部分，同时也是控制水污染、改善和保护水环境的重要措施。排水工程规划应符合区域规划及城市整体规划，如选择

故宫的排水系统，为明清时期修建的排水明沟和暗沟，以及新中国成立后修建的污水管线。历经将近 600 年，许多地下管网仍在发挥重要作用。通过纵横交错的明沟暗渠，雨水很快可以流走。无论多大的雨，在故宫内也不会发生积水现象。

怎样的排水体制，对污水集中处理或分散处理，其处理程度和流程如何，同时考虑污水的再生利用和污泥的合理处置等，应做好全面规划，同时按近期设计并考虑远期发展扩建的可能。

排水管道宜沿规划道路敷设，如人行道、绿化带或慢车道上，且通常布置在污水量大、管线少的一侧，尽量避开快车道。排水管道尽量采用重力流，当局部埋深过大时应考虑设置中途泵站以减少工程造价。

第二节｜建 筑 给 水 排 水 系 统

建筑物的给水排水系统是建筑物重要的附属功能。建筑给水系统是为工业和民用建筑物内部和居住小区范围内生活设施和生产设备提供生产、生活和消防用水等设施的总称；建筑排水系统是排放建筑内部和居住小区范围内产生的生活污水、生产废水以及雨水等设施的总称。

一、建筑给水系统

建筑给水系统的作用是从室外给水管道取水，在满足用户对水质、水量、水压要求的同时，将水送到各个用水点。建筑内部给水系统根据供水用途不同，可分为生活给水系统、生产给水系统和消防给水系统。建筑给水的设计内容包括：用水量的估计、室内供水方式的选择、布管方式的选择、管径设计等。

（一）生活给水系统

为民用建筑和工业建筑内的饮用、盥洗、洗涤、淋浴等日常生活用水所设的给水系统称为生活给水系统，其水质必须满足国家规定的饮用水水质标准。

1. 系统组成

生活给水系统一般由引入管、水表节点、给水管道、给水附件、升压和贮水设备等组成，如图9-1所示。引入管又称进户管，是市政给水管网和建筑内部给水管网之间的连接管道。它的作用是从市政给水管网引水至建筑内部给水管网。水表节点是指引入管上装设的水表及其前后设置的阀门及泄水装置等的总称。给水管网指建筑内给水水平干管、立管和支管。常用管材有塑料管、复合管和金属管。塑料管因其管壁光滑、耐腐蚀、价格低等优点，广泛地应用在建筑给水系统中，如聚丙烯管（PP-R）、交联聚乙烯管（PE-X）等。给水装置和附件即配水龙头、消火栓、喷头与各类阀门（控制阀、减压阀、止回阀等）。当室外给水管网的水压、水量不能满足建筑给水要求或要求供水压力稳定、确保供水安全可靠时，应根据需要在给水系统中设置水泵、气压给水设备和水池、水箱等增压、储水设备。

2. 供水方式

建筑的供水方式有：

（1）直接给水：当室外管网水压任何时候都满足建筑内部用水要求时，可采用直接给水方式。

（2）单设水箱供水：当室外管网大部分时间能满足用水要求，仅高峰时期不能满足，或建筑内要求水压稳定，并且建筑具备设置高位水箱的条件，可采用单设水箱供水方式。

（3）水泵水箱联合供水：当建筑的用水可靠性要求高，室外管网水量、水压经常不足，且室外管网不允许直接抽水；或室内用水量较大，室外管网不能保证建筑的高峰用水；或者室内消防设备要求储备一定容积的水量，可采用水泵水箱联合供水。

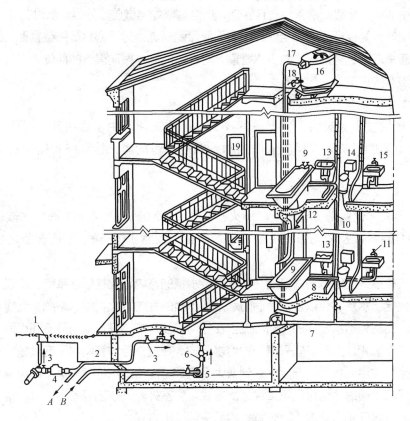

消火栓

图 9-1　建筑内部生活给水系统组成

1—阀门井；2—引入管；3—闸阀；4—水表；5—水泵；6—逆止阀；7—干管；8—支管；9—浴盆；10—立管；

11—水龙头；12—淋浴器；13—洗脸盆；14—大便器；15—洗涤盆；16—水箱；

17—进水管；18—出水管；19—消火栓；A—入储水池；B—来自储水池

（4）分区供水：建筑物层数较多或高度较大时，若室外管网的水压只能满足较低楼层的用水要求，而不能满足较高楼层用水要求，宜采用分区供水方式。在高层建筑中应采取竖向分区的原则是，一般以 8～10 层作为一个供水分区，主要有分区并联、分区串联和减压水阀（箱）的供水方式。

3. 给水管网的铺设原则

给水管网在室外的铺设宜布置成环状，且与市政给水管的连接管不少于 2 条。埋地管道宜平行于建筑物敷设在人行道、慢车道或草地下，与建筑物净距不宜小于 1m，与其他管道的净距应符合要求。室外管道要考虑车辆荷载及冰冻的因素。引入管穿越承重墙或基础时，应预留洞口。

给水管网在建筑物内敷设的按其水平干管位置不同，可分为上行下给式和下行上给式。上行下给式是给水横干管位于配水管网的上部，通过连接的立管向下给水的方式。下行上给式是给水横干管位于配水管网的下部，通过连接的立管向上给水的方式。室内给水管网宜采用枝状布置单向供水，尽可能沿墙、梁、柱直线敷设，管路力求简短、节省管材。铺设时应注意不得穿越变配电间、电梯机房、通信机房、大中型计算机房及网络中心等遇水会损坏设备和引发事故的房间；不得布置在遇水能引起爆炸、燃烧或损坏的原料、产品和设备上面，并避免在生产设备的上方通过；不得敷设在烟道、风道、电梯井、排水沟内；不得穿过大、小便槽等。同时要保证管道与周围要有

玻璃球洒水喷头
工作流成

一定的空间便于维修。管道在建筑空间敷设时，必须采取固定措施，如支架、管卡、托架和吊环等。除镀锌钢管与塑料管外，其他管道均需做防腐处理。敷设在 0° 以下的管道和设备，为保证冬季安全使用，应采取保温措施。对于容易产生结露现象的管道和设备应采取防结露措施。对供水管道、附件可能产生振动噪音的部位应采取措施，以缩小噪声的扩散。

（二）建筑消防给水系统

建筑物发生火灾会造成严重的损失，因此在建筑中设置完善的消防给水系统有着重要的意义。常用的消防给水系统主要包括消火栓系统和自动喷水灭火系统。

1. 消火栓系统

室内消火栓系统主要由室内消火栓、水带、水枪、消防卷盘（消防水喉设备）、水泵接合器，以及消防管道（进户管、干管、立管）、水箱、增压设备、水源等组成。

消火栓系统的给水方式包括：无水泵、水箱的室内消火栓给水系统，仅设水箱的室内消火栓给水系统，以及设有消防水泵和水箱的室内消火栓给水系统。当建筑物高度不大，而室外给水管网的压力和流量在任何时候均能够满足室内最不利点消火栓所需的设计流量和压力时，宜采第一种给水方式。在室外给水管网水压变化较大的情况下，而且在生活用水和生产用水达到最大，室外管网不能保证室内最不利点消火栓所需的水压和水量时，可采用第二种给水方式。当室外管网水压经常不能满足室内消火栓给水系统水压和水量要求时，宜采用第三种给水方式。

2. 自动喷灭系统

自动喷灭系统由洒水喷头、报警阀组、水流报警装置（水流指示器或压力开关）以及管道、供水设施组成，是一种在火灾发生时能自动打开喷头喷水灭火并同时发出火警信号的消防灭火设施。在人员密集、不易疏散、外部增援或救生困难、建筑性质重要或火灾危险性大的场所应采用自动喷水灭火系统。

根据喷头形式不同可分为闭式系统和开式系统。闭式喷头是由感温元件控制开启的喷头，它在火灾的热气流中能自动启动，常用的有易熔金属片和爆炸玻璃瓶两种形式。开式喷头无感温元件也无密封组件，喷水动作由阀门控制。闭式系统采用闭式喷头，根据管道内是否充水分为湿式系统、干式系统、预作用系统等；开式系统采用开式喷头，工程上常用的开式喷头有开启式、水幕式及喷雾式等。

报警阀组是自动喷灭消防系统中的重要组件，它在系统中起到启动系统、确保灭火用水通畅、发出警报信号的关键作用。不同类型的喷灭系统要与相应的报警阀组类型匹配。

二、建筑排水系统

建筑排水系统的任务，就是把室内的生活污水、工业废水和屋面雨水、雪水等，及时畅通无阻的排至室外排水管网或处理构筑物，从而为人们提供良好的生活、生产、工作和学习环境。

（一）室内排水系统

1. 系统组成

室内排水系统由卫生器具、排水管道、通气管道、清通设备、局部处理构筑物及抽升设备组成，如图 9-2 所示。卫生器具是接纳人们在日常生活中产生的污（废）水或污物的装置。排水管道负责收集输送污废水，建筑排水系统常用的管材为塑料管（UPVC）和排水铸铁管。在考虑美观性时，卫生器具的排水短管可选用不锈钢管。通气系统是用于保证系统压力稳定、防止水封破坏、减少噪声而设置的管道，如伸顶通气等。清通设备是用于疏通排水管道而设置的排水附件，主要包括检查口、清扫口和检查井。处理构筑物主要包括化粪池、隔油池和降温池。化粪池的作用是去除生活污水中的部分有机物。隔油池是对含油脂的污水进行分隔、拦集。降温池是对超过40℃的污水进行降温处理的小型处理构筑物。当建筑内的排水不能靠自重排入室外管网，还需设置局部的抽升装置。

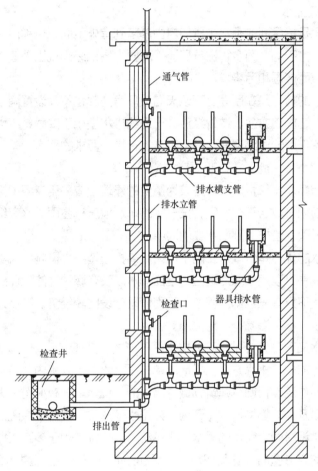

图 9-2　建筑内部生活排水系统组成

2．排水方式

建筑内部排水方式也可分为合流制和分流制。如建筑内部的生产与生活污水可直接向市政污水排放系统排放，则可采用合流制的排水方式。绝大多数室内排水都是采用合流制的排水方式。有部分工业建筑，其排放的工业废水不能与生活废水混合直接排入市政管网，则需要考虑采用分流制排放方式。

3．排水管道布置敷设

排水管道所排放的污水中含有大量的悬浮物、杂质，易造成管道堵塞，因此管道在布置时应遵循如下原则：保证管道系统具有最佳的水力条件，即排水管道布置应力求简短、少拐弯或不拐弯以避免堵塞；管道的布置不能影响建筑空间的使用，不能布置在遇水会引起原料、产品或设备损坏的地方，且排水管不宜穿过卧室、客厅、餐厅，并不得敷设在贵重物品储藏室、变配电室和通风小室等建筑空间及炉灶上方；同时便于安装和检修，并保证美观；管道不穿风道、烟道、建筑物的沉降缝、伸缩缝、重载地段和重型设备的基础下方，如果必需穿越时，要有切实的保护措施；室外管道埋深要符合冰冻和覆土厚度要求。

（二）屋面雨水排水系统

建筑屋面雨水排水系统的功能是能够迅速及时地将屋面雨水或融化的雪水排至室外雨水管渠或地面。屋面雨水的排放方式可分为无组织排水和有组织排水两种方式。在建筑设计中，需要根据建筑结构形式、气候条件和使用要求在经济合理情况下选择合理的排水方式。

1. 无组织排水

无组织排水是指屋面的雨水由檐口自由滴落到室外地面，也称自由落水。这种排水方式不需要设置天沟、雨水管进行导流，而要求屋檐必须挑出外墙面，以防屋面雨水顺外墙面漫流而浇湿和污染墙体。

无组织排水的特点是在屋面上不设天沟，厂房内部也不需设置雨水管及地下雨水管网，构造简单、施工方便、造价经济。无组织排水适用于降雨量不大地区，檐高较低的单跨或多跨厂房的边跨屋面，以及工艺上有特殊要求的厂房。

2. 有组织排水

当建筑物较高、年降水量较大或较为重要的建筑，应采用有组织排水方式。有组织排水是将屋面划分成若干排水区，按一定的排水坡度把屋面雨水有组织地排到檐沟或雨水口，通过雨水管排泄到散水或明沟中。

有组织排水的优点是可以防止雨水自由溅落打湿墙身，影响建筑美观。它的应用十分广泛，尤其是可以用于寒冷地区的屋面排水以及有腐蚀性的工业建筑中。采用这种系统时，街道下只有一条排水管道，因而管网建设比较经济。缺点是它增加了建筑成本，构造复杂，不易渗漏，不易检修。

有组织排水又可分为外排水和内排水两种形式（图 9-3）。外排水是指雨水管装在建筑外墙以外的一种排水方案，构造简单，雨水管不进入室内，有利于室内美观和减少渗漏，使用广泛。目前在建筑领域中常见的外排水形式有檐沟（天沟）外排水、女儿墙外排水以及女儿墙挑檐沟（天沟）外排水等形式。内排水系统是指屋面设有雨水斗，室内排水设有雨水管道的雨水排水系统。该系统常用于多跨工业厂房，及屋面设天沟有困难的壳形屋面、锯齿形屋面、有天窗的厂房。建筑立面要求高的高层建筑、大屋面建筑和寒冷地区的建筑，不允许在外墙设置雨水立管时，也应考虑采用内排水形式。

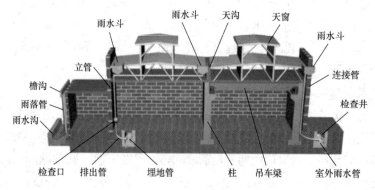

图 9-3 建筑有组织排水系统

第三节｜建筑采暖与通风

采暖、通风和空调系统是建筑物的重要配套设施，它们可为人们的生产活动和生活提供更为舒适的环境，使建筑物的功能得到进一步的完善。

一、采暖系统

在我国北方地区，冬季气温普遍较低。为了维持建筑物室内适宜的温度，需要对建筑物配置采暖系统。

采暖系统按热媒不同可分为热水采暖系统和蒸汽采暖系统，根据系统循环动力不同，可分为自然循环系统和机械循环系统。采暖系统一般主要由热源、供热管道和散热设备三部分组成（图9-4）。

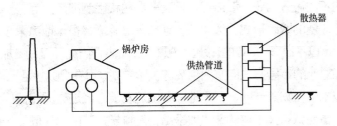

图9-4　采暖系统组成示意图

（一）热源

热源是将热媒进行加热的设备。最常见的热源是锅炉，锅炉本体主要由"炉"和"锅"组成，在炉中完成燃料的燃烧过程，在锅中完成热媒的热交换过程。锅炉按燃料不同，有燃油锅炉、燃煤锅炉；按产生热媒不同，有蒸汽锅炉、热水锅炉；按压力不同，可分为高压锅炉、低压锅炉。为使燃料燃烧充分、提高热的利用率，还有蒸汽过热器、省煤器、空气预热器和仪表附件等设备，及保证锅炉安全可靠、高效运行的水泵、风机、水处理等辅助设备。

锅炉所在的建筑称为锅炉房。锅炉房位置应配合建筑总图合理安排，并应符合国家卫生标准、建筑设计防火规范及安全规程中的有关规定，同时考虑以下要求：锅炉房应靠近热负荷中心或建筑中央以减少供暖半径，并利于热力管道的布置；便于燃料储运和灰渣的排除，有利于减少烟尘和有害气体对环境的污染；常年运行的锅炉，应设在总体最小频率风向的上风向，冬季运行锅炉应设在冬季主导风向的下风向，有利于自然通风和采光。

（二）输热管道

输热管道的作用是将热媒从锅炉房输送至用户。按其敷设位置不同可分为室外和室内供热管道两种。室外输热管道的平面布置，应在保证供热管道安全可靠运行的前提下，尽量节约投资。其布置形式分为树枝状和环状两种。树枝状的优点是造价低、运行管理方便。缺点是当局部出现故障时，其后的用户供热被停止。环状虽可避免树枝状的缺点，但是投资大，一般较少采用。室外供热管道的敷设形式分为地上（架空）和地下两种。室内输热管道可分干管和支管。干管通常采用焊接钢管，支管可以采用焊接钢管、耐热塑料管或复合管。室内管道在布置敷设中要使系统结构简单、节省管材、便于调节和排除系统空气，同时要便于维护管理，不影响房间的美观。

地热采暖管施工

　　输热管道最突出的特点就是由于温度变化所引起的管道热胀和冷缩。安装时管道的温度为常温，初次运行（输送热媒）时，由于温度陡然升高，管道将急剧地伸长，停止运行时，随着温度的下降管道也渐渐向回收缩。管道热胀冷缩时，将对其两端固定点产生很大的推（拉）应力，使管道产生变形甚至支架破坏。因此，安装供热管道时应采取措施（设置补偿器），消除由于温度变化而产生的推拉应力。对于蒸汽管道，除热胀冷缩之外，还有另一特点：蒸汽在输送途中，由于散热等原因将产生凝结水。蒸汽管道内的凝结水，对于系统的正常运行极为不利，它不仅使蒸汽的品质变坏，而且会阻碍蒸汽的正常流通，产生水击和噪声等。因此，安装蒸汽管道时应采取措施（设置疏水和排除凝结水的装置），及时将产生的凝结水排出。

　　（三）采暖系统的散热形式

　　目前，常用散热形式包括散热器散热和地热散热两种形式。散热器又称暖气散热片，按材质的不同可分为铸铁散热器、钢制散热器和铝制散热片等。一直以来，散热片是应用最为广泛的取暖形式。近年来，地热采暖逐渐增多。地热采暖全称为低温地板辐射采暖，是以不高于60℃的热水为热媒，在加热管内循环流动，加热地板，通过地面以辐射和对流的传导方式向室内供热的供暖方式。早在20世纪70年代，低温地板辐射采暖技术就在欧美、韩、日等地得到迅速发展，经过时间和使用验证，低温地板辐射采暖节省能源，技术成熟，热效率高，是科学、节能、保健的一种采暖方式。目前，地热采暖已经占据了相当大的比例。

　　二、通风

　　所谓通风即换气，就是把室内被污染的空气排到室外，同时把室外新鲜的空气输送到室内的过程。

　　（一）通风系统分类

　　通风系统按空气流动的作用动力不同，可分为自然通风和机械通风。自然通风是风压或热压使室内外空气进行交换的通风方法，在建筑中广泛采用（图9-5和图9-6）。

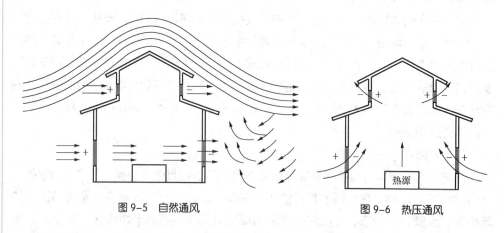

图9-5　自然通风　　　　　　　图9-6　热压通风

　　当自然通风不满足要求时采用机械通风。机械通风根据空气流动方向不同，可分为机械送风和机械排风。根据通风范围大小分为局部通风、全面通风。局部通风是利用局部气流使局部工作地点的空气环境保持良好，不受有害物污染，并可避免污染物向室内扩散。局部通风不满足要求的情况下选择全面通风换气。

　　（二）通风系统常用设备

　　通风系统常用的设备包括室外排风装置、风道以及风机等。

1. 室外进排风装置

室外进风装置是通风和空调系统采集新鲜空气的入口，应选择在空气较为洁净的地点，且设在排风口的上风向。

室外排风装置的任务是将室内污染的空气直接排到大气中，当设在屋面上时，排风口应高出屋面 1.0m 以上，出口处应设置风帽或百叶。

2. 风道

风道的作用是输送空气。制作风道的常用材料有薄钢板、不锈钢板、铝板、塑料板等，结构风道可使用混凝土、钢筋混凝土、砖石等建筑材料砌筑。大多数建筑中，为便于与建筑结构配合及减少对空间的占用多采用矩形风道，其适宜的宽高比一般为 3.0 以下；圆形风道强度大、阻力小、用料省，多用于小管径的除尘或高速通风系统中。

3. 室内送排风装置

室内送风口是送风系统的末端，最简单的形式是直接在风道上开设孔口；也可在送风口上设置插板用以调节送风量；对于布置在墙内或者暗装的风道可在墙壁上用百叶送风口送风。

室内排风口是排风系统的始端，被污染的空气经过排风口进入排风道内。室内排风口通常采用单层百叶的形式或在水平排风道直接开口。一般选择在污染物浓度最高的地方设置。

4. 风机

风机的作用是为空气流动提供动力。离心式风机和轴流式风机是通风系统中最常用的两种风机，二者都属于叶轮机。近年来随着空调技术的发展，贯流式风机的使用逐步广泛。

风道

风机

第四节 | 建 筑 电 气

利用电工学和电子学的理论和技术，在建筑物内部人为地创造并保持理想的环境，使建筑物功能得以充分发挥的所有电工、电子设备及相关系统，统称为建筑电气。电能从生产到使用，由供配电系统和建筑用电系统组成。供配电系统负责电能的生产、输送、分配。建筑用电系统则根据用电负荷种类不同分为动力用电、电热用电、照明用电和智能用电等。

一、建筑供配电系统

（一）供配电系统

由发电厂的发电机、升压及降压设备、电力网及电能用户（用电设备）组成的系统称为电力系统。发电厂和用电地区往往相距较远，为了减少输电损耗，通常将发电机产生的电能升压到 35～500kV，通过超高压输电网送往城市或工业地区，然后通过逐级降压分配到工厂或其他民用区域。

民用建筑根据建筑物的重要性和对供电可靠性的要求，将电力负荷分为三个等级：

一级负荷，中断供电将造成人身伤亡、或造成重大的政治影响、经济损失、导致公共场所秩序严重混乱的。如某些重要的交通枢纽、国家级会堂、宾馆、有大量人员集中的公共场所、重要医院的手术室等。一级负荷必须有两个独立的电源供电，当一

鸟巢避雷系统示意图

个电源发生故障时，另一个电源不致同时损坏。一级负荷中的特别重要负荷，除设置双电源以外还应该增设应急电源。

二级负荷，中断供电将造成较大的政治影响、经济损失或造成公共场所秩序混乱。二级负荷供电系统应有两个回路供电，在负荷较小或地区供电条件受限时，二级负荷可由一路 6kV 或以上架空线路供电，或自备电源。

三级负荷，不属于一级和二级的电力负荷统称为三级负荷，对供电无特殊要求。

（二）变配电系统

1. 电压和电源的引入

建筑物或建筑群电源的电压等级和引入方式，应根据当地城市电网的电压等级、建筑用电负荷大小、用户与电源距离以及供电线路、用电单位的远景规划等因素综合考虑。单体建筑物或用电负荷较小的建筑，且建筑内均为单相低压用电设备时，可由城市电网直接架空引入单相 220V 的电源；若建筑物较大、用电设备负荷量较大及三相低压用电设备较多时，可由城市电网直接架空引入三相四线 380/220V 的电源；若建筑物很大、用电设备负荷量很大或者有 10kV 高压用电设备时，则电源供电电压应采用高压供电。

电源引入方式由城市电网的线路敷设方式及要求决定。一般有架空引入和电缆引入。架空引入在城市供电线路为架空敷设，且对美观要求不高时可以采用。如城市电网为地下电缆线路，则应采用电缆埋地引入方式。

2. 变配电室和配电盘

用于安装和布置高低压配电设备和变压器的专门房间或场地称为变配电室。变配电室主要由高压配电室、变压器室、低压配电室、控制室等组成。变配电室的位置应尽量靠近电源侧，并接近用电负荷的中心，保证线路进出顺直、方便。变配电室不应选在有剧烈振动的场所；不宜选在多尘、雾、有腐蚀性气体的场所；变配电室也不应选在厕所、浴室或低洼有可能积水的场所及其下方；更不能与有爆炸、火灾危险的场所相邻。应遵守我国《爆炸和火灾危险场所电力装置设计规范》的相关规定。

在多层建筑中，如建筑对防火无特殊要求，变配电室可布置在非人员密集场所的该建筑底层靠外墙侧。高层建筑的变配电室宜设在该建筑的地下一层或首层通风散热较好位置，当建筑高度超过 100m 时，变配电室可设在高层区的避难层或技术层内。一般低压供电半径不宜超过 250m。

配电盘是直接向低压用户设备分配电能的控制计量盘，有照明配电盘和照明动力配电盘。箱体材料有木质、塑料和钢板。配电盘可明装在墙外或暗装在墙体内。明装时注意应在墙内适当位置预埋木砖或铁件并应预留洞口，箱底距地面的高度为 1.4m。配电盘应尽量设在用电负荷中心，以缩短配电线路和减少电压损失。一般规定：单相配电盘的配电半径约 30m，三相配电盘的配电半径约 60～80m，对于多层建筑考虑楼层间配线盒日常维护方便，应布置在相同的平面位置处。照明配电盘配电电流不应大于 60～100A，其中单相分支线宜为 6～9 路，每个支路上应有过载、短路保护装置，支路电流不宜大于 15A。每个支路所接用电设备（如灯具、插座等）总数不宜超过 20 个（最多不超过 25 个），此外还应保证分配电盘的各相负荷之间不均匀程度应小于 30%，在总配电盘内各相不均匀程度应小于 10%。

二、建筑弱电系统

把传播信息、传递信号的系统称为建筑弱电系统。建筑弱电系统提高了建筑物的标准和服务功能。建筑弱电系统主要包括电缆电视、建筑通信、建筑广播、防盗保安、火灾报警等。

弱电系统的施工相对来说比较复杂，如电缆电视要接入城市的有线网，要和当地的广播电视部门联系；火灾报警系统和自动喷水灭火系统，要请当地公安消防部门验收合格后方可投入运行；电话通信工程也应与当地的电信部门联系。弱电工程应按照有关部门的规定施工，同时还要求施工单位必须具有各种单项弱电工程施工资格，这是弱电工程具有的特殊性。

三、建筑防雷

雷电是常见的自然现象，雷电对房屋的破坏主要表现在以下两个方面：直击雷和感应雷。雷云直接对地面上的房屋建筑放电，称作直击雷，俗称落雷。建筑易受雷击部位包括屋角、屋脊、檐角、屋檐以及屋面突出物等。感应雷指雷云放电后，云与大地间的电场瞬间消失，但聚集在建筑物上的电荷不能很快释放到大地，形成高电位使电气设备、导线等绝缘层被击穿引起火灾、爆炸。根据建筑物的重要性、发生事故的可能性及后果，将建筑物分为三类防雷等级。

现代建筑的防雷装置主要由接闪器、引下线和接地装置等组成，如图9-7所示。接闪器的作用是使其上空电场局部加强，将附近雷云的放电诱导过来，通过引下线、接地体释放到大地中，避免建筑物遭直接雷击。接闪器的基本形式有避雷针、避雷带和避雷网。接闪器所用材料应能满足机械强度和耐腐蚀的要求，还应有足够的热稳定性，以能承受雷电流的热破坏作用。引下线通常用圆钢或扁钢制作，应满足机械强度、耐腐蚀和热稳定的要求。接地装置由接地极和接地线组成，接地极分为垂直接地和水平接地两种。垂直接地极一般采用镀锌角钢、圆钢或钢管，也可采用建筑物的钢筋混凝土基础。

避雷针

避雷带

明装引下线

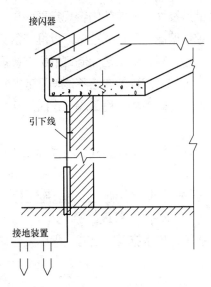

图9-7 建筑防雷装置示意图

接闪器

引下线

接地装置

第十章 土木工程施工

鲁班，姓公输，名般。又称公输子、公输盘、班输、鲁般。鲁国人(都城山东曲阜，故里山东滕州)，"般"和"班"同音，古时通用，故人们常称他为鲁班。大约生于周敬王十三年(公元前507年)，卒于周贞定王二十五年(公元前444年)，生活在春秋末期到战国初期，出身于世代工匠的家庭，从小就跟随家里人参加过许多土木建筑工程劳动，逐渐掌握了生产劳动的技能，积累了丰富的实践经验。鲁班是我国古代的一位出色的发明家，两千多年以来，他的名字和有关他的故事，一直在广大人民群众中流传。我国的土木工匠们都尊称他为祖师。

土木工程施工是生产建筑产品的系列活动。建筑产品也简称建筑，包括建筑物和构筑物，它与其他工业产品相比，具有独特的技术要求和位置固定性、投资庞大、用工多等特点。施工是一个复杂的过程，需要多工种相互协调，按施工图施工、按规范要求施工、遵从施工工序，对保证工程质量是至关重要的。

土木工程施工一般可分为施工技术与施工组织两大部分。它需要研究最有效地建造各类建筑产品的理论、方法和施工规律，以科学的施工组织设计为先导，以先进可靠的施工技术为后盾，实现工程项目的质量、安全、成本和进度的科学要求。土木工程施工与土木工程材料、材料力学、结构力学、土力学、混凝土结构以及钢结构等课程均有密切的关联，在学完这些课程的基础上才能更好地学习土木工程施工。土木工程施工又是一门实践性很强的课程，有些内容直接来自对实际工程施工经验的总结。要对专业基础理论、国内外最新施工技术和施工组织、相关的教学实践环节，予以足够的重视。

施工规范、规程是我国土木工程界常用的标准表达形式。它以科学、技术和实践经验的综合成果为基础，由国务院有关部委批准颁发，作为全国土木工程施工必须共同遵守的准则和依据。它分为国家、行业、地方和企业四级。施工及验收规范中，对施工工艺要求、施工技术要点、施工准备工作内容、施工质量控制要求以及检验方法等均作了规定。工程在设计、施工和竣工验收时，均应遵守相应的施工及验收规范。规程（条例等）一般比规范涉及面窄一些，内容规定更为具体，一般为行业标准，由各部委或重要的科学研究单位编制，呈报管理单位批准或备案后发布试行。它主要是为了及时推广一些新结构、新材料、新工艺而制订的标准。规程试行一段时间后，在条件成熟时也可升级为国家规范。规程的内容不能与规范抵触，如有不同，应以规范为准。随着设计与施工的发展，规范和规程每隔一定时间就要修订，以便在实践中发展和完善。

本章主要概括性介绍基础工程、主体工程、现代施工技术及施工管理等内容。

第一节 | 基 础 工 程 施 工

本节的主要内容包括基坑降排水施工、土方工程施工、桩基础工程施工地基基础施工内容。

一、土方工程

（一）场地平整

场地平整是将天然地面改造成工程上所要求的设计平面。由于场地平整时全场地兼有挖和填，而挖和填的体形常常不规则，所以一般采用方格网方法分块计算解决。

平整场地前应先做好各项准备工作，如清除场地内所有地上、地下障碍物，排除地面积水，铺筑临时道路等。场地平整前应做好挖、填方的平衡计算，综合考虑土方运距最短、运程合理和各个工程项目的合理施工工程程序等，做好土方平衡调配，减少重复挖运。

土方的平衡与调配是土方工程施工的一项重要工作。一般先由设计单位提出基本的平衡数据，然后由施工单位根据实际情况进行平衡计算。如工程量较大，在施工过程中还应进行多次平衡调整。在平衡计算中，应综合考虑土的松散性、压缩性和沉陷量等影响土方量变化的因素。

土方平衡与调配的原则是：

（1）在满足总平面设计的要求，并与场外工程设施的标高相协调的前提下，考虑挖填平衡，以挖作填；

（2）如挖方少于填方，则要考虑土方的来源，如挖方多于填方，则要考虑弃土堆场；

（3）场地设计标高要高出区域最高洪水位，在严寒地区，场地的最高地下水位应在土壤冻结深度以下。

（二）土方开挖

基础土方的开挖方法分两类，人工挖方和机械挖方。建筑工程中，除少量或零星土方量施工采用人工施工外，一般均应采用机械化、半机械化的施工方法，以减轻繁重的体力劳动、加快施工进度、降低工程成本。常用的土方的开挖机械包括推土机、铲运机、挖掘机等。

推土机前方装有大型的金属推土刀，使用时放下推土刀，向前铲削并推送泥、沙及石块等，推土刀位置和角度可以调整，如图 10-1 所示。推土机能单独完成挖土、运土和卸土工作，具有操作灵活、转动方便、所需工作面小、行驶速度快等特点。其主要适用于浅挖短运，如场地清理或平整、开挖深度不大的基坑以及回填、推筑高度不大的路基等。

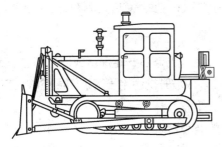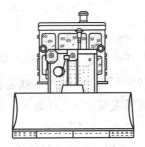

图 10-1 推土机

铲运机是一种能综合完成挖土、运土、卸土、填筑、整平的机械。按行走机构的不同可分为拖式铲运机和自行式铲运机。按铲运机的操作系统的不同，又可分为液压式和索式铲运机。铲运机操作灵活，不受地形限制，不需特设道路，生产效率高（图 10-2）。

挖掘机是用铲斗挖掘高于或低于承机面的物料，并装入运输车辆或卸至堆料场的土石方机械。挖掘的物料主要是土壤、煤、泥沙以及经过预松后的土壤和岩石。从近几年工程机械的发展来看，挖掘机的发展相对较快，而挖掘机是工程建设中最主要的工程机械之一。常见的挖掘机种类有正铲挖掘机、反铲挖掘机、抓铲挖掘机以及拉铲挖掘机等（图 10-3）。

土就开挖难易程度可分为八类

一类土（松软土）：砂、粉土、冲积砂土层等；

二类土（普通土）：粉质黏土、潮湿的黄土等；

三类土（坚土）：软黏土及中等密实黏土、重粉质黏土、粗砾石、干黄土及含有碎石的黄土等；

四类土（砂砾坚土）：重黏土及含有碎石、卵石的黏土、粗卵石、密实的黄土、天然级配砂石等；

五类土（软石）：硬石炭纪黏土、中等密实的页岩、泥灰岩白垩土、胶结不紧的砾岩等；

六类土（次坚石）：泥岩、砂岩、砾岩、坚实的页岩、泥灰岩、密实的石灰岩、风华花岗岩、片麻岩等；

七类土（坚石）：大理岩、辉绿岩，粗、中粒花岗岩，坚实的白云岩、石灰岩等；

八类土（特坚石）：安山岩、玄武岩、坚实的细粒花岗岩、石英岩、辉长岩、辉绿岩等。

正铲挖掘机的特点，"前进向上，强制切土"；挖土、装车效率高，易与汽车配合；适用于停机面以上、含水量 30% 以下、一～四类土的大型基坑开挖。

反铲挖掘机的特点，"后退向下，强制切土"，可与汽车配合；适用于停机面以下、一～三类土的基坑、基槽、管沟开挖。

拉铲挖掘机的特点，"后退向下，自重切土"，开挖深度、宽度大，甩土方便。适用于停机面以下、一～二类土的较大基坑开挖、填筑堤坝、河道清淤。

抓铲挖掘机的特点，"直上直下，自重切土"，效率较低；适用于停机面以下、一～二类土的、面积小而深度较大的坑、井开挖。

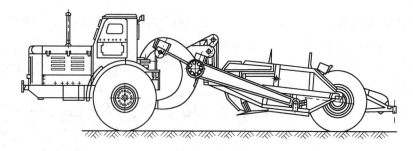

图 10-2 铲运机

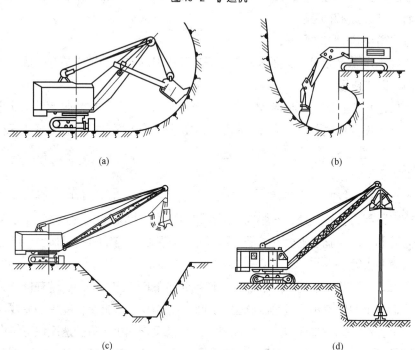

图 10-3 挖掘机械

（a）正铲挖掘机；（b）反铲挖掘机；（c）拉铲挖掘机；（d）抓铲挖掘机

（三）放坡与坑壁支护

为了防止土壁塌方，确保施工安全，当挖方超过一定深度或填方超过一定高度时，其边沿应放出足够的边坡，这就是放坡。放坡开挖适用于基坑四周空旷、有足够的放坡场地，周围没有建筑物或地下管线的情况。

放坡形式有直线型放坡、折线型放坡和台阶型放坡等，如图 10-4 所示。图中 $m=B/H$，称为边坡系数。基坑边坡大小，应根据土质条件、开挖深度、地下水位、施工方法、开挖后边坡留置时间长短、坡顶有无荷载以及相邻建筑物情况等因素而定。

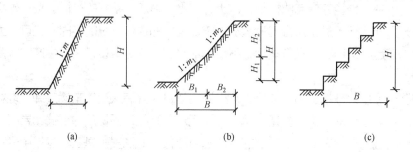

图 10-4 土方边坡形式

（a）直线型边坡；（b）折线型边坡；（c）台阶型边坡

当基坑开挖受到场地限制不允许按规定放坡，或基坑放坡不经济而采用坑壁直立开挖时，就必须设置坑壁支护结构以防止坑壁坍塌，保证施工安全，减少对邻近建筑物、市政管线、道路等的不利影响。基坑支护主要对抗基坑开挖卸载时所产生的土压力和水压力，能起到挡土和止水作用，是基坑施工过程中的一种临时性设施。基坑支护结构的形式有多种，根据受力状态可分为坑内支撑和坑外拉锚等结构体系，如图10-5所示。

井点降水

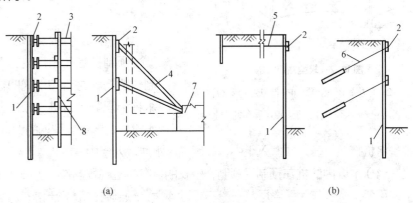

(a) (b)

图10-5 边坡支撑类型

（a）坑内支撑体系；（b）坑外拉锚体系

1—板桩墙；2—围檩；3—钢支撑；4—斜撑；5—拉锚；6—土锚杆；7—先施工的基础；8—竖撑

（四）基坑降水与排水

当基坑（槽）开挖和基础施工期间的最高地下水位高于坑底设计标高时，应对地下水位进行处理，以保证开挖期间获得干燥的作业面，保证坑（槽）底、边坡和基础底板的稳定，同时确保邻近基坑的建筑物和其他设施正常运营。根据基坑（槽）开挖深度、场地水文地质条件和周围环境，可采用明排水法和井点降水法进行降水。

明排水法又称为集水井法，如图10-6所示。在基坑或基槽开挖时，在坑底设置集水井，并沿坑底的周围或中央设置排水沟，使水在重力作用下流入集水井，然后用水泵抽出坑外。明排水法设备简单、排水方便，采用较为普遍。但当开挖深度较大、地下水位较高而土质又不好时，用明水法降水，挖至地下水位以下时，有时坑底下面的土会形成流动状态，随地下水涌入基坑，这种现象称为流砂现象。发生流砂时，土完全丧失承载力，使施工条件恶化。

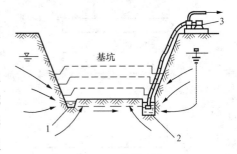

图10-6 明排水法

1—排水沟；2—集水井；3—水泵

井点降水是在基坑开挖前，预先在基坑四周埋设滤水管（井），在基坑开挖前和开挖过程中，利用真空原理，不断地抽出地下水，使地下水降到坑底以下的方法，如图10-7所示。所采用的井点类型有轻型井点、喷射井点、电渗井点、管井井点、深井井点等。

（五）土石方爆破

在山区进行土木工程施工，常遇到岩石的开挖问题，爆破是石方开挖施工中最有效的方法。此外，施工现场障碍物的清除，冻土的开挖和改建工程中拆除旧的建筑物，拆除基坑支护结构中的钢筋混凝土支撑等也采用爆破。使用炸药雷管等爆破材料对土石方进行爆破，以达到开挖的目的，是一种广泛应用的施工方法。由于效率高、费用低以及爆破技术的发展，土石方的爆破将在土木工程中的应用越来越广。

钢筋混凝土桩的预制

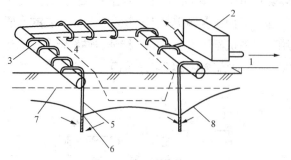

图 10-7 轻型井点降水

1—地面；2—总机；3—总管；4—弯联管；5—井点管；

6—滤网；7—原有地下水位；8—现有地下水位

二、桩基础的施工

桩基础是工程中最常见的基础形式，在各类工程结构中都有广泛的应用。桩基础按照施工方法的不同，可分为预制桩和灌注桩两类。

（一）预制桩施工

预制桩是在工厂或施工现场制成的各种材料和形式的桩（如木桩、混凝土方桩、预应力混凝土管桩、钢管或型钢的钢桩等），用沉桩设备将桩打入、压入或振入土中，或用高压水冲沉入土中。

长度在 10m 以内的桩在预制场预制，较长的桩在打桩现场制作。为节省场地，预制桩多采用叠浇法制作，叠浇层数一般不超过 4 层。预制桩的混凝土浇筑时，应由桩顶向桩尖连续进行，严禁中断。

堆放桩的地面必须平整、坚实，垫木间距应与吊点位置相同，各层垫木应位于同一垂直线上，堆放层数不宜超过 4 层。打桩前，桩从制作处运到现场以备打桩，并应根据打桩顺序随打随运以避免二次搬运。桩的运输方式，在运距不大时，可用起重机吊运；当运距较大时，可采用轻便轨道小平台车运输。当桩的混凝土强度达到设计强度的 70% 方可起吊；达到 100% 方可运输和打桩。如提前起吊，必须采取措施并经验算合格方可进行。桩在起吊和搬运时，必须平稳，并且不得损坏。吊点应符合设计要求，一般吊点的设置如图 10-8 所示。

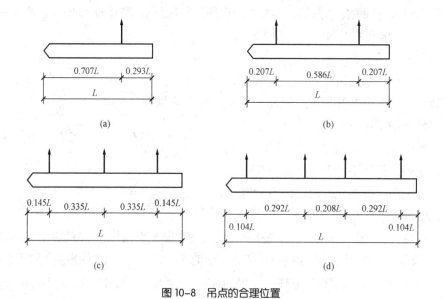

图 10-8 吊点的合理位置

（a）1 个吊点；（b）2 个吊点；（c）3 个吊点；（d）4 个吊点

打桩顺序合理与否，影响打桩速度、打桩质量及周围环境。当桩的中心距小于 4 倍桩径时，打桩顺序尤为重要。打桩顺序影响挤土方向，打桩向哪个方向推进，则向哪个方向挤土。根据桩群的密集程度，可选用下述打桩顺序：由一侧向单一方向进行

[图 10-9（a）]；自中间向两个方向对称进行 [图 10-9（b）]；自中间向四周进行 [图 10-9（c）]。第一种打桩顺序，打桩推进方向宜逐排改变，以免土朝一个方向挤压，而导致土壤挤压不均匀，对于同一排桩，必要时还可采用间隔跳打的方式。对于大面积的桩群，宜采用后两种打桩顺序，以免土壤受到严重挤压，使桩难以打入，或使先打入的桩受挤压而倾斜。大面积的桩群，宜分成几个区域，由多台打桩机采用合理的顺序同时进行打设。

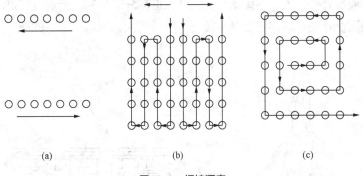

(a)   (b)   (c)

图 10-9 打桩顺序

预制桩的沉桩方法包括锤击法、静压法、振动法和水冲法等。

锤击法是利用桩锤的冲击克服土对桩的阻力，使桩沉到预定深度或达到持力层。这是最常用的一种沉桩方法（图 10-10）。锤击法打桩设备包括桩锤、桩架和动力装置。桩锤是对桩施加冲击，将桩打入土中的主要机具。桩锤主要有落锤、蒸汽锤、柴油锤和液压锤，目前应用最多的是柴油锤。桩架是支持桩身和桩锤，在打桩过程中引导桩的方向，并保证桩捶能沿着所要求方向冲击的打桩设备。桩架的形式多种多样，常用的通用桩架（能适应多种桩锤）有两种基本形式：一种是沿轨道行驶的多能桩架；另一种是装在履带底盘上的桩架。动力装置的配置取决于所选的桩锤，当采用空气锤时，应配备空气压缩机；当选用蒸汽锤时，则要配备蒸汽锅炉和绞盘。

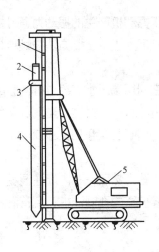

图 10-10 履带式桩架

1—导架；2—桩锤；3—桩帽；4—桩；5—吊车

打桩的质量检查包括桩的偏差、最后贯入度与沉桩标高，桩顶、桩身是否打坏以及对周围环境有无造成严重危害。打桩时，引起桩区及附近地区的土体隆起和水平位移虽然不属打桩本身的质量问题，但由于邻桩相互挤压导致桩位偏移，会影响整个工程质量。如在已有建筑群中施工，打桩还会引起临近已有地下管线、地面交通道路和建筑物的损坏和不安全。为此，在邻近建筑物（构筑物）打桩时，应采取适当的措施，如挖防振沟、砂井排水（或塑料排水板排水）、预钻孔取土打桩、采取合理打桩顺序、控制打桩速度等。

　　静力压桩是利用静压力将桩压入土中，施工中虽然仍然存在挤土效应，但没有振动和噪声，适用于软弱土层和邻近有怕振动的建（构）筑物的情况，如图 10-11 所示。压桩一般是分节压入，逐段接长。为此，桩需分节预制。当第一节桩压入土中，其上端距地面 2m 左右时将第二节桩接上，继续压入。对每一根桩的压入，各工序应连续。

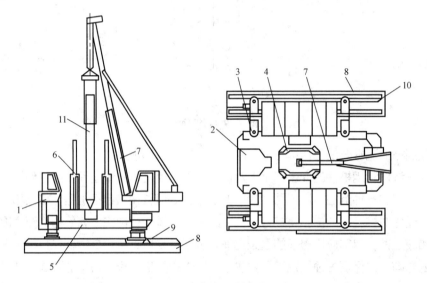

图 10-11　静压桩架

1—操纵室；2—电气控制台；3—液压系统；4—导向架；5—配重；6—夹持装置；7—吊桩把杆；

8—支腿平台；9—横向行走与回转装置；10—纵向行走装置；11—桩

　　振动法沉桩是将桩与振动机连接在一起，利用振动机产生的振动力通过桩身使土体振动，使土体的内摩擦角减小、强度降低而将桩沉入土中。此方法在颗粒较大的土体中施工效率较高，工程中多在砂土地基中使用。

　　水冲法沉桩是锤击法沉桩的一种辅助方法。它利用高压水流经过桩侧面或空心桩内部的射水管冲击桩尖附近土层，便于锤击。一边冲水一边打桩，当沉桩至最后 1～2m 至设计标高时，应停止冲水，用锤击至标高。水冲法适用于砂土和碎石土地基。

　　（二）灌注桩施工

　　灌注桩是在施工现场的桩位上用机械或人工成孔，然后在孔内灌注混凝土而成。根据成孔方法的不同分为干作业钻孔灌注桩、泥浆护壁成孔灌注桩、沉管灌注桩以及人工挖孔桩等。

　　1. 干作业钻孔灌注桩

　　干作业成孔灌注桩适用于地下水位较低、在成孔深度内无地下水的黏性土、粉土、填土、中等密实以上的砂土、风化岩层土质，无需护壁可直接取土成孔。目前常用螺旋钻机成孔，如图 10-12 所示。施工工艺流程包括：场地清理、测量放线定桩位、桩机就位、钻孔取土成孔、清除孔底沉渣、成孔质量检查验收、吊放钢筋笼、浇筑孔内混凝土，如图 10-13 所示。

图 10-12　步履式螺旋钻孔机

1—上底盘；2—下底盘；3—回转滚轮；4—行车滚轮；5—钢丝滑轮；6—回转轴；7—行车油缸；8—支架

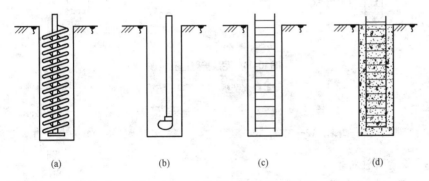

（a）　　　　　　（b）　　　　　　（c）　　　　　　（d）

图 10-13　螺旋钻孔机施工过程

（a）钻孔；（b）清孔；（c）放钢筋笼孔；（d）浇筑混凝土

施工注意事项包括：开始钻孔时，应保持钻杆垂直、位置正确，防止因钻杆动引起孔径扩大及增多孔底虚土；发现钻杆摇晃、移动、偏斜或难以钻进时，应提钻检查，排除地下障碍物，避免桩孔偏斜和钻具损坏；钻进过程中，应随时清理孔口黏土，遇到地下水、塌孔、缩孔等异常情况，应停止钻孔，同有关单位研究处理；钻头进入硬土层时，易造成钻孔偏斜，可提起钻头上下反复扫钻几次，以便削去硬土。

2. 泥浆护壁钻孔灌注桩

泥浆护壁成孔是用泥浆保护孔壁并排出土渣而成孔。泥浆护壁钻孔灌注桩适用于地下水位以下的黏性土、粉土、砂土、填土、碎（砾）石土及风化岩层，以及地质情况复杂、夹层多、风化不均、软硬变化较大的岩层。在钻孔过程中，为防止孔壁坍塌，在孔内注入高塑性黏土或膨润土和水拌和的泥浆，也可利用钻削下来的黏性土与水混合自造泥浆。这种护壁泥浆与钻孔的土屑混合，边钻边排出泥浆，同时进行孔内补浆，进行泥浆循环。泥浆具有保护孔壁、防止坍孔的作用，同时在泥浆循环过程中还可携带土渣排出钻孔，并对钻头具有冷却与润滑作用。

　　泥浆成孔灌注桩的施工工艺包括测定桩位、埋设护筒、桩基就位、制泥浆、成孔、清孔、安放钢筋骨架、浇筑水下混凝土。成孔机械包括潜水钻机、冲击钻机以及冲抓钻等。图 10-14 为泥浆护壁钻孔机械。根据泥浆循环方式的不同，分为正循环和反循环。正循环泥浆由钻杆内部注入，并从钻杆底部喷出，携带钻下的土渣沿孔壁向上流动，由孔口将土渣带出流入沉淀池，经沉淀的泥浆流入泥浆池再注入钻杆，由此进行循环。沉淀的土渣用泥浆车运出排放。反循环泥浆由钻杆与孔壁间的环状间隙流入钻孔，然后，由砂石泵在钻杆内形成真空，使钻下的土渣由钻杆内腔吸出至地面而流向沉淀池，沉淀后再流入泥浆池。反循环工艺的泥浆上流的速度较高，排放渣土的能力较大。

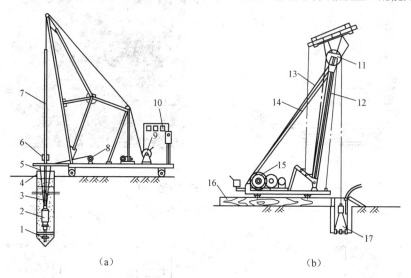

（a）　　　　　　　　　　　　　　（b）

图 10-14　泥浆护壁钻孔机械

（a）潜水钻机；（b）冲击钻机

1—钻头；2—潜水钻机；3—电缆；4—护筒；5—水管；6—滚轮支点；7—钻杆；8—电缆盘；9—卷扬机；10—控制箱；11—滑轮；12—主杆；13—拉索；14—斜撑；15—卷扬机；16—垫木；17—钻头

3. 沉管灌注桩

　　沉管灌注桩是利用锤击打桩设备或振动沉桩设备，将带有钢筋混凝土的桩尖的钢管沉入土中，造成桩孔，然后放入钢筋骨架并浇筑混凝土，随之拔出套管，利用拔管时的振动将混凝土捣实，便形成所需要的灌注桩。沉管灌注桩的成桩工艺如图 10-15 所示。

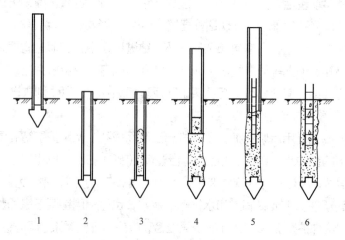

1　　　2　　　3　　　4　　　5　　　6

图 10-15　沉管灌注桩施工过程

1—就位；2—沉管；3—浇筑；4—拔管；5—放钢筋笼；6—成型

利用锤击沉桩设备沉管、拔管成桩，称为锤击沉管灌注桩；利用振动器振动沉管、拔管成桩，称为振动沉管灌注桩。振动沉管灌注桩是用振动沉桩机将有活瓣式桩尖或钢筋混凝土预制桩靴的桩管（上部开有加料口），利用振动锤产生的垂直定向振动和锤、桩管自重等对桩管施加压力，使桩管沉入土中，然后边向桩管内浇筑混凝土，边振边拔出桩管，使混凝土留在土中而形成桩。

套管沉管灌注桩适用于黏性土、粉土、淤泥质土、砂土及填土；在厚度较大、灵敏度较高的淤泥和流塑状态的黏性土等软弱土层中采用时，应制定质量保证措施，并经工艺试验成功后方可实施。沉管夯扩桩适用于桩端持力层为中、低压缩性黏性土、粉土、砂土、碎石类土，且其埋深不超过 20m 的情况。

与一般钻孔灌注桩比，沉管灌注桩避免了一般钻孔灌注桩桩尖浮土造成的桩身下沉、持力不足的问题，同时也有效改善了桩身表面浮浆现象，另外，该工艺也更节省材料。但是施工质量不易控制，拔管过快容易造成桩身缩颈，而且由于是挤土桩，先期浇注好的桩易受到挤土效应而产生倾斜、断裂甚至错位。

4. 人工挖孔灌注桩

人工挖孔灌注桩是指在桩位用人工挖直孔，每挖一段即施工一段支护结构，如此反复向下挖至设计标高，然后放下钢筋笼，浇筑混凝土而成桩。

人工挖孔桩施工方便、速度较快、不需要大型机械设备，挖孔桩要比木桩、混凝土打入桩抗震能力强，造价比冲锥冲孔、冲击锥冲孔、冲击钻机冲孔、回旋钻机钻孔、沉井基础节省，在公路、民用建筑中得到广泛应用。但挖孔桩井下作业条件差、环境恶劣、劳动强度大，安全和质量显得尤为重要。场地内严禁打降水井抽水，当确实施工需要采取小范围抽水时，应注意对周围地层及建筑物进行观察。

第二节　主体结构施工

本节主要讲述主体结构的施工方法，包括各类施工机械、砖砌体结构的施工、混凝土结构的施工以及结构安装工程的施工等。

一、脚手架工程

脚手架工程是建筑施工现场为了安全防护、工人操作和楼层水平运输、支模板等而搭设的支架，是为施工服务的临时性设施。因此，脚手架在主体工程和装修工程中有着广泛的应用。

我国脚手架工程的发展大致经历了三个阶段。第一阶段是解放初期到 20 世纪 60 年代，脚手架主要利用竹、木材料。20 世纪 60 年代末到 20 世纪 70 年代，是出现了钢管扣件式脚手架、各种钢制工具式里脚手架与竹木脚手架并存的第二阶段。20 世纪 80 年代以后迄今，随着土木工程的发展，国内一些研究、设计、施工单位在从国外引入的新型脚手架基础上，经多年研究、应用，开发出一系列新型脚手架，进入了多种脚手架并存的第三阶段。

脚手架可根据与施工对象的位置关系、支承特点、结构形式以及使用的材料等划分为多种类型。

按照与建筑物的位置关系划分为外脚手架和里脚手架。外脚手架沿建筑物外围从地面搭起，既用于外墙砌筑，又可用于外装饰施工。其主要形式有多立杆式、框式、

悬挑式脚手架

门式脚手架

碗扣式脚手架

吊篮式脚手架

桥式等，其中多立杆式应用最广。里脚手架搭设于建筑物内部，每砌完一层墙后，即将其转移到上一层楼面，进行新的一层砌体砌筑，它可用于内外墙的砌筑和室内装饰施工。里脚手架用料少，但装拆频繁，故要求轻便灵活，装拆方便。其结构型式有折叠式、支柱式和门架式等多种。

按照支承部位和支承方式划分为落地式、悬挑式、悬吊式、附墙悬挂式、附着升降式以及水平移动式。落地式脚手架是搭设（支座）在地面、楼面、屋面或其他平台结构之上的脚手架；悬挑式脚手架是采用悬挑方式支固的脚手架；悬吊式脚手架是悬于挑梁或工程结构之下的脚手架；附墙悬挂脚手架是在上部或中部挂设于墙体挑挂件上的定型脚手架；悬吊脚手架是悬吊于挑梁或工程结构之下的脚手架；附着升降脚手架是附着于工程结构依靠自身提升设备实现升降的悬空脚手架；水平移动脚手架是带行走装置的脚手架或操作平台架。

按其所用材料分为木脚手架、竹脚手架和金属脚手架。

按其结构形式分为钢管扣件式、碗扣式、门型、方塔式、附着式升降脚手架及悬吊式脚手架等。

扣件式脚手架是由标准的钢管杆件和特制扣件组成的，是目前最常用的一种脚手架。钢管杆件包括立杆、大横杆、小横杆、剪刀撑、斜杆和抛撑（在脚手架立面之外设置的斜撑）。扣件为杆件的连接件。有可锻铸铁铸造扣件和钢板压制扣件两种。扣件的基本形式有对接扣件、直角扣件以及旋转扣件三种，如图 10-16 所示。对接扣件用于两根钢管的对接连接；直角扣件用于两根钢管呈垂直交叉的连接；旋转扣件用于两根钢管呈任意角度交叉的连接。

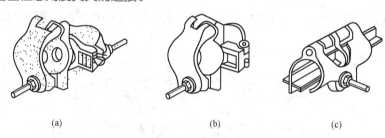

(a)   (b)   (c)

图 10-16　扣件类型

（a）直角扣件；（b）旋转扣件；（c）对接扣件

脚手架搭设前应确定构造方案，严格按搭接顺序和工艺要求进行杆件的搭设（图 10-17）。搭设过程中应注意采取临时支顶或与建筑物拉结。搭设过程中应采取措施禁止非操作人员进入搭设区域。扣件应扣紧，并应注意拧紧程度要适当。搭设中及时剔除、杜绝使用变形过大的杆件和不合格的扣件。搭设工人应系好安全带，确保安全，随时校正杆件的垂直偏差和水平偏差，使偏差限制在规定范围之内。

脚手架常常要搭配脚手板使用。脚手板一般用厚 2mm 的钢板压制而成，长度 2～4m，宽度 250mm，表面应有防滑措施；也可采用厚度不小于 50mm 的杉木板或松木板，长度 3～6m，宽度 200～250mm；或者采用竹脚手板，有竹笆板和竹片板两种形式。脚手板的材质应符合规定，且脚手板不得有超过允许的变形和缺陷。

拆除程序与安装程序相反，一般先拆除栏杆、脚手板、剪刀撑，再拆除小横杆、大横杆和立杆。先递下作业层的大部分脚手板，将一块转到下步内，以便操作者站立其上。拆除杆件的人站在这块脚手板上将上部可拆杆件全部拆除掉。再下移一步，自上而下逐步拆除。除抛撑留在最后拆除外，其余各杆件均一并拆除。

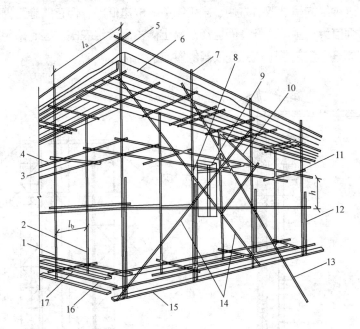

图 10-17 钢管扣件式脚手架的各部分组成

1—外立杆；2—内立杆；3—横向水平杆；4—纵向水平杆；5—栏杆；6—挡脚板；7—直角扣件；8—旋转
扣件；9—连墙件；10—横向斜撑；11—主立杆；12—副立杆；13—抛撑；14—剪刀撑；
15—垫板；16—纵向扫地杆；17—横向扫地杆

二、垂直运输设备

垂直运输设备是指担负垂直输送材料和施工人员上下的机械设备和设施。在建筑物施工过程中，建材的垂直运输量较大，需要用垂直运输机具来完成。目前，工程中常用的垂直运输设施有塔式起重机、井字架、龙门架、独杆提升机、建筑施工电梯等。

塔式起重机简称塔机，也称塔吊，是目前建筑工程施工领域中应用最为广泛的垂直运输工具。塔式起重机起升高度大，工作幅度大，起重力矩大，工作时能做到重载低速轻载高速，具有良好的调速性能和微动就位性能，拆装、运输方便迅速。塔式起重机按回转支承构造的型式可以分为塔帽式、转柱式和转盘式；按上部结构形式可分为动臂式、平头式和有塔顶水平臂式；按照附着方式可分为自升附着式和外部附着式（图 10-18）。

龙门架是由两立柱及天轮梁（横梁）构成。立柱是由若干个格构柱用螺栓拼装而成，而格构柱是用角钢及钢管焊接而成或直接用厚壁钢管构成龙门架。龙门架设有滑轮、导轨、吊盘、安全装置以及起重索、缆风绳等，其构造如图 10-19 所示。

建筑施工电梯是目前高层建筑施工领域中常用的垂直运送工具，具有人货两用的功能。它的吊笼装在井架外侧，沿齿条式轨道升降，附着在外墙或其他建筑物结构上，可载重货物 1.0~1.2t，也可容纳 12~15 人。其高度随着建筑物主体结构施工而接高，可达 100m，如图 10-20 所示。

三、砌筑工程施工

砌体结构是由块体和砂浆砌筑而成的，以墙、柱作为建筑物主要受力构件的结构，是砖砌体、砌块砌体和石砌体结构的统称，砌筑工程则是指砌体结构的施工。砖石建筑在我国有悠久的历史，很早就有"秦砖汉瓦"之说。目前在土木工程中仍占有相当大的比重。这种结构虽然取材方便、施工简单、成本低廉，但它的施工仍以手工操作为主，劳动强度大、生产率低，而且烧制黏土砖占用大量农田，因而采用新型墙体材料，改善砌体施工工艺是砌筑工程改革的重点。

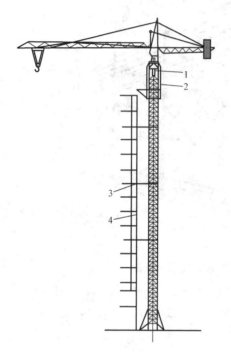

图 10-18　外附着式塔式起重机

1—液压千斤顶；2—顶升套架；3—锚固装置；

4—建筑物

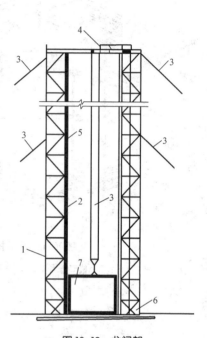

图 10-19　龙门架

1—立杆；2—导轨；3、5—缆风绳；

4、6—天轮；7—吊盘

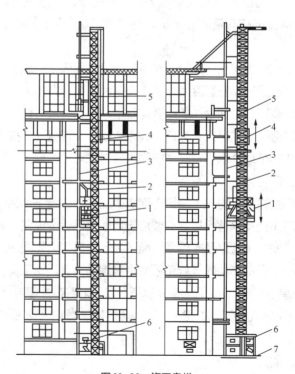

图 10-20　施工电梯

1—吊笼；2—小吊杆；3—架设安装杆；4—平衡安装杆；5—导航架；6—底笼；7—混凝土基础

（一）砌体工程的材料

砌筑工程所用材料主要是砖、砌块或石，以及砌筑砂浆。

砌筑工程所用砖有烧结普通砖、烧结多孔砖、蒸压灰砂砖、蒸压粉煤灰砖等；砌块则有混凝土中小型砌块、加气混凝土砌块及其他材料制成的各种砌块；石材有毛石与料石。砖、砌块以及石材的强度等级必须符合设计要求。施工所用的小砌块的产品龄期不应小于28d。工地上应保持砌块表面干净，避免附着黏土、脏物。密实砌块的切割可采用切割机。石砌体采用的石材应质地坚实，无风化剥落和裂纹。用于清水墙、柱表面的石材，尚应色泽均匀。石材表面的泥垢、水锈等杂质，砌筑前应清除干净。

砌筑砂浆有水泥砂浆、石灰砂浆和混合砂浆。砂浆种类选择及其等级的确定，应依据设计要求。砂浆的组成材料为水泥、砂、石灰膏、搅拌用水及外加剂等，施工时对它们的质量应予以控制。

（二）砖墙砌筑的施工工艺

房屋建筑砖墙砌筑的具体做法如下：

（1）抄平。砌砖墙前，先在基础面或楼面上按标准的水准点定出各层标高，并用水泥砂浆或C10细石混凝土找平。

（2）放线。建筑物底层墙身可按龙门板上轴线定位钉为准拉麻线，沿麻线挂下线锤，将墙身中心轴线放到基础面上，并据此墙身中心轴线弹出纵横墙身边线，并定出门窗洞口位置。为保证各楼层墙身轴线的重合，并与基础定位轴线一致，可利用预先引测在外墙面上的墙身中心轴线，借助于经纬仪把墙身中心轴线引测到楼层上去；或用线锤挂，对准外墙面上的墙身中心轴线，从下而向上引测。轴线的引测是放线的关键，必须按图纸要求尺寸用钢皮尺进行校核。然后，按楼层墙身中心线，弹出各墙边线，划出门窗洞口位置。

（3）摆砖样。按选定的组砌方法，在墙基顶面放线位置试摆砖样（生摆，即不铺灰），尽量使门窗垛符合砖的模数，偏差小时可通过竖缝调整，以减小斩砖数量，并保证砖及砖缝排列整齐、均匀，以提高砌砖效率。摆砖样在清水墙砌筑中尤为重要。

（4）立皮数杆。立皮数杆（图10-21）可以控制每皮砖砌筑的竖向尺寸，并使铺灰、砌砖的厚度均匀，保证砖皮水平。皮数杆上划有每皮砖和灰缝的厚度，以及门窗洞、过梁、楼板等的标高。它立于墙的转角处，其基准标高用水准仪校正。如墙的长度很大，可每隔10~20m再立一根。

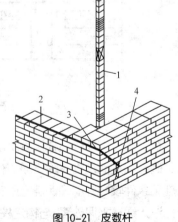

图10-21 皮数杆

1—皮数杆；2—准线；3—竹片；4—铁钉

（5）铺灰砌砖。铺灰砌砖的操作方法很多，与各地区的操作习惯、使用工具有关。常用的有满刀灰砌筑法（也称提刀灰）、夹灰器、大铲铺灰及单手挤浆法，铺灰器、灰瓢铺灰及双手挤浆法。砌砖宜采用"三一砌筑法"，即一铲灰、一块砖、一揉浆的砌筑方法。当采用铺浆法砌筑时，铺浆长度不得超过750mm；施工期间气温超过30℃时，铺浆长度不得超过500mm。实心砖砌体大都采用一顺一丁、三顺一丁或梅花顶的组砌方法（图10-22）。砖砌体组砌方法应正确，上、下错缝，内外搭砌，砖柱不得采用包心砌法。240mm厚承重墙的每层墙最上一皮砖或梁、梁垫下面，或砖砌体的台阶水平面上及挑出层，应整砖丁砌。多孔砖的孔洞应垂直于受压面砌筑。砌砖通常先在墙角以皮数杆进行盘角，然后将准线挂在墙侧，作为墙身砌筑的依据，每砌一皮或两皮，准线向上移动一次。土木工程中其他砖砌体的施工工艺与房屋建筑砌筑工艺基本一致。

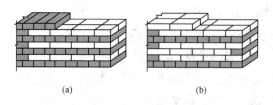

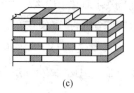

图10-22　实心砖墙的组砌方法

（a）一顺一丁；（b）三顺一丁；（c）梅花墙

（三）构造与质量要求

设置钢筋混凝土构造柱的砌体，应按先砌墙后浇柱的施工程序进行。构造柱与墙体的连接处应砌成马牙槎，从每层柱脚开始，先退后进，每一马牙槎沿高度方向的尺寸不宜超过300mm。沿墙高每500mm设2ϕ6拉结钢筋，每边伸入墙内不宜小于1m。预留伸出的拉结钢筋，不得在施工中任意反复弯折，如有歪斜、弯曲，在浇灌混凝土之前，应校正到准确位置并绑扎牢固（图10-23）。

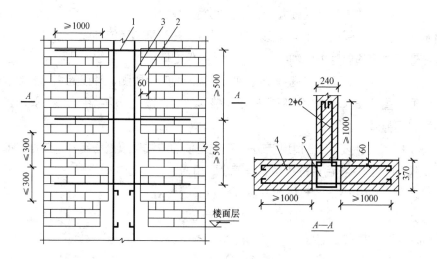

图10-23　构造柱与墙体连接

1—拉结钢筋；2—马牙槎；3—构造柱钢筋；4—墙；5—构造柱

在浇灌砖砌体构造柱混凝土前，必须将砌体和模板浇水润湿，并将模板内的落地灰、砖碴和其他杂物清除干净。构造柱混凝土可分段浇灌，每段高度不宜大于2m。在施工条件较好并能确保浇灌密实时，亦可每层浇灌一次。浇灌混凝土前，在结合面处先注入适量水泥砂浆（与构造柱混凝土配比相同的去石子水泥砂浆），再浇灌混凝土。振捣时，振捣器应避免触碰砖墙。

砌筑工程质量的基本要求是：横平竖直、砂浆饱满、灰缝均匀、上下错缝、内外搭砌、接槎牢固。对砌砖工程，要求每一皮砖的灰缝横平竖直、厚薄均匀。实心砖砌体水平灰缝的砂浆饱满度不得低于80%。竖向灰缝不得出现透明缝、瞎缝和假缝。水平缝厚度和竖缝宽度规定为（10±2）mm。砖砌体的位置及垂直度允许偏差应符合相关要求。

上下错缝是指砖砌体上下两皮砖的竖缝应当错开，以避免上下通缝。所谓通缝，是指砌体中，上下皮块材搭接长度小于规定数值的竖向灰缝。在垂直荷载作用下，砌体会由于"通缝"丧失整体性而影响砌体强度。同时，内外搭砌使同皮的里外砌体通过相邻上下皮的砖块搭砌而组砌得牢固。

"接槎"是指相邻砌体不能同时砌筑而设置的临时间断，它可便于先砌砌体与后砌砌体之间的接合。为使接槎牢固，后面墙体施工前，必须将留设的接槎处表面清理干净，浇水湿润，并填实砂浆，保持灰缝平直。砖砌体的转角处和交接处应同时砌筑，严禁无可靠措施的内外墙分砌施工。对不能同时砌筑而又必须留置的临时间断处应砌成斜槎，斜槎水平投影长度不应小于高度的 2/3。非抗震设防及抗震设防烈度为 6 度、7 度地区的临时间断处，当不能留斜槎时，除转角处外，可留直槎，但直槎必须做成凸槎。留直槎处应加设拉结钢筋，拉结钢筋的数量为每 120mm 墙厚放置 1Φ6 拉结钢筋（120mm 厚墙放置 2Φ6 拉结钢筋），间距沿墙高不应超过 500mm。埋入长度从留槎处算起每边均不应小于 500mm，对抗震设防烈度 6 度、7 度的地区，不应小于 1000mm。末端应有 90°弯钩（图 10-24）。

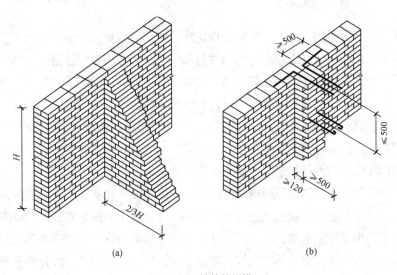

图 10-24 墙体的接槎

（a）斜槎；（b）直槎

四、钢筋混凝土工程施工

钢筋混凝土结构工程是由模板、钢筋、混凝土等多个工种组成的，由于施工过程多，因而要加强施工管理，统筹安排，合理组织，以达到保证质量、加速施工和降低造价的目的。

（一）模板工程

模板工程占钢筋混凝土工程总价的 20%～30%，占劳动量的 30%～40%，占工期的 50% 左右，决定着施工方法和施工机械的选择，直接影响工期和造价。模板是使新拌混凝土在浇筑过程中保持设计要求的位置尺寸和几何形状，使之硬化成为钢筋混凝土结构或构件的模型。模板系统包括模板、支架和紧固件三个部分。

模板在钢筋混凝土工程中的作用是使混凝土浇筑前要形成结构或构件相应的形状和尺寸，并保证在浇筑过程中以及浇筑完后不发生变化；在凝结硬化中受到了保护而且其养护方便，使其形成一定的观感质量。

模板的分类有各种不同的方法：按照形状分为平面模板和曲面模板两种；按受力条件分为承重和非承重模板（即承受混凝土的重量和混凝土的侧压力）；按照材料分为

木模板、钢模板、钢木组合模板、重力式混凝土模板、钢筋混凝土镶面模板、铝合金模板、塑料模板等；按照结构和使用特点分为拆移式、固定式两种；按其特种功能有滑动模板、真空吸盘或真空软盘模板、保温模板、钢模台车等。图10-25和图10-26为工程中常用的组合钢模板和胶合板模板。

组合钢模板

图10-25 组合钢模板　　　　　　　　　图10-26 胶合板模板

模板应具有足够的承载力、刚度和稳定性，能可靠地承受浇筑混凝土的重力、侧压力以及施工荷载；保证工程结构和构件各部位形状尺寸和相互位置的正确；构造简单，装拆方便，满足钢筋的绑扎与安装、混凝土的浇筑与养护等工艺要求。

模板安装中，应对模板及其支架进行观察和维护。模板的接缝应不漏浆；模板与混凝土的接触面应清理干净并涂刷隔离剂。浇筑混凝土前，模板内的杂物应清理干净。对清水混凝土工程及装饰混凝土工程，应使用能达到设计效果的模板。模板上的预埋件、预留口和预留洞均不得遗漏，且应安装牢固。

模板拆除时，不应对楼层形成冲击荷载。拆除的模板和支架宜分散堆放并及时清运。拆模时应尽量避免混凝土表面或模板受到损坏。拆下的模板应及时加以清理、修理，按尺寸和种类分别堆放，以便下次使用。若定型组合钢模板背面油漆脱落，应补刷防锈漆。已拆除模板及支架的结构，在混凝土达到设计强度后，才允许承受全部使用荷载。

（二）钢筋工程

在钢筋混凝土结构中使用的钢筋以线材为主，常见有四个等级，即 I ~ IV 级热轧钢筋，直径范围在 6 ~ 40mm。

1. 钢筋的外观检查与存放

钢筋进场时，应按现行国家标准《钢筋混凝土用热轧带肋钢筋》等的规定抽取试件做力学性能检验，其质量必须符合有关标准的规定。验收内容包括查对标牌，检查外观，并按有关标准的规定抽取试样进行力学性能试验。

钢筋的外观检查主要包括钢筋应平直、无损伤，表面不得有裂纹、油污、颗粒状或片状锈蚀；钢筋表面凸块不允许超过螺纹的高度；钢筋的外形尺寸应符合有关规定。

力学性能试验时，从每批中任意抽出两根钢筋，每根钢筋上取两个试样分别进行拉力试验（测定其屈服点、抗拉强度、伸长率）和冷弯试验。

钢筋运至现场后，必须严格按批分等级、牌号、直径、长度等挂牌存放，并注明数量，不得混淆。应堆放整齐，避免锈蚀和污染，钢筋的下面要加垫木，离地有一定的距离；有条件时，尽量堆入仓库或料棚内。

2. 钢筋的加工处理

钢筋在加工之前要进行相应的处理，包括除锈、调直和切断等。表面有锈的钢筋对工程质量会有很大影响。除锈一般可以通过以下两个途径：大量钢筋除锈可在钢筋冷拉或钢筋调直机调直过程中完成；少量的钢筋局部除锈可采用电动除锈机或人工用钢丝刷、砂盘以及喷砂和酸洗等方法进行。对局部曲折、弯曲或成盘的钢筋在使用前应加以调直。钢筋调直方法很多，常用的方法是使用卷扬机拉直和用调直机调直。切断前，将同规格钢筋长短搭配，一般先断长料，后断短料，以减少短头和损耗。钢筋切断可用钢筋切断机或手动剪切器。

钢筋加工制作时，要将钢筋加工表与设计图复核，检查下料表是否有错误和遗漏，对每种钢筋要按下料表检查是否达到要求，经过这两道检查后，再按下料表放出试样，试制合格后方可成批制作，加工好的钢筋要挂牌堆放、整齐有序。施工中如需要钢筋代换时，必须充分了解设计意图和代换材料性能，严格遵守现行钢筋混凝土设计规范的各种规定。可按"等强度"、"等面积"等原则替换。钢筋弯曲时要画线、试弯、弯曲成型。画线主要根据不同的弯曲角在钢筋上标出弯折的部位。钢筋弯曲有人工弯曲和机械弯曲。

单根钢筋经过调直、配料、切断、弯曲等加工后，即可成型为钢筋骨架或钢筋网。钢筋与钢筋之间的连接可采取绑扎连接、焊接连接以及机械连接的方法。钢筋绑扎应采用 20~22 号铁丝绑扣，绑扎不仅要牢固可靠，而且铁丝长度要适宜。钢筋的接头宜设置在受力较小处，同一受力筋不宜设置两个或两个以上接头。接头末端距钢筋弯起点的距离不应小于钢筋直径的 10 倍。同一构件中相邻纵向受力钢筋之间的绑扎接头位置宜相互错开。绑扎接头中的钢筋的横向净距，不应小于钢筋直径，且不小于25mm。钢筋焊接可以代替钢筋绑扎，可达到节约钢材、改善结构受力性能、提高工效、降低成本的目的。常用的钢筋焊接方法有：钢筋电弧焊、闪光对焊、电渣压力焊、气压焊等。钢筋机械连接是通过连接件的机械咬合作用或钢筋端面的承压作用，将一根钢筋中的力传递至另一根钢筋的连接方法。它具有施工简便、工艺性能好、接头质量可靠、不受钢筋可焊性制约、可全天候施工、节约钢材、节省能源等优点。常用机械连接接头类型有：挤压套筒接头、锥螺纹套筒接头、直螺纹套筒接头等，如图 10-27 所示。

电渣压力焊

钢筋螺栓连接

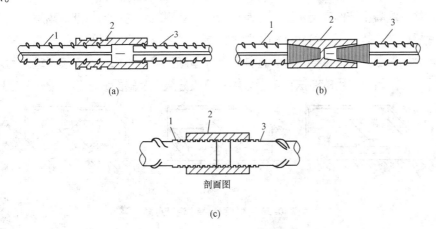

(a)

(b)

剖面图

(c)

图 10-27 机械连接接头种类

（a）挤压套筒接头；（b）锥螺纹套筒接头；（c）直螺纹套筒接头

1—已经连接钢筋；2—套筒；3—未连接钢筋

大体积混凝土，土木工程构件三个方向的最小尺寸超过 800mm 的混凝土施工，称为大体积混凝土施工。大体积混凝土施工水化热及裂缝控制是核心内容。

（三）混凝土工程

混凝土施工流程包括混凝土组成材料的计量，混凝土拌和物的搅拌、运输、浇筑和养护等。

1. 混凝土的置备与运输

组成混凝土的原材料包括水泥、砂石料、掺和料、外加剂及拌和水等。混凝土应根据混凝土强度等级、耐久性和工作性等要求进行配合比设计。混凝土制备的基本要求是将各种组成材料拌制成质地均匀、颜色一致、具备一定流动性的混凝土拌和物，并不得有离析和泌水现象。混凝土可采用现场搅拌和商品混凝土搅拌站配送两种方式。目前大规模的混凝土使用均由混凝土搅拌站配送。对商品混凝土，由于输送距离较长且输送量较大，为了保证被输送的混凝土不产生初凝和离析等降质情况，常应用混凝土搅拌输送车、混凝土泵或混凝土泵车等专用输送机械。而对于采用分散搅拌或自设混凝土搅拌点的工地，由于输送距离短且需用量少，一般可采用手推车、机动翻斗车、井架运输机或提升机等通用输送机械。

2. 混凝土的浇筑

浇筑混凝土前，应检查和控制模板、钢筋、保护层和预埋件等的尺寸、规格、数量和位置。此外，还应检查模板支撑的稳定性以及接缝的密合情况。由于混凝土工程属于隐蔽工程，因而对混凝土量大的工程、重要工程或重点部位的浇筑，以及其他施工中的重大问题，均应随时填写施工记录。

浇筑混凝土时，混凝土拌和物由料斗、漏斗、混凝土输送管、运输车内卸出时，如自由倾落高度过大，由于粗骨料在重力作用下，克服黏着力后的下落动能大，下落速度较砂浆快，因而可能形成混凝土离析。为此，混凝土自高处倾落的自由高度不应超过 2m，柱、墙等结构竖向浇筑高度超过 3m 时，应采用串筒、溜管或振动溜管浇筑混凝土。当堆料地点距离浇筑地点较远时，可采用混凝土泵，沿管道输送混凝土，可以一次完成水平及垂直运输，将混凝土直接输送到浇筑地点，是一种高效的混凝土运输方法。

混凝土结构多要求整体浇筑，如因技术或组织上的原因不能连续浇筑，且停顿时间有可能超过混凝土的初凝时间时，应事先确定在适当的位置设置施工缝。施工缝是结构中的薄弱环节，宜留在结构剪力较小而且施工方便的部位。

大体积混凝土结构在土木工程中常见，如工业建筑中的设备基础，高层建筑中地下室底板、结构转换层，各类结构的厚大桩基承台或基础底板以及桥梁的墩台等。其上有巨大的荷载，整体性要求高，往往不允许留施工缝，要求一次连续浇筑成型。大体积混凝土浇筑常采用的方法有全面分层、分段分层以及斜面分层等（图 10-28）。

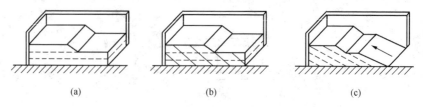

图 10-28　大体积混凝土浇筑方案

（a）全面分层；（b）分段分层；（c）斜面分层

混凝土浇筑入模后，由于内部骨料和砂浆之间摩阻力与黏结力的作用，混凝土流动性很低，不能自动充满模板的每一个角落。其内部含有大量的空气，不能达到密实度的要求，必须进行振捣。混凝土振捣分为人工振捣和机械振捣两种方式。振捣设备分为内部振捣器、表面振捣器、外部振捣器以及振动台。

在浇筑混凝土时，应制作供结构或构件拆模、吊装、张拉、放张和强度合格评定用的试件。用于检查结构构件混凝土强度的试件，应在混凝土的浇筑地点随机抽取。

3. 混凝土的养护

为了保证混凝土有适宜的硬化条件，使其强度不断增长，必须对混凝土进行养护。混凝土浇筑后，如气候炎热、空气干燥，不及时进行养护，混凝土中水分会蒸发过快，形成脱水现象，会使已形成凝胶体的水泥颗粒不能充分水化，不能转化为稳定的结晶，缺乏足够的黏结力，从而会在混凝土表面出现片状或粉状脱落。此外，在混凝土尚未具备足够的强度时，水分过早的蒸发还会产生较大的收缩变形，出现干缩裂纹，影响混凝土的耐久性和整体性。所以混凝土浇筑后初期阶段的养护非常重要，混凝土终凝后应立即进行养护。

混凝土的养护包括自然养护和蒸汽养护。混凝土自然养护应重点加强混凝土的湿度和温度控制，尽量减少表面混凝土的暴露时间，及时对混凝土暴露面进行紧密覆盖（可采用篷布、塑料布等进行覆盖），防止表面水分蒸发并结合实际情况适当洒水。蒸汽养护就是将构件放置在养护室内，在较高温度和相对湿度的环境中进行养护，以加速混凝土的硬化，使混凝土在较短的时间内到达规定的强度标准值。蒸汽养护主要用于预制构件。

（四）预应力钢筋混凝土工程

预应力钢筋混凝土是在混凝土结构或构件承受设计荷载前，预先对混凝土受拉区施加压应力，以抵消使用荷载作用下的部分拉应力。其目的是提高混凝土构件的抗裂性和刚度，充分发挥材料的作用。预应力混凝土构件具有良好的经济效益。近年来，随着预应力钢筋混凝土施工工艺的不断发展，相应的应用也越来越广泛。

在预应力混凝土结构中所采用的混凝土应具有高强、轻质和高耐久性的性质。一般要求混凝土的强度等级不低于 C30。预应力筋通常由单根或成束的钢丝、钢绞线或钢筋组成。对预应力筋的基本要求是高强度、较好的塑性以及较好的黏结性能。

预应力构件的施工方法按照张拉钢筋的先后顺序可分为先张法和后张法（图 10-29 和图 10-30）。先张法的主要施工工序为：在台座上张拉预应力筋至预定长度

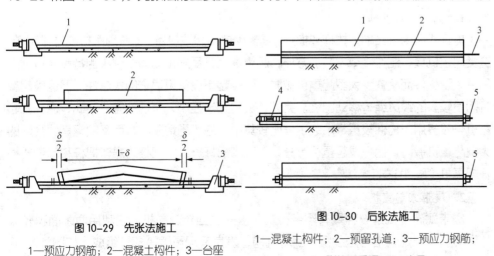

图10-29　先张法施工

1—预应力钢筋；2—混凝土构件；3—台座

图10-30　后张法施工

1—混凝土构件；2—预留孔道；3—预应力钢筋；

4—张拉千斤顶；5—夹具

后，将预应力筋固定在台座的传力架上，然后在张拉好的预应力筋周围浇筑混凝土，待混凝土达到一定的强度后（约为混凝土设计强度的 70%左右）切断预应力筋。由于预应力筋的弹性回缩，使得与预应力筋黏结在一起的混凝土受到预压作用。因此，先张法是靠预应力筋与混凝土之间黏结力来传递预应力的。先张法多用于预制构件厂生产定型的中小型构件。

后张法预应力混凝土构件可分为有黏结和无黏结两种。有黏结后张法预应力的主要施工工序为：浇筑好混凝土构件，并在构件中预留孔道，待混凝土达到预期强度后（一般不低于混凝土设计强度的 75%），将预应力钢筋穿入孔道；利用构件本身作为受力台座进行张拉（一端锚固一端张拉或两端同时张拉），在张拉预应力钢筋的同时，使混凝土受到预压；张拉完成后，在张拉端用锚具将预应力筋锚住；最后在孔道内灌浆使预应力钢筋和混凝土构成一个整体，形成有黏结后张法预应力结构。有黏结后张法预应力施工不需要专门台座，便于在现场制作大型构件，适用于配直线及曲线预应力钢筋的构件。但其施工工艺较复杂、锚具消耗量大、成本较高。无黏结预应力结构的主要施工工序为：将无黏结预应力筋准确定位，并与普通钢筋一起绑扎形成钢筋骨架，然后浇筑混凝土；待混凝土达到预期强度后（一般不低于混凝土设计强度的 75%）进行张拉（一端锚固一端张拉或两端同时张拉）；张拉完成后，在张拉端用锚具将预应力筋锚住，形成无黏结预应力结构。无黏结预应力混凝土的特点是无需留孔与灌浆，施工简单；张拉摩阻力小，预应力筋受力均匀；可做成多跨曲线状；构件整体性略差，锚固要求高。适用于现场整浇结构、较薄构件等（如梁、板等）。

五、结构安装工程

所谓结构安装工程，就是使用设备将预制构件安装到设计位置的整个施工过程，是装配式结构施工的主导工程。对于装配式结构的构筑物，都是将预制的各个单个构件，用起重设备在施工现场按设计图纸要求，安装成建筑物的。它具有设计标准化、构件定型化、产品工厂化、安装机械化的优点，是建筑行业进行现代化施工的有效途径。它可以改善劳动条件，加速施工进度，从而提高劳动生产率。

（一）吊装机械

用于结构安装工程的吊装机械主要是各类起重机。

1. 桅杆式起重机

桅杆式起重机又称为拨杆或把杆，是最简单的起重设备。一般用木材或钢材制作。这类起重机具有制作简单、装拆方便，起重量大，受施工场地限制小的特点。特别是吊装大型构件而又缺少大型起重机械时，这类起重设备更显它的优越性。但这类起重机需设较多的缆风绳，移动困难。另外，其起重半径小，灵活性差。因此，桅杆式起重机一般多用于构件较重、吊装工程比较集中、施工场地狭窄，而又缺乏其他合适的大型起重机械时。桅杆式起重机可分为：独脚把杆、人字把杆、悬臂把杆和牵缆式桅杆起重机（图 10-31）。

2. 履带式起重机

履带式起重机是一种具有履带行走装置的全回转起重机，它利用两条面积较大的履带着地行走，由行走装置、回转机构、机身及起重臂等部分组成，如图 10-32所示。

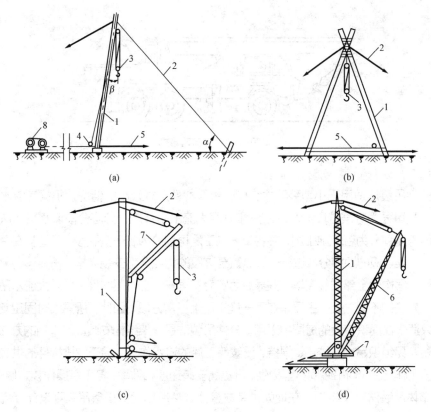

图 10-31 桅杆式起重机

（a）独脚把杆；（b）人字把杆；（c）悬臂把杆；（c）牵缆式桅杆起重机

1—把杆；2—缆风绳；3—其中滑轮组；4—导向装置；5—拉锁；

6—起重臂；7—回转盘；8—卷扬机

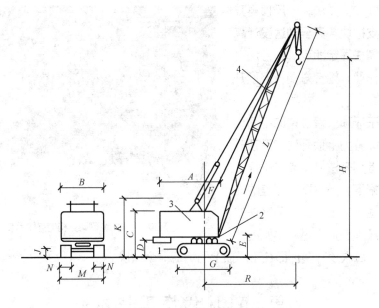

图 10-32 履带式起重机

1—行走装置；2—回转机构；3—机身；4—起重臂

3. 汽车式起重机

汽车式起重机是自行式全回转起重机，起重机构安装在汽车的通用或专用底盘上，如图 10-33 所示。

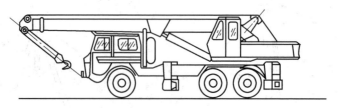

图 10-33 汽车式起重机

（二）分件吊装与整体吊装

分件吊装法适用于小型装配式结构、单体构件尺寸较小的情况。根据其流水方式不同，又可分为分层分段流水吊装法和分层大流水吊装法。分层分段流水吊装法就是将多层房屋划分为若干施工层，并将每一施工层再划分为若干安装段。起重机在每一段内按柱、梁、板的顺序分次进行安装，直至该段的构件全部安装完毕，再转移到另一段去。待一层构件全部安装完毕，并最后固定后，再安装上一层构件。分层大流水吊装法与上述方法的不同之处，主要是在每一施工层上不需分段，因此，所需临时固定支撑较多，只适于在面积不大的房屋中采用。分件吊装法是框架结构安装最常采用的方法。其优点是容易组织吊装、校正、焊接、灌浆等工序的流水作业；易于安排构件的供应和现场布置工作；每次均吊装同类型构件，可提高安装速度和效率；各工序操作较方便安全。

整体吊装法就是将构件在地面拼装成整体，然后用起重设备吊装到设计标高进行固定。相对应的方法有多机抬吊法和桅杆吊装法。图 10-34 所示为大型网架结构采用多机抬吊法施工。

（三）顶升法施工

顶升法是在地面上制作屋盖，完成后用数个千斤顶将屋盖均匀顶起，千斤顶上升一段，下面加支撑块，千斤顶再升起，再加支撑块，直至到达设计高度后将支撑块固定即可。该方法可避免高空作业，施工方便，但顶升技术要求高。

根据千斤顶放置位置的不同，顶升法可以分为上顶升法和下顶升法两种。上顶升法的特点是千斤顶倒挂在柱帽下，随着整个屋盖的上升千斤顶也随之上升。下顶升法的特点是千斤顶在顶升过程中始终位于柱基上，每次顶升循环即在千斤顶上面填筑一个柱块。

图 10-34 大型网架结构的整体吊装

第三节｜现代施工技术

近年来，我国经济持续快速发展，土木工程建设规模空前巨大，促进了建筑业的繁荣和发展。全国各地涌现一批又一批规模宏大、技术复杂的基础设施。这些工程结构的落成不但改善了人们的物质文化生活质量，而且大大促进了我国施工技术的发展。当前很多工程所采用的施工技术都达到了国际先进水平。

一、基础工程的施工技术

（一）大型基坑的支护技术

20世纪90年代以来，在我国改革开放和国民经济持续高速增长的形势下，全国工程建设也突飞猛进，为了保证建筑物的稳定性，建筑基础都必须满足地下埋深嵌固的要求。建筑高度越高，其埋置深度也就越深，对基坑工程的要求也越来越高，随之出现的问题也越来越多，这给建筑施工，特别是城市中心区的建筑施工带来了很大的困难。

各种建筑物与地下管线都要开挖基坑，一些基坑可直接开挖或放坡开挖，但当基坑深度较深，周围场地又不宽时，一般都采用基坑支护。过去支护比较简单，常采用的是钢板桩加井点降水，一般能满足基坑安全施工，而对于深基坑已不能满足要求。近几年来随着基坑深度和体量的增大，支护技术也有了较大进展。

大型基坑的支护系统按功能分常用的有以下三种：

（1）挡土系统。常用的有钢板桩、钢筋混凝土板桩、深层水泥搅拌桩、钻孔灌注桩、地下连续墙，其功能是形成支护排桩或支护挡土墙，阻挡坑外土压力。

（2）挡水系统。常用的有深层水泥搅拌桩、旋喷桩压密注浆、地下连续墙、锁口钢板桩，其功能是阻挡坑外渗水。

（3）支撑系统。常用的有钢管与型钢内支撑、钢筋混凝土内支撑、钢与钢筋混凝土组合支撑，其功能是支承围护结构与限制围护结构位移。

（二）逆作法施工

在建筑深基坑工程施工中，"逆作法"是先沿建筑物地下室轴线或周围施工地下连续墙或其他支护结构，同时在建筑物内部的有关位置浇筑或打下中间支承桩和柱，作为施工期间于底板封底之前承受上部结构自重和施工荷载的支撑。然后施工地面一层的梁、板、楼面结构，作为地下连续墙的支撑，随后逐层向下开挖土方和浇筑各层地下结构，直至底板封底。同时，由于地面一层的楼面结构已完成，为上部结构施工创造了条件，所以可以同时向上逐层进行地上结构的施工。如此地面上、下同时进行施工，直至工程结束。

与传统的施工方法相比，逆作法施工具有明显的优越性。传统的建筑深基坑施工方法是开敞式施工，需要进行支护处理，然后从基坑底部由下而上进行建筑施工，其中降水处理、基坑支护处理成本高，耗时耗力，还可能引起上面提到的诸多问题。逆作法施工可以克服这些问题。

二、主体工程的施工技术

（一）滑膜技术

滑模工程技术是我国现浇混凝土结构工程施工中机械化程度高、施工速度快、现场场地占用少、结构整体性强、抗震性能好、安全作业有保障、环境与经济综合效益显著的一种施工技术，通常简称为"滑模"。滑模不仅包含普通的模板或专用模板等工具式模板，还包括动力滑升设备和配套施工工艺等综合技术，目前主要以液压千斤顶为滑升动力。在成组千斤顶的同步作用下，带动工具式模板或滑框沿着刚成型的混凝土表面或模板表面滑动，混凝土由模板的上口分层向套槽内浇灌，当模板内最下层的混凝土达到一定强度后，模板套槽依靠提升机具的作用，沿着已浇灌的混凝土表面滑动或是滑框沿着模板外表面滑动，向上再滑动，这样如此连续循环作业，直到达到

大型基坑的支护

滑模施工

爬模施工

设计高度，完成整个施工。

滑模施工技术作为一种现代混凝土工程结构的高效率的机械施工方式，在土木建筑工程各行各业中，都有广泛的应用。只要这些混凝土结构在某个方向是不变化的规则几何截面，便可采用滑模技术进行高效率的施工制作或生产。在各种规则几何截面的混凝土结构上，滑模技术显示出了突出的优势，也使混凝土结构的施工经济性和安全性大大提高，施工制作效率成倍增加。

（二）爬模技术

爬模是爬升模板的简称，国外也称为跳模。它由爬升模板、爬架和爬升设备三部分组成，在施工剪力墙体系、筒体体系和桥墩等高耸结构中是一种有效的工具。由于具备自爬的能力，因此不需起重机械的吊运，这减少了施工中运输机械的吊运工作量。在自爬的模板上悬挂脚手架可省去施工过程中的外脚手架。综上所述，爬升模板能减少起重机械数量、加快施工速度，因此经济效益较好。

三、隧道结构的施工技术

（一）岩体隧道的施工——新奥法

新奥法是基于"岩承理论"发展起来的一种岩体隧道施工方法。新奥法即新奥地利隧道施工方法的简称，是奥地利学者拉布西维兹教授于 20 世纪 50 年代提出的。它是以既有隧道工程经验和岩体力学的理论为基础，将锚杆和喷射混凝土组合在一起作为主要支护手段的一种施工方法，经奥地利、瑞典、意大利等国的许多实践和理论研究，于 60 年代取得专利权并正式命名。之后这个方法在西欧、北欧、美国和日本等许多地下工程中获得极为迅速的发展，已成为现代隧道工程新技术的标志之一。我国近 40 年来，铁路等部门通过科研、设计、施工三结合，在许多隧道修建中，根据自己的特点成功地应用了新奥法，取得了较多的经验，积累了大量的数据，现已进入推广应用阶段。目前新奥法已经成为在软弱破碎围岩地段修建隧道的一种基本方法，技术经济效益明显。

（二）地铁隧道的施工——盾构法

针对于埋置在土体中的地铁隧道，目前常采用的是盾构法施工。虽然该施工方法已有 150 余年的历史，但直到近期才在我国得到广泛的应用。它被看作是闹市区的软弱地层中修建地下工程的最好的施工方法之一。随着盾构机械的不断发展，盾构法适应大范围的工程地质和水文地质条件的能力不断提高，已经成为城市地下空间开发利用的有效施工手段。

盾构法是使用盾构机为施工机械，在地层中修建隧道的一种暗挖方式施工方法。施工时在盾构机前端切口环的掩护下开挖土体，在盾尾的掩护下拼装衬砌（管片或砌块），在挖去盾构前面土体后，用盾构千斤顶顶住拼装好的衬砌，将盾构机推进到挖去土体的空间内，在盾构推进距离达到一环衬砌宽度后，缩回盾构千斤顶活塞杆，然后进行衬砌拼装，再将开挖面挖至新的进程。如此循环交替，逐步延伸而建成隧道。盾构法的施工如图 10-35 所示。

（三）地铁车站的施工——管幕工法和新管幕工法

管幕工法是非明挖工艺的一种，作为利用小口径顶管机建造大断面地下空间的施工技术，国外已有 20 年的发展历程。在日本、美国、新加坡和中国台湾地区等应用于穿越道路、铁路、结构物、机场等下方的开挖工程，都取得了不错的效果，积累了一定的施工经验。管幕工法以单管顶进为基础，各单管间依靠锁口在钢管侧面相连形成管排，并在锁口空隙注入止水剂以达到止水要求。管排顶进完成后，形成管幕，然后对管幕内的土体视土质情况决定是否进行加固处理；随后在内部一边支撑一边开挖，直至管幕段开挖贯通，再浇筑结构体。管幕可以为多种形状，包括半圆形、圆形、门字形、口字形等。管幕由刚性的钢管形成临时挡土结构，以减少开挖时对邻近土体的扰动，并相应地减小周围土体的变形，达到开挖时不影响地面活动并维持上部建（构）筑物与管线正常使用功能的目的。该工法适用范围较广。从国外已有的工程实例来看，管幕工法适用于回填土、砂土、黏土、岩层等各种地层，具有广阔的应用前景。

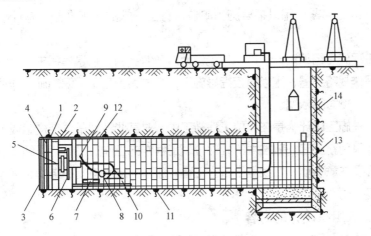

图 10-35 盾构法施工示意图

1—盾构；2—盾构斤顶；3—盾构正面网格；4—出土托盘；5—出土皮带运输机；6—管片拼装机；

7—管片；8—压浆泵；9—玉浆孔；10—出土机；11—衬砌结构；12—在盾尾

空隙中的压浆；13—后盾管片；14—竖井

新管幕工法是对管幕工法的一种改进，但与管幕工法有很大的区别。新管幕工法所顶钢管均为大直径钢管（直径一般在 1800mm 以上）。采用大直径钢管的目的是，可以在施工后期直接将拟建结构物外轮廓（结构底板、顶板、墙体）施做于所顶钢管形成的管排内，从而完成地下结构的构筑。管幕工法所顶钢管直径一般较小，拟建结构物的外轮廓也只是构筑在管排的内侧。广义地说，其施工原理与矿山开挖中的管棚法相似，一般只作为施工的临时支撑使用。新管幕工法适用于回填土、砂土、黏土、岩层等各种地层，必要时工程不需降水，在施工中采取止水措施处理。沈阳地铁二号线新乐遗址站就是采用该方法施工建成的，这在国内尚属首例。

第四节 施 工 组 织 设 计

施工组织是研究和制定使工程施工全过程既合理又经济的方法和途径。施工组织的任务是根据建筑产品生产的技术经济特点，以及国家基本建设方针和各项具体的技术规范、规程、标准，实现工程建设计划和设计的要求，提供各阶段的施工准备工作内容，对人、资金、材料、机械和施工方法等进行合理安排，协调施工中各专业施工单位、各工种、资源与时间之间的合理关系。

建筑工程施工组织设计，是指导施工全过程的技术经济文件。它根据建筑产品及其生产的特点，按照产品生产规律，运用先进合理的施工技术和流水施工基本理论与

地铁车站的施工，方法主要有明挖法、盖挖法、矿山法、盾构法、明暗挖结合的方法、管幕工法、新管幕工法等。施工方法的选择应根据工程性质、规模、工程地质和水文地质条件、地面及地下障碍物、环境保护要求、施工设备、工期要求等因素，经全面的技术、经济比较后确定。

新管幕工法施工

施工组织设计的编制依据

（1）经批准的扩大初步设计及说明书；

（2）合同规定的施工期限及进度要求；

（3）工程概算、定额、技术经济指标、调查资料；

（4）施工中配备的劳动力、机具设备；

（5）施工条件。

方法，使建筑工程的施工得以实现有组织、有计划地连续均衡生产，从而达到工期短、质量好、成本低的目的。

一、施工组织设计的种类

根据工程特点、规模大小及施工条件的差异、在编制深度和广度上的不同，而形成不同种类的施工组织设计。主要包括施工组织总设计、单位工程施工组织设计、分项工程施工设计。

施工组织总设计，是根据已批准的扩大初步设计编制的。它以若干相互联系的单项工程组成的建设项目或民用建筑群为编制对象。其目的是要对整个建筑项目的施工活动作战略部署，用以指导施工单位进行全场性的施工准备，有计划地开展施工活动。

单位工程施工组织设计，以单位工程为对象编制的，它是根据施工组织总设计，为单位工程作战略部署，用以直接指导施工。并成为施工单位编制施工作业计划，具体安排人力、物力的依据。

分项工程施工设计，是在单位工程施工中，对某些特别重要结构，或施工技术特别复杂，或采用新工艺、新技术的分部分项工程作施工作业设计，详细说明作业方法和作业过程及注意事项。如大型土石方工程，深基础降水与支护结构，厚大体积混凝土，以及冬、雨季施工等。

二、施工组织设计的内容

（一）施工组织设计的基本内容及其相互关系

施工组织设计通常具有下列内容：

（1）施工方法与施工机械，施工顺序与施工组织，统称施工方案。

（2）施工进度计划。

（3）施工现场平面的布置。

（4）资源、运输和仓储设施的需要及供应。

在上述四项内容中，第（3）和（4）项用于指导施工准备工作的进行，为施工创造物质技术条件；第（1）、（2）项是指导施工过程进行，规定整个施工活动。

施工的最终目的是按规定的工期，优质、低成本地完成建设工程，因此，进度计划在施工组织设计中具有决定性意义，是决定其他内容的主导因素。其他内容的确定首先要满足进度计划的要求，这样它就成为组织设计的中心内容。从组织设计顺序来看，施工方案是根本，是决定其他内容的基础。它虽然以满足工程合同工期作为选择施工方案的首选依据，但必须建立在施工方案的基础上，使进度计划始终受到施工方案的制约。另外，同样要看到，人力、物力的需要和施工现场平面布置是施工方案和进度计划得以实施的前提和保证。因此施工方案与进度计划的确立，是建立在现场的客观条件上进行选择和安排的。所以，施工组织四项内容是有机联系在一起的，并相互制约，相互补充。

（二）施工总组织设计的内容

（1）工程概况。说明建设项目的工程名称、性质、规模、建设地点；工程结构特征；建设地区的地形、地质、水文、气象等自然条件状况；地方技术资源的基本状况等。

（2）施工部署。说明主要建筑物的施工方案；主体工程与辅助工程的施工程序；新材料、新技术、新工艺的应用；工程任务的分配；施工准备工作等。

（3）施工总进度计划。确定包括施工准备工作计划在内的各个建筑物的施工顺序、工期控制，以及相互协调衔接关系；确定主要材料、劳动力、施工机具、成品与半成品及配件等物资需要量和供应计划。

（4）施工总平面图。

（三）单位工程施工组织设计的内容

（1）工程概况与施工条件。

1）工程特点，包括平面组合、高度、层数、建筑面积、结构特征、主要分项工程量和交付、使用的期限。

2）建设地点特征，包括位置，地形，工程地质，不同深度的土壤分析，冻结期与冻层厚，地下水位与水质，气温，冬雨季时间，主导风向，风力和地震烈度等特征。

3）施工条件，包括三通一平（水、电、道路畅通和场地平整）情况，材料、预制加工品的供应情况，以及施工单位的机具、运输、劳动力和管理等情况。

（2）施工方案。包括主要工种工程选用的机械类型及其布置和开行路线；确定构件种类和数量、生产方式；各主要工种工程的施工方法、施工顺序及技术经济比较。

（3）施工进度计划。表中标明各分部分项工程的项目、数量、施工顺序及其搭接和交叉作业情况。编制进度计划可应用流水施工原理或网络计划技术。此外，还应列出材料、机具、半成品等需用量计划，施工准备工作计划等。

（4）现场施工平面布置。现场临时建筑物、机械、材料、搅拌站、工棚及仓库等位置布置。

综上所述，单位工程施工组织设计的主要内容是施工方案、施工进度计划表和施工平面布置图三大部分。技术经济比较应贯彻始终，寻求最优方案和最佳进度。对简单的或一般常见的工程，施工单位又比较熟悉的项目，其单位工程施工组织设计可以简略一些。

施工组织设计的编制单位，随工程规模大小而定。一般大、中型施工项目或民用建筑群的施工组织总设计，应由建筑公司技术负责人组织有关单位编制；小型施工项目和一般工程项目，则由项目技术负责人组织有关人员编制。在一般情况下，用于直接指导施工的组织设计，应贯彻谁执行谁编制。这是因为负责项目施工的承包单位，要对项目的施工任务直接承担技术和经济责任。自己决定自己的施工项目的组织设计，执行起来比较顺利，比较切合实际，能更好发挥积极性去克服执行中的阻力和困难。

第五节 | 流水施工与网络计划

流水施工和网络计划是施工中的重要概念。工业生产的实践证明，流水作业法是组织生产的有效方法，其原理在建筑工程施工中同样适用。网络计划技术具有逻辑严密、主要矛盾突出、有利于计划优化调整等优点。在建筑施工中应用网络计划，使建筑企业计划的编制、施工的组织与管理有了一个可供遵循的科学基础。

一、流水施工

考虑工程项目的施工特点、工艺流程、资源利用、平面或空间布置等要求，其施工方式可以采用依次、平行、流水等施工组织方式。而流水施工是在建筑施工中广泛使用、行之有效的组织施工的计划方法。它建立在分工协作和大批量生产的基础上，其实质就是连续作业，组织均衡施工。它是工程施工进度控制的有效方法。

例如，要进行 m 个同类型施工对象的施工，每个施工对象可分为四个生产过程。在组织施工时可采用依次、平行作业和流水作业等不同生产组织方式（图 10-36）。

依次作业是指按着顺序逐个施工对象地进行施工［图 10-36（a）］。平行作业则是指所有 m 个施工对象同时开工，同时完工［图 10-36（b）］。若将 m 个施工对象的各施工过程有效地搭接起来，且使其中若干个施工对象处在同时划分施工状态，即把整个施工对象划分为若干个施工过程（在施工工艺上）和施工段（在空间上），由各施工队（组）依次在各施工段完成各自的施工过程，这种作业方式称为建筑工程的流水施工［图 10-36（c）］。

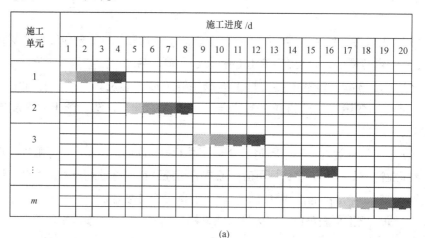

(a)

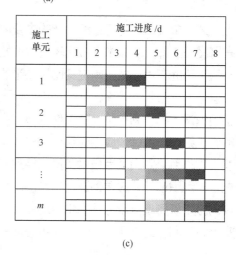

(b)　　　　　　　　　　　　　　　(c)

图 10-36　依次、平行和流水作业方法的比较

（a）依次施工；（b）平行施工；（c）流水施工

由图 10-36 可以看出，采用依次作业虽然同时投入的劳动力和物资资源较少，但是工作面空闲期长，施工工期明显增长。各施工队也为间歇作业，因而同一种物资资源的消耗也无法保证连续。采用平行作业，虽然可充分利用工作面，工期明显缩短，但施工队（组）数却大为增加，资源消耗过分集中，劳动力及物资资源使用也难以保证连续与均衡。采用流水施工则能消除依次作业与平行作业的缺点而保留其优点。从图 10-36（c）可以看出，由于划分了施工段，某些施工队（组）能在同一时间的不同空间平行作业，充分利用了空间，这就有利于制定合理的工期。各施工队（组）

也能保持自身的连续作业,资源消耗也就易于保持平均。由于实行了施工队(组)的生产专业化,因而可以促进劳动生产率的提高,并使工程质量更容易得到保证和提高。这些都为改善现场施工管理提供了良好的条件,实践证明其具有良好的经济效益。

流水施工的优点体现在以下几个方面:

(1)无工作面闲置,工期较短;

(2)各专业施工班(组)工作连续,没有窝工现象;

(3)施工专业化,利于提高工程质量和劳动生产率;

(4)日资源需求均衡;

(5)利于现场文明施工和科学管理。

流水施工的表达方式包括水平指示图表和垂直指示图表。水平指示图表又称为横道图,纵坐标为施工过程,横坐标为流水施工持续时间。垂直指示图表又称为斜线图,纵坐标为施工段,横坐标同样表示流水施工持续时间。水平和垂直图表都可作为流水施工的指示图表,但水平指示图表以其直观、便于绘制资源需求曲线而应用更为广泛。

二、网络计划

网络计划技术是以网络图的形式制订计划,求得计划的最优方案,并据以组织和控制生产,达到预定目标的一种科学管理方法。

网络计划图具有逻辑严密、主要矛盾突出、有利于计划优化调整等优点,因此在工业、农业、国防和关系复杂的科学计划管理中都得到广泛应用。

网络计划的应用,使建筑企业计划的编制、施工的组织与管理有了一个可供遵循的科学基础,是实现建筑企业管理现代化的途径之一。我国建筑企业自 1965 年开始应用这种方法,安排施工进度计划,在提高建筑企业施工管理水平、缩短工期、提高劳动生产率和降低成本等方面,均取得了显著效果。

网络计划图主要分为双代号网络计划图和单代号网络计划图。其中双代号网络图包含因素多,能够准确反映关键线路,是一种应用最广泛的网络计划图(图 10-37、图 10-38)。

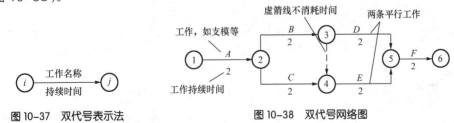

图 10-37 双代号表示法　　图 10-38 双代号网络图

双代号网络图中,箭线的箭尾节点表示该工作的开始,箭线的箭头节点表示该工作的结束,箭线表示某一项项工作。任意一条箭线都需要占用时间,消耗资源,工作名称写在箭线的上方,而消耗的时间则写在箭线的下方。虚箭线是实际工作中不存在的一项虚设工作,因此一般不占用资源,不消耗时间,用于正确表达工作之间的逻辑关系。节点反映的是前后工作的交接点,节点中的编号可以任意编写,但应保证后续工作的结点比前面结点的编号大,即图中的 $i < j$,且不得有重复。起始节点是网络图中第一个节点,它只有外向箭线(即箭头离向节点)。终点节点是最后一个节点,它只有内向箭线(即箭头指向节点)。中间节点是既有内向箭线又有外向箭线的节点。线路

即网络图中从起始节点开始，沿箭头方向通过一系列箭线与节点，最后达到终点节点的通路。一个网络图中一般有多条线路，线路可以用节点的代号来表示，比如①－②－③－⑤－⑥线路的长度就是线路上各工作的持续时间之和。网络图中总时间最长的线路称为关键线路，一般用双线或粗线标注。网络图中至少有一条关键线路，关键线路上的节点称为关键节点，关键线路上的工作称为关键工作。

第十一章 建设项目管理

工程项目管理是指工程建设者运用系统工程的观点、理论和方法，对工程进行全过程管理。其基本特征是面向工程实现生产要素在工程项目上的优化配置，为用户提供优质产品。由于管理主体和管理内容的不同，工程项目管理又可分为建设项目管理（由建设单位进行管理）、设计项目管理（由设计单位进行管理）、施工项目管理（由施工企业进行管理）和工程建设监理（由工程监理单位受建设单位的委托进行建设项目管理）。本章以概述建设项目管理内容为主，同时也涉及基本建设程序及法规、工程项目招投标、工程监理等内容。

第一节｜建设程序与法规

一、建设程序

建设程序反映了建设项目发展的内在规律和过程。建设程序分为若干阶段，这些阶段具有严格的先后次序，不能任意颠倒，必须共同遵守。这个先后次序就是建设程序。

建设程序是指建设项目从设想、选择、评估、决策、设计、施工到竣工验收、投入生产的正规建设过程中，各项工作必须遵守的先后次序的法则。这个法则是人们在认识客观规律的基础上制定出来的，是建设项目科学决策和顺利进行的重要保证。

在我国按现行规定，一般大中型和限额以上的项目从建设前期工作到建设、投产要经历以下几个阶段的工作程序：

（1）据国民经济和社会发展长远规划，结合行业和地区发展规划的要求，提出项目建议书；

（2）在勘察、试验、调查研究及详细技术经济论证的基础上编制可行性研究报告；

（3）根据项目的咨询评估情况，对建设项目进行决策；

（4）根据可行性研究报告编制设计文件；

（5）初步设计经批准后，做好施工前的各项准备工作；

（6）组织施工，根据工程进度，做好生产准备；

（7）项目按批准的设计内容建成，经投料试车验收合格后，正式投产，支付生产使用；

（8）生产运营一段时间后（一般为二年），进行项目后评价。

以上程序可由项目审批主管部门视项目建设条件、投资规模作适当合并。一般大中型和限额以上的项目从建设前期工作到建设、投产要经历的步骤主要有：前期工作阶段，主要包括项目建议书、可行性研究、设计工作；建设实施阶段，主要包括施工准备、建设实施；竣工验收阶段和后评价阶段。这几个大的阶段中每一阶段都包含着许多环节和内容。

二、建设法规

建设法规是国家法律体系的重要组成部分，是指国家立法机关或其授权的行政机关制定的旨在调整国家及其有关机构、企事业单位、社会团体、公民之间，在建设活动中或建设行政管理活动中发生的各种社会关系的法律、法规的总称。

基本建设活动是一个国家最基本的经济活动之一，它为各行各业提供最基本的物质环境。完善合理的建设法规体系可以规范人们的工程建设活动，为国家增加积累，使人民安居乐业。

（一）建设法规的调整对象

建设法规的调整对象主要包括三个方面：

（1）建设活动中的行政管理关系，即国家机关正式授权的有关机构对工程建设的组织、监督、协调等职能活动。建设活动与国家、人民的生命财产安全休戚相关，国家必须对此进行全面严格的管理。在管理过程中，国家就与建设单位、设计单位、施工单位、建筑材料和设备的生产供应单位以及各种中介服务单位产生管理与被管理的关系。这种关系由有关建设法规来调整和规范。

（2）建设活动中的经济协作关系，即从事工程建设活动的平等主体之间发生的往来协作关系。如建设单位与施工单位之间的建设工程合同关系、业主与建设监理单位之间的委托监理合同关系等等。这种关系也由建设法规来调整。

（3）建设活动过程中的其他民事关系。在建设活动过程中，还会涉及诸如房屋拆迁、从业人员与有关单位间的劳动关系等一系列民事关系，这些关系也需要由建设法规以及相关的其他法律部门来共同调整。

（二）建设法规的特征

建设法规除了具备一般法律法规所共有的特征外，还具备行政性、经济性、政策性和技术性特征。

行政性指建设法规大量使用行政手段作为调整方法。如授权、命令、禁止、许可、免除、确认、计划、撤销等。这是因为工程建设活动关乎人民生命财产安全，国家必然通过大量使用行政手段规范建设活动，以保证人民生命财产安全。

工程建设活动直接为社会创造财富，建筑业是可以为国家增加积累的一个重要产业部门。工程建设活动的重要目的之一就是要实现其经济效益。因此调整工程建设活动的建设法规的经济性是十分明显的。

工程建设活动一方面要依据工程投资者的意愿进行，另一方面还要符合国家的宏观经济政策。因此建设法规要反映国家的基本建设政策，政策性非常强。

工程建设产品的质量与人民的生命财产安全紧密相连，因此强制性遵守的标准、规范非常重要。大量建设法规是以规范、标准形式出现的，因此其技术性很明显。

（三）建设法规的体系构成

广义的建设法规体系由五个层次组成。

1. 建设法律

指由全国人民代表大会及其常委会制定颁布施行的属于国务院建设行政主管部门主管业务范围的各项法律。其效力仅次于宪法，在全国范围内具有普遍约束力。如《中华人民共和国城市规划法》、《中华人民共和国房地产管理法》、《中华人民共和国建筑法》、《中华人民共和国合同法》和《中华人民共和国招标投标法》等。

2. 行政法规

指由国务院制定颁布施行的属于建设行政主管部门主管业务范围的各项法规。行政法规是仅次于法律的重要立法层次。如《建设工程勘察设计管理条例》、《建设工程质量管理条例》、《城市房地产开发经营管理条例》等。

3. 部门规章

指国务院各部门根据法律和行政法规在本部门的权限范围内制定的规范性文件，其表现形式有规定、办法、实施办法、规则等等。如 2001 年 11 月 5 日建设部令第107 号《建筑工程施工发包与承包计价管理办法》、2001 年 8 月 29 日建设部令第 102号《工程监理企业资质管理规定》等。

4. 地方性法规

指地方国家权力机关制定的在本行政区域范围内实施的规范性文件。如《广东省建设工程招标投标管理条例》、《深圳经济特区建设工程质量条例》等。

5. 地方政府规章

指由省、自治区、直辖市人民政府制定的普遍适用于本地区的规定、办法、规则等规范性文件。如《广东省建筑市场管理规定》、《深圳市建设工程勘察设计合同管理暂行办法》等等。在以上五个层次的法规中，较低层次的法规不得与较高层次法规相抵触，如果出现矛盾，较低层次法规应服从较高层次法规的规定。

（四）建设法规的基本原则

工程建设活动投资大、周期长、涉及面广，其产品是建筑工程，关系到人民生命、财产的安全，为保证建设活动顺利进行和建筑产品安全可靠，建设法规立法时遵循的基本原则有以下几个方面。

1. 确保建设工程质量

建设工程质量是指国家规定和合同约定的对工程建设的适用、安全、经济、美观等一系列指标的要求。建设法规通过一系列规定对建设工程提出了强制性质量要求，是建设工程必须达到的最低标准，并赋予有关政府部门监督和检查的权力。

2. 确保工程建设活动符合安全标准

工程建设安全标准是对工程建设的设计、施工方法和安全所作的统一要求。多年以来，我国建筑业是伤亡率非常高的行业，建筑工地伤亡事件时有发生。建设法规通过一系列规定对工程建设活动的安全提出了强制性要求，并同时赋予有关政府部门监督和检查权力。

3. 遵守国家法律法规原则

建设活动是最频繁、对国家经济和人民生活影响最为巨大的社会经济活动之一。它涉及面广，建设法规对于建设活动的规定要与国家有关法律法规相统一。建设活动参与单位和人员不仅应遵守建设法规的规定，还要遵守其他相关法规的规定。

4. 合法权益受法律保护原则

宪法和法律保护每个市场主体的合法权益不受侵害。因此建设法规保护合法主体

工程项目的招标方式

（1）公开招标，也称为无限竞争性招标。由业主在国内外主要报纸、有关刊物上，有的可在电视、广播上，发布招标公告。凡对此有兴趣的承包商都可购买资格预审文件，预审合格可购买招标文件进行投标。

（2）邀请招标，也称为有限竞争性选择招标。这种方式不发广告，业主根据自己的经验和各种信息资料的了解，对那些被认为有能力承担该工程的承包商发出邀请。

（3）协商议标，也称为非竞争性招标或称指定性招标。这种方式是业主邀请一家，最多不超过两家承包商来直接协商谈判。实际上是一种合同谈判的形式。这种方式适用于工程造价较低、工期紧、专业性强或军事保密工程。

的合法权益，维护建设市场的正常秩序的系列规定对工程建设活动的安全提出了强制性要求，并同时赋予有关政府部门监督和检查的权力。

第二节｜工程项目招投标

以 1984 年国务院颁发《关于改革建筑业和基本建设管理体制若干问题的暂定规定》为起点，我国工程项目建设推行招投标制已经有 20 多年的历史。随着改革的深入，招标工程比例逐年上升，为了更好地管理招投标市场，1999 年 8 月 30 日九届全国人大常委会第 11 次会议通过了《中华人民共和国招标投标法》，自 2000 年 1 月 1 日起施行，规范了招投标市场。

建设工程招标投标，是在市场经济条件下国内、外的工程承包市场上为买卖特殊商品而进行的由一系列特定环节组成的特殊交易活动。上述概念中的"特殊商品"指的是建设工程，既包括建设工程的咨询，也包括建设工程的实施。

一、招投标的环节

招投标的环节包括：招标、投标、开标、评标和决标、授标和中标、签约和履约。

（一）招标

建设工程招标，是招标人标明自己的目的，发出招标文件，招揽投标人，并从中择优选定工程项目承包人的一种经济行为。建设工程招标，根据其招标范围、任务不同，通常有以下几种：

（1）建设工程项目总承包招标；

（2）建设工程勘察设计招标；

（3）建设工程材料和设备供应招标；

（4）建设工程施工招标；

（5）建设工程监理招标。

建设单位招标应当具备的条件有：

（1）招标人是法人或依法成立的其他组织；

（2）有与招标工程相适应的经济、技术、管理人员；

（3）有组织编制招标文件的能力；

（4）有审查投标单位资质的能力；

（5）有组织开标、评标、定标的能力。

不具备上述条件的，须委托具有相应资质的咨询、监理等单位代理招标。招标代理机构，是指在工程项目招标投标活动中，受招标人委托，为招标人提供有偿服务，代表招标人，在招标人委托的范围内，办理招标事宜的社会中介机构。

（二）投标

建设工程投标，是指获得投标资格后的投标人，在同意招标人招标文件中所提条件的前提下，对招标的工程项目提出报价填制标函，并于规定的期限内报送招标人，参与承包该项工程竞争的经济行为。

投标人投标应具备以下条件：

（1）具有独立订立合同的权利；

（2）具有履行合同的能力，包括专业、技术资格和能力，资金、设备和其他物质设施状况满足要求，管理能力等；

（3）没有处于被责令停业，投标资格被取消及财产被接管、冻结、破产状态；

（4）在最近三年内没有骗取中标和严重违约及重大工程质量问题；

（5）法律、行政法规规定的其他资格条件。

（三）开标与评标

开标是招标人按照自己既定的时间、地点，在投标人出席的情况下，当众开启各份有效投标书（即在规定的时间内寄送的且手续符合规定的投标书），宣布各投标人所报的标价、工期及其他主要内容的一种公开仪式。

评标即投标的评价与比较，是指在开标以后，由招标人或受招标人委托的专门机构，根据招标文件的要求，对各份有效投标书所进行的商务、技术、质量、管理等多方面的审查、分析、比较、评价工作。

评标时，要公布工程标底。工程标底是指招标人根据招标项目的具体情况，编制的完成招标项目所需的全部费用，是依据国家规定的计价依据和计价办法计算出来的工程造价，是招标人对建设工程的期望价格。标底由成本、利润、税金等组成，一般应控制在批准的总概算及投资包干限额内。标底价格是招标人控制建设工程投资、确定工程合同价格的参考依据；标底价格是衡量、评审投标人投标报价是否合理的尺度和依据。

评标委员会由招标人的代表和有关技术、经济等方面的专家组成，成员人数为5人以上单数，其中技术、经济等方面的专家不得少于成员总数的2/3。

评标原则和纪律包括：

（1）竞争择优；

（2）公平、公正、科学合理；

（3）质量好，履约率高，价格、工期合理，施工方法先进；

（4）反对不正当竞争。

（四）授标、签约和履约

授标是指招标人以书面形式正式通知某投标单位承包建设工程项目。投标人收到上述承包建设工程项目的正式书面通知则为"中标"。

签约是指中标人在规定的期限内与招标人签订建设工程承包合同，确立承发包关系。换言之，即为买卖双方成立交易。

履约是指工程的承发包双方互相监督配合，根据合同的规定，履行各自的权利、责任和义务，直到彻底完成关于工程项目的特定目标，结清全部工程价款，结束双方承发包关系。

二、建设工程招标的范围

《招标投标法》有明确规定：在中华人民共和国境内进行下列工程建设项目，包括项目的勘察、设计、施工、监理以及与工程建设有关的重要设备、材料等的采购，必须进行招标：

（1）大型基础设施、公用事业等关系社会公共利益、公众安全的项目；

（2）全部或者部分使用国有资金投资或者国家融资的项目；

（3）使用国际组织或者外国政府贷款、援助资金的项目。

招标人和中标人应当自中标通知书发出之日起30日内，按照招标文件和中标人的投标文件订立书面合同。

三、建设工程招标投标的意义

建设工程项目实施招投标制度有利于降低建设工程成本，优化社会资源的配置；有利于合理确定建设工程价格，提高固定资产投资效益；有利于加强国际经济技术合作；促进经济发展。此外，建设工程招标投标对于促进我国建设工程项目承包的相关单位增强企业的活力、建立现代企业制度，培育和发展国内的工程承包市场等都发挥着积极的作用。

第三节｜工 程 项 目 管 理

一、工程项目管理的概念

"项目"一词已越来越广泛地被人们应用于社会经济和文化生活的各个方面。所谓项目，即要在一定时间、在预算规定范围内，达到预定质量水平的一项一次性任务。而工程项目是最普遍、最典型、最为重要的项目类型。所谓工程项目是指为达到预期的目标，投入一定的资本，在一定的约束条件下，经过决策与实施的必要程序从而形成固定资产的一次性事业。它是一种既有投资行为又有建设行为的项目决策与实施活动，是工程建设的产品，也是工程项目管理的重点。工程项目具有特定的对象，它以形成固定资产为目的，由建筑、工器具、设备购置、安装、技术改造活动以及与此相联系的其他工作构成。它是以实物形态表示的具体项目，如修建一幢大楼、一座电站、铺设输油管道等。工程项目可能是一个独立的单体工程，也可能是一个系统的群体工程。

工程项目管理是指工程建设者运用系统工程的观点、理论和方法，对工程进行全过程管理。从项目的开始到项目的完成，通过项目策划和项目控制达到项目的费用目标（投资、成本目标）、质量目标和进度目标。三个目标共同构成项目管理的目标系统，三者间互相联系、互相影响，即对立又统一。三个目标在项目的策划、设计、计划过程中均经历由总体到具体，由概念到实施，由粗到细的过程，形成一个控制体系。工程项目管理必须保证三个目标结构的均衡性、合理性，力求达到目标系统的整体优化。

二、工程项目管理的发展历程

项目管理产生于第二次世界大战期间，它作为一门学科和一种特定的管理方法最早起源于美国。早期，美国将项目管理应用于大型军事项目、航天工程与工业开发等项目上，如曼哈顿原子计划、北极星导弹计划、阿波罗宇宙飞船载人登月计划及石油化工系统中。

到了 20 世纪 50 年代，随着社会生产力的高速发展，大型及特大型项目越来越多，需要高水平的管理手段和方法，项目管理伴随着管理和实施大型项目的需要得到了迅猛发展，目前已广泛应用于许多领域。20 世纪 60 年代，项目管理思想进入欧洲，开始广泛的理论研究和实践探索；20 世纪 70 年代，项目管理的方法和技术经历了一个不断细化、完善和提炼的过程，项目管理主要集中于职业化发展，专业化的项目管理咨询公司出现并蓬勃发展；20 世纪 80 年代，项目管理作为一门学科日趋成熟，世界各国的专业学会、协会相继形成，推动了项目管理的职业化进程；20 世纪 90 年代，人们扩大了项目管理的研究领域，包括合同管理、项目形象管理、项目风险管理、项目组织行为，在计算机应用上则加强了决策支持系统和专家系统的研究。

中国从 20 世纪 80 年代开始接触项目管理方法（由国外引入）。1980 年，世界银行规定：发展中国家的世界银行贷款项目必须委托国外项目管理咨询公司进行管理。随后，亚洲开发银行、德国复兴银行也做出类似规定。鲁布格水电站项目中的引水工程是利用世界银行贷款项目，它在 1984 年首先采用国际招标和开展项目管理，大大缩短了工期，降低了项目的造价，取得明显的经济效益。项目管理在工程中的成功运用给我国投资建设领域带来很大冲击。1987 国家计委等五个政府有关部门联合发出通知决定在建设项目和一批企业中试点采用项目管理方法。1988 年，建设部开始推行建设监理制度。1991 年建设部提出把工程建设领域项目管理试点转变为全面推广。

目前，项目管理已发展成一门较完整的独立学科，并已逐渐成为一个专业，一个社会职业，随项目管理逐步分工细化，形成了一系列项目管理的专门职业，例如专业项目经理、监理工程师、造价工程师、建造师、投资咨询工程师等。随着现代项目管理制度的推行，中国工程建设领域也进行了一系列体制改革。

第四节 ｜ 工 程 监 理

按照建设部、原国家计委颁布的《工程建设监理规定》，我国工程建设监理是指监理单位受项目法人的委托，依据国家批准的工程项目建设文件、有关工程建设的法律法规、工程建设监理合同及其他工程建设合同，对工程建设实施的监督管理。

一、工程建设监理的内涵

工程建设监理是针对工程项目建设所实施的监督管理活动。这有两层意思。第一层意思，是指工程项目是监理活动的一个前提条件。第二层意思，是指工程建设监理是一种微观管理活动，因为它是针对具体的工程项目而实施的。工程建设监理的行为主体是监理单位。监理单位是建筑市场的建设项目管理服务的主体，具有独立性、社会化和专业化的特点。工程建设监理的实施需要业主委托。监理单位提供的是高智能的建设项目管理服务。工程建设监理是有明确依据的工程建设管理行为。

建设监理是商品经济的产物。早在 100 多年前，工业发达国家的资本占有者进行工程项目建设决策时，就开始雇请有关的专家进行机会分析，之后又委托专家对工程项目建设的实施进行管理，从而产生了建设监理，并逐渐推广开来，成为国际惯例。

改革开放以来，尤其是自 20 世纪 80 年代开始，我国利用外资和国外贷款进行工程建设，根据外方要求，这些工程项目建设都实行了建设监理，并取得了良好的效果。如云南鲁布革水电站引水工程，就是实行了工程建设监理并取得了明显成效的最早的例证。由此引发了我国工程项目建设管理体制的重大改革，即开始实行建设监理制度。

二、工程建设监理的性质

（1）服务性。服务性是工程建设监理的重要特征之一。首先，监理单位是智力密集型的，它本身不是建设产品的直接生产者和经营者，它为建设单位提供的是智力服

建设工程监理的任务

"三控制"：质量、工期和投资控制，主要是对质量的控制。

"两管理"：对工程建设承发包合同的管理和对工程建设过程中有关信息的管理。

"一协调"：协调参与一项工程建设的各方的工作关系。这项工作一般是通过定期和不定期召开会议的形式来完成的，或者通过分别沟通情况的方式，达到统一意见、协调一致的目的。

务；另外，监理工程师在工程建设合同的实施过程中，有权监督建设单位和承包单位必须严格遵守国家有关建设标准和规范，贯彻国家的建设方针和政策，维护国家利益和公众利益。从这一意义上理解，监理工程师的工作也是服务性的。其次，监理单位的劳动与相应的报酬是技术服务性的。监理单位与工程承包公司、房屋开发公司、建筑施工企业不同，它不像这类企业那样承包工程造价，不参与工程承包的盈利分配，它按其支付脑力劳动量的大小而取得相应的监理报酬。

（2）公正性。公正性是指监理单位和监理工程师在实施工程建设监理活动中，排除各种干扰，以公正的态度对待委托方和被监理方，以有关法律、法规和双方所签订的工程建设合同为准绳，站在第三方立场上公正地加以解决和处理，做到"公正地证明、决定或行使自己的处理权"。

（3）独立性。独立性是工程建设监理的又一重要特征，其表现在以下几个方面：第一，监理单位在人际关系、业务关系和经济关系上必须独立，其单位和个人不得与工程建设的各方发生利益关系；第二，监理单位与建设单位的关系是平等的合同约定关系；第三，监理单位在实施监理的过程中，是处于工程承包合同签约双方，即建设单位和承建单位之间的独立一方，它以自己的名义，行使依法定立的监理委托合同所确认的职权，承担相应的职业道德责任和法律责任。

（4）科学性。科学性是监理单位区别于其他一般服务性组织的重要特征，也是其赖以生存的重要条件。监理单位必须具有现场解决工程设计和承建单位所存在的技术与管理方面问题的能力，能够提供高水平的专业服务，所以它必须具有科学性。

三、我国工程建设监理制度的主要内容

建设工程监理的内容总体可分为工程建设决策阶段的监理和实施阶段的监理，具体包括：

（1）决策监理，投资决策、立项决策、可行性研究决策的监督管理。

（2）设计监理，工程勘察、设计方案及设计概算、设计施工图及施工图预算。

（3）施工监理（国家真正含义所推行的监理），土建、安装、工艺等专业工种施工过程监理。

目前，我国决策阶段（可行性研究、论证和参与任务书的编制）的监理还是由政府行政管理部门进行管理。设计与保修由政府工程质量监督机构进行监督管理。

四、工程建设监理制度的范围

我国建设工程必须实行监理的范围：

（1）国家重点建设项目。

（2）大中型公用事业工程。

（3）成片开发建设的住宅小区工程。

（4）利用外国政府或国际组织贷款、援助资金的工程。

（5）国家规定必须实行监理的其他工程。

第十二章 工程防灾与减灾

自古以来，灾害就与人类共存，灾害给人类带来了巨大的损失，人类也为预防灾害和减轻灾害而作出了很大的努力。近代随着城市化的发展，人口和财富大量向城市集中，灾害给人类带来的负面作用尤为明显。城市一旦受到灾害袭击，会造成巨大的人员伤亡和财产损失，影响一个城市或一个地区的可持续性稳定发展。

所谓灾害是指那些由于自然的、人为的或人与自然综合的原因，对人类生存和发展造成损害的各种现象。尽管"灾害"一词在人们日常生活中经常使用，但如果认真地追根问底，则尚未有一个统一的定义。世界卫生组织对灾害的定义为：任何引起设施破坏、经济严重受损、人员伤亡、健康状况及卫生条件恶化的事件，如其规模已超出事件发生社区的承受能力而不得不向社区外部寻求专门援助时，就可称其为灾害。联合国"国际减轻自然灾害十年"专家组对灾害所下的定义为：灾害是指自然发生或人为产生的，对人类和人类社会具有危害后果的事件与现象。值得指出的是，"灾害"是从人类自身角度来定义的，灾害必须以造成人类生命、财产损失的后果为前提。例如，一次山体崩塌发生在荒无人烟的冰雪深山，并无人员伤亡，甚至无人知晓，则不会称作灾害。但是如果山体崩塌、滑坡发生在人员聚居的城镇，导致人员伤亡、房屋倒塌、农田被掩埋、水利设施被冲毁等，这就构成灾害事件。

自然灾害是自然界中物质变化、运动造成的灾害。自有人类以来，大小灾害不计其数，给人类带来了巨大的损失。例如：强烈的地震，可使上百万人口的一座城市在顷刻之间成为一片废墟，如唐山、汶川大地震；滂沱暴雨泛滥成灾，可摧毁农田、村庄，使成千上万居民流离失所；百年不遇的大旱，曾使非洲大陆田地龟裂、禾苗枯萎、饿殍遍野，惨不忍睹；火山喷发出灼热的岩浆，使意大利百年古城化为灰烬；强劲的飓风掠过，海浪滔滔，使孟加拉湾沿海村镇荡然无存。诸如此类，都是大自然带给人类的"天灾"。

人为灾害是由于人的过错或某些丧失理性的失控行为给人类自身造成的损害。例如用火不慎引起火灾可以使成片街区变为灰烬；烟花爆竹生产厂安全控制失误，引起爆炸而人亡厂毁；江河大堤因人工挖沙决口引起河水泛滥，从而使村庄成为泽国。由于人祸引起的灾害有火灾、爆炸、海难、空难、车祸、人口失控、城市膨胀、"三废"污染、工程事故以及投毒、战争、恐怖活动等。这些危害社会的现象，普遍存在于社会的各个领域，并屡屡发生。

自从人类社会形成以来，就受到各类灾害的威胁。每一次灾害的发生，都会给人类社会带来损失。随着科学技术的发展与进步，人类对灾害的发生、发展有了前所未有的认识，同时开始尝试着采取一些手段和措施减小灾害对人类自身造成的危害。近年来，"防灾减灾"已经成为国际社会的一个共同主题。20 世纪的最后 10 年，联合国将其命名为"国际减灾十年"，并规定每年 10 月的第二个星期三为"国际减少自然灾害日"，旨在唤起全世界对灾害问题的关注。本章将重点介绍与土木工程相关的主要灾害及防治措施。

第一节 | 各类工程灾害及防治措施

对工程结构影响较大的灾害类型包括地震、风灾、地质灾害（滑坡、泥石流）以及各类人为因素造成的工程灾害，如火灾、爆炸及工程事故等。

一、地震灾害及防治

地震是一种严重危及人们生命财产的突发性自然灾害。它是由地壳破坏引发的地面运动，这种运动具有突发性和不可预测性，对土木工程结构造成的破坏后果尤为严重。

地震按其成因分为诱发地震、陷落地震、火山地震和构造地震四类。诱发地震是由于人工爆破、矿山开采、水库储水、深井注水等原因所引发的地震，这种地震强度一般比较小，影响范围也相对较小。陷落地震是由于地面陷落引起的，如喀斯特地形、矿坑下塌等引起的地震。火山地震是由于火山爆发、岩浆猛烈冲击地面引起的地震。构造地震是由于地壳构造运动使得深部岩石的应变超过容许值，岩层发生断裂、错动而引起的地面振动。构造地震发生的次数多，影响范围广，我们平时所说的地震就是指构造地震。它也是地震工程和工程抗震的主要研究对象。

我国地处环太平洋地震带与欧亚大陆地震带之间，地震分布相当广泛，平均每年发生 30 次 5 级以上地震、6 次 6 级以上地震，1 次 7 级以上地震，是一个地震频发的国家。自 1950 年以来，我国发生数十次大的地震，其中影响较大的如 1975 年的海城地震、1976 年的邢台地震、1976 年的唐山大地震、1996 年的云南丽江地震、2008 年的四川汶川地震以及 2009 年的青海玉树地震等。这些地震给人们的生命财产造成了巨大的损失，在人们的心里留下了巨大的创伤。特别是 1976 年的唐山大地震和 2008 年的汶川大地震，使国家蒙受了巨大的损失。

1976 年 7 月 28 日凌晨 03 时 42 分，唐山市发生 7.8 级地震（图 12-1）。地震的震中位置位于唐山市区。这是中国历史上一次罕见的城市地震灾害。顷刻之间，一个百万人口的城市化为一片瓦砾，人民生命财产及国家财产损失惨重。北京市和天津市受到严重波及。地震破坏范围超过 3 万 km²，有感范围广达 14 个省、市、自治区，相当于全国面积的 1/3。地震发生在深夜，市区 80% 的人来不及反应，被埋在瓦砾之下。极震区包括京山铁路南北两侧的 47km²。区内所有的建筑物均几乎都荡然无存。一条长 8km、宽 30m 的地裂缝带，横切围墙、房屋和道路、水渠。震区及其周围地区，出现大量的裂缝带、喷水冒沙、井喷、重力崩塌、滚石、边坡崩塌、地滑、地基沉陷、岩溶洞陷落以及采空区坍塌等。地震共造成 24.2 万人死亡，16.4 万人受重伤，仅唐山市区终身残废的就达 1700 多人；毁坏房屋 1479 万 m²，倒塌民房 530 万间；直接经济损失高达到 54 亿元。全市供水、供电、通信、交通等生命线工程全部破坏，所有工矿全部停产，所有医院和医疗设施全部破坏。地震时行驶的 7 列客货车和油罐车脱轨。蓟运河、滦河上的两座大型公路桥梁塌落，切断了唐山与天津和关外的公路交通。市区供水管网和水厂建筑物、构造物、水源井破坏严重。

2008 年 5 月 12 日 14 时 28 分，四川汶川县映秀镇发生 8.0 级地震，造成了严重的人员伤亡和经济损失（图 12-2）。汶川地震是中国自新中国成立以来震级强度第三的地震（仅次于 1950 年西藏墨脱 8.5 级地震和 2001 年昆仑山 8.1 级地震），直接严重受灾地区达 10 万 km²，造成 69195 人遇难，374177 人受伤，失踪 18440 人。中国除黑龙江、吉林、新疆外均有不同程度的震感。其中以陕甘川三省震情最为严重。甚至泰国首都曼谷，越南首都河内，菲律宾、日本等地均有震感。汶川地震还诱发了严重的地质灾害和次生灾害。

东日本大地震，2011 年 3 月 11 日，日本当地时间 14 时 46 分，日本东北部海域发生里氏 9.0 级地震并引发海啸，造成重大人员伤亡和财产损失。地震震中位于宫城县以东太平洋海域，震源深度 20km。东京有强烈震感。地震引发的海啸影响到太平洋沿岸的大部分地区。地震造成日本福岛第一核电站 1～4 号机组发生核泄漏事故。

图 12-1　1976 年唐山大地震

图 12-2　2008 年汶川地震

地震所引起的地面剧烈运动使得房屋、桥梁等各类建筑跟随地面剧烈摇晃，其后果是轻者发生破坏，重者倒塌。地震除了对工程结构造成巨大的破坏，给人员生命财产安全带来威胁外，对城市生命线工程系统（由供水、供水、供电、煤气、通信、交通、电力等基础设施组成的系统）也会造成直接的破坏。该系统一旦失效会导致整个社会陷入瘫痪，同时引起更大的损失。另外地震还会引起一些次生灾害，如地震造成的山体滑坡、泥石流、海啸、瘟疫、火灾、爆炸、毒气泄漏、放射性物质扩散等，都会加重地震产生的后果。近年来，国外几次近海地震所诱发海啸造成的损伤十分惊人，比较严重的如 2004 年印度洋大地震以及 2011 年的东日本大地震，给当地带来了巨大的人员和财产损伤。特别是东日本大地震，引发海啸的同时，还造成福岛核电站发生泄漏事故，给周边环境造成了严重的核污染。

随着世界各地城市化进程的加快、人口向大城市集中，采取必要的抗震措施以减小地震造成的人员财产损失势在必行。数次的震害表明，一次大地震可能在数十秒时间内将一座城市夷为平地。如何防止、减少地震灾害造成的损失，是地震工程和工程抗震技术人员肩负的重要使命。

从 1966 年的邢台地震以后，我国逐渐加大了对地震灾害的重视程度，开始了地震监测和预报的工作。其中 1975 年海城地震是世界范围内的一次成功的地震预报实例。虽然海城地震达 7.3 级，且发生在人员密集的城市地区，但是由于震前作出了中期预测和短临预报，且采取了一系列应急防震措施，因而大大减少了人员伤亡。

但是，就目前的技术而言，想要准确预报地震仍然很难做到。因此，目前工程抗震根本性的措施就是采取合理的抗震设计方法，提高建筑物的抗震能力，防止严重破坏，避免倒塌。我国第一部正式批准的抗震规范出版于 1974 年。在 2001 版的《建筑抗震设计规范》（GB 50011—2001）中明确提出了建筑物"三水准"的抗震设防目标。所谓"三水准"是指建筑物遭受低于本地区抗震设防烈度的地震影响时，一般不受损坏或不需修理即可继续使用；当遭受相当于本地区抗震设防烈度的地震影响时，可能损坏，但经一般修理或不需修理仍可继续使用；当遭受高于本地区抗震设防烈度的罕遇地震影响时，不致出现倒塌或危及生命的严重破坏。上述三个水准的抗震设防目标可简述为"小震不坏，中震可修，大震不倒"。

为了实现三水准抗震设防目标，抗震设计采取两阶段方法。第一阶段设计，对有抗震要求的建筑均属基本的、必须遵循的设计内容；第二阶段设计，仅对抗震有特殊要求或在地震时易倒塌的建筑才需考虑。第一阶段为结构设计阶段，主要任务是承载力计算和辅以一系列构造措施。确定结构方案和结构布置，用小震（多遇地震）作用计算结构的弹性位移和构件内力，用极限状态设计截面钢筋，进行截面承载力抗震验算，并进行结构抗震变形验算，按延性和耗能要求，采用相应的构造措施。这样就可以认为所得的结构，既满足第一水准所必要的承载力可靠度，同时也满足第二水准——损坏可修的设防要求了。通过概念设计的控制和一系列构造措施对延性的增强，这就约略地考虑了第三水准的设计要求。第二阶段为验算阶段，主要是对抗震有特殊要求或对地震特别敏感、存在大震作用时易发生震害的薄弱部位进行弹塑性变形验算。要求该薄弱部位的弹塑性变形值在免塌的允许范围内，如果层间变形超过允许值，认为结构可能出现严重破坏或倒塌，则需要对此薄弱部位采取必要的措施，直到满足变形要求。两阶段抗震设计是对三水准抗震设计思想的具体实施。通过两阶段设计中第一阶段对构件界面承载力验算和第二阶段对弹塑性变形验算，并与概念设计和构造措施相结合，从而实现"小震不坏、中震可修、大震不倒"的抗震要求。

在抗震设计中，除了进行必要的抗震计算外，抗震概念设计也是非常重要的内容。概念设计是指进行结构设计时，根据地震灾害和工程经验等所形成的基本设计原则和设计思想，进行建筑和结构总体布置并确定细部构造的过程。概念设计是结构工程师展现先进设计思想的重要环节，结构工程师对特定的建筑空间应能用整体的概念来完成结构总体方案的设计，并处理好结构与结构、结构与构件、构件与构件之间的关系，确定好细部构造的做法。由于地震是随机的，有难于把握的复杂性和不确定性，目前还难以做到能准确预测建筑物所遭遇地震的特性和参数。同时，在结构分析方面，由于不能充分考虑结构的空间作用、非弹性性质、材料时效、阻尼变化等多种因素，也存在着不准确性。因此，结构工程抗震问题不能完全依赖"计算设计"解决，结构抗震性能的决定因素是良好的"概念设计"。概念设计是一种设计的思路，可以认为是定性的设计，它不以精确的力学分析为依据，而是对工程进行概括的分析，制定设计目标，采取相应的措施。概念设计的概念包括安全度的概念、力学的概念、材料的概念、荷载的概念、抗震的概念、施工的概念以及使用的概念等。概念设计要求结构工程师融合这些概念并将其贯穿到结构方案设计、结构构件布置、计算简图抽象、计算结果分析处理中，也就是说结构工程师在结构设计一开始，就应把握好能量输入、房屋体型、结构体系、刚度分布、构件延性等几个主要方面，从根本上消除建筑中的抗震薄弱环节，再辅以必要的计算和构造措施，就有可能使设计出的房屋建筑具有良好的抗震性能和足够的抗震可靠度。抗震概念设计主要考虑的内容有：选择对抗震有利的场地和地基与基础的设计要求、有利的房屋体形和合理的结构布置、正确选择抗震结构体系、重视非结构构件的设计等。

二、风灾及防治

风是相对地面的空气运动，适度的风对人类的生产和生活起到有益的作用。对建筑结构和生命线工程能够产生不良影响的风属于强风，主要有台风和龙卷风等。

台风是热带气旋的一个类别（图 12-3）。热带气旋按照其强度的不同，依次可分为热带低压、热带风暴、强热带风暴、台风、强台风和超强台风。当热带气旋的中心风速达到 12 级（即风速为 32.7m/s）以上时，可以称之为台风。台风产生于西太平洋北部的洋面上，它一边旋转一边沿着一定路径前进，给沿途带来暴风骤雨。台风不但给沿海城市带来风灾，还会引起洪水，引发滑坡和泥石流等地质灾害。2006 年 8 月 10 日，在我国东南沿海登陆的台风"桑美"，中心附近最大风力达 17 级，是近 50 年来登陆我国的最强台风之一。福建省宁德市在这次台风中受灾严重。供造成 210 人死亡，167 人失踪，倒塌房屋 10.32 万间，损坏房屋 2516 万间，冲毁公路路基 238.92km，损坏输电线路 91.82km、通信线路 22113km，损坏堤坝 129 处、护岸 239 处、水闸 40 处、灌溉设施 930 处，因灾直接经济损失高达 42 亿元。

龙卷风（图 12-4）是在极不稳定天气下由空气强烈对流运动而产生的一种伴随着高速旋转的漏斗状云柱的强风涡旋。其中心附近风速可达 100～200m/s，最大 300m/s，比台风（产生于海上）近中心最大风速大好几倍。龙卷风的破坏性极强，其经过的地方，常会发生拔起大树、掀翻车辆、摧毁建筑物等现象，甚至把人吸走。2010 年 5 月 6 日，重庆市垫江、梁平、涪陵、彭水等 12 个区县遭受了一场罕见的大风、冰雹、暴雨灾害。强对流天气形成的龙卷风造成 29 人死亡、1 人失踪、180 余人受伤，5 万多间房屋受损。

图 12-3　台风卫星云图

图 12-4　龙卷风

内陆地区的强风虽然逊于台风和龙卷风，影响范围较小，但可能给工程结构带来严重的损坏。因为风对结构的作用不仅与风速有关，还受结构形体、所处环境的影响。对于高层建筑、大跨度桥梁结构、输电塔和渡槽等受风面积大的柔性结构受风的影响尤为明显。例如，柔性大跨度桥梁在风的作用下可能产生颤振和驰振，对桥梁造成的危害较大。著名的工程事故实例当属 1940 年美国 Tacoma 悬索桥的风毁事件。在一场风速不到 20m/s 的风振作用下，由于风振频率与大桥自振频率一致而形成结构共振，最终导致桥梁吊杆拉断而倒塌。在一些高楼云集的地区，易形成人造风口，风力在此大大加强，放大了风对附近高层建筑的作用。另外，近年来玻璃幕墙、大型广告牌风毁伤人的事件也屡有发生。

对于受风振作用明显的结构类型，其抗风设计与抗震设计同等重要。首先要加强工程结构的抗风设计，针对生命线工程、非主体但易损构件开展风灾易损性分析，及时加固并进行防风设计。积极开展针对各地区的风荷载特性研究，如地区风压分布、地面粗糙度划分、高层建筑风效应、大跨结构的风振分析等。另外，对于风灾严重的

台风、飓风与旋风，都是指风速达到 33m/s 以上的热带气旋，只是因发生的地域不同，才有了不同名称。生成于西北太平洋和我国南海的强烈热带气旋被称为"台风"；生成于大西洋、加勒比海以及北太平洋东部的称为"飓风"；而生成于印度洋、阿拉伯海、孟加拉湾的称为"旋风"。

塔可马（Tacoma）悬索桥垮塌事故，发生在 1940 年 11 月 7 日，美国跨度 853m 的塔可马大桥在大约 19m/s 的风速（相当于 8 级风）下发生剧烈的振动而垮塌，这在当时是不可理解的。事后对事故原因进行调查，发现风振频率与桥的自振频率一致，形成共振，从而造成桥梁垮塌。此事件发生后，人们开始重视风振对大跨度柔性桥梁结构的影响。

甘肃舟曲泥石流, 2010年8月7日22时许,甘南藏族自治州舟曲县突降强降雨,县城北面的罗家峪、三眼峪泥石流下泄,由北向南冲向县城,造成沿河房屋被冲毁,泥石流阻断白龙江,形成堰塞湖。在这次特大泥石流灾害中遇难1434人,失踪331人。

地区还要有防风灾害的对策,如在北方大陆内建造防风固沙林,在沿海地区建造防风护岸植被,以减小风力及大风对城市或海岸的破坏。在经常受风灾危害的地区,建立预报、预警体制。以目前的气象预报水平,提前几小时到几十小时进行大风预报是完全可能的。接到预报后采取紧急的防灾措施,可以大大减小风的灾害。城市应编制风灾害影响区划,建立合理有效的应对策略,如避风疏散应急预案等。

三、工程地质灾害及防治

自然的变异和人为的作用都可能导致地质环境或地质体发生变化,当这种变化达到一定程度,其产生的后果便给人类和社会造成危害,称为地质灾害。常见的地质灾害包括滑坡、泥石流等（图12-5和图12-6）。

图12-5　山体滑坡冲毁公路　　　　图12-6　泥石流冲毁村舍

（一）滑坡

滑坡是指斜坡上的土体或者岩体,受河流冲刷、地下水活动、地震及人工切坡等因素影响,在重力作用下,沿着一定的软弱面或者软弱带,整体地或者分散地顺坡向下滑动的自然现象。

滑坡不仅会毁坏耕地,冲毁房屋,掩埋人、畜,还会破坏铁路、高速公路、输油管道、水电站等。这些城市间交通、能源、建筑的破坏所造成的损失比毁坏一般建筑物要严重得多。这种破坏不但对承灾地点造成重大损失,也会给其相联系的其他地方造成重大影响。例如,因滑坡造成的铁路断道,火车不能运行,就会严重影响该条铁路沿线所有的大中城市的运输和旅行。

对于滑坡地带的建筑,一般均应首先考虑绕避原则。对于无法绕避的滑坡地区工程,经过技术经济比较,在经济合理及技术可能的情况下,即可对滑坡工程进行整治。滑坡整治可以从两个角度进行,一是直接整治滑坡,采取各种工程技术措施阻止滑坡的产生;二是采取工程技术措施,保护滑坡发生时可能受到危害的生命财产和各种重要国防、交通、通信设施。

相关工程措施归纳起来可分为三类:一是消除或减轻水的危害,排除地表水、地下水及河水对滑坡体的影响。二是改变滑体的外形,重心降低,从而提高滑体稳定性。修筑抗滑片石垛、抗滑桩、抗滑挡墙等支挡工程,增加滑坡的重力平衡条件,使滑体恢复稳定。三是改善滑动带的土石性质,采用焙烧法、爆破灌浆法等物理化学方法对滑坡进行整治。

（二）泥石流

泥石流是产生于山区的一种严重的地质灾难,它是由暴雨、冰雪融水等水源激发的，含有大量泥沙石块的特殊洪流。其特征是突然爆发，在很短的时间内大量泥沙石块如流体一般沿着陡峻的山沟前推后拥，奔腾咆哮而下，地面为之震动，山谷犹如雷鸣，常常给人类生命财产造成很大灾害。

泥石流的发生发展与山地环境的形成演化过程息息相关，是环境退化、生态失衡、地表结构破坏、水土流失、地质环境恶化的产物。人口的增长及在山区进行的不合理生产活动，在很大程度上加剧了泥石流的形成和发展。

泥石流最常见的危害是冲进村镇、摧毁房屋、淹没人畜、毁坏土地，造成村毁人亡的灾难。泥石流还有可能埋没铁路、公路，摧毁路基、桥涵等设施，致使交通中断，引起正在运行的火车、汽车颠覆，造成重大的人身伤亡事故，甚至迫使道路改线。有时，泥石流汇入河道，引起河道大幅度变迁。2010 年 8 月 7 日至 8 日，甘肃省舟曲爆发特大泥石流，造成 1434 人遇难，331 人失踪，舟曲 5km 长、500m 宽区域被夷为平地。

防治泥石流的主要工程措施包括：

（1）修建蓄水、引水工程，其作用是拦截部分或大部分洪水，削减洪峰，以控制暴发泥石流的水动力条件；

（2）修建挡土墙、护坡等支挡工程，其作用主要是拦泥石流和护床固坡；

（3）修建排导沟、渡槽、急流槽、导流堤等排导工程，其作用是调整流向，防止漫流，以保护附近的居民点、工矿点和交通线路；

（4）修建拦淤库和储淤场等储淤工程，储淤工程的主要作用是在一定期限内，一定程度上将泥石流固体物质在指定地段停淤，从而削减下泄的固体物质总量及洪峰流量。

避免泥石流发生的根本措施在于维持生态平衡、保护植被、合理耕牧，使流域坡面得到充分保护、免遭冲刷，从而有效控制泥石流发生。

四、火灾及爆炸

火灾和爆炸是对建筑威胁较大的事故，多为人为因素造成。提高建筑物的火灾和爆炸的防范能力，对于减小生命财产损失，降低不良社会影响具有重大的意义。

（一）火灾

火灾是指在时间和空间上失去控制的燃烧所造成的灾害。在各种灾害中，火灾是最经常、最普遍地威胁公众安全和社会发展的主要灾害之一。它可以是天灾，也可以是人祸。因此火灾既是自然现象，又是社会现象。

火灾灾害的属性按照产生燃烧的不同条件可以分为自然火灾和建造物火灾。自然火灾是指在森林、草场等一些自然区发生的火灾。这类火灾的起因有两种。一种是由大自然的物理和化学现象引起的，有直接发生的，如火山喷发、雷火等。也有条件性的次生火灾，如干旱高温的自燃、地下煤炭的引燃等。另一种则是由人类自身行为的不慎所引起的火灾。这类火灾发生的次数不多，但其火势一般都较大，难以扑灭，例如森林、煤矿火灾等。建造物火灾是指发生于各种人为建造的物体内的火灾。事实证明，最常见、最危险、对人类生命和财产造成损失最大的还是这类发生于建造物之中的火灾。

建筑火灾的发展一般要经历初起、发展、猛烈、下降和熄灭五个阶段。初起阶段是扑救的最有利时机。这个阶段火灾的面积不大，烟和气体的流动速度比较缓慢，辐

大兴安岭火灾， 1987 年 5 月 6 日至 6 月 2 日，在黑龙江省大兴安岭地区发生特大森林火灾，火灾过火面积达 133 万公顷森林，外加 1 个县城、4 个林业局镇、5 个贮木场。火灾直接损失达 4.5 亿元人民币，间接损失达 80 多亿元。此次火灾是新中国成立以来最严重的一次森林火灾。

被火灾烧毁的高层建筑

美国9·11恐怖袭击事件，美国东部时间 2001 年 9 月 11 日上午，恐怖分子劫持的 4 架民航客机撞击美国纽约世界贸易中心和华盛顿五角大楼的历史事件。包括美国纽约地标性建筑世界贸易中心双塔在内的 6 座建筑被完全摧毁，其他 23 座高层建筑遭到破坏，美国国防部总部所在地五角大楼也遭到袭击。

在这次袭击事件中，共有 3000 多人丧生，直接经济损失达到 2000 亿美元。事件发生后，美国经济一度处于瘫痪状态。

射热较低，火势向周围发展蔓延比较慢，还没有突破房屋建筑外壳。随着燃烧强度的继续增加，环境温度升高，气体对流增强，燃烧速度加快，燃烧面积扩大。当火势发展至猛烈阶段，燃烧达到高潮，燃烧强度最大，辐射热量强，燃烧物质分解出大量的燃烧产物，温度和气体对流达到最大限度，浓烟、烈火气势逼人，火场内部有的结构构件强度受到破坏，可能发生变形或倒塌。随后，随着可燃物的逐渐消耗，火势逐渐下降直至熄灭。

建筑物火灾不仅会引起巨大的财产损失，也会造成重大的人员伤亡。特别是当火灾发生在人员密集的建筑物内，火场中产生的烟雾，人员出逃时相互拥挤踩踏，都会增加人员的伤亡。1994 年 12 月 8 日，新疆克拉玛依市发生恶性火灾事故。在一场由教委组织的文艺演中，舞台纱幕被光柱灯烤燃，火势迅速蔓延至剧厅，各种易燃材料燃烧后产生大量有害气体，由于演出场馆内很多安全门紧锁，造成 325 人死亡、132 人受伤。死者中 288 人是学生，37 人是老师、家长和工作人员。这次火灾是我国近年来发生的一起代表性的恶性火灾事件，给我们留下了惨痛的教训。

对建筑火灾的防范可以从多方面入手。首先在设计阶段要做好建筑防火设计。如在建筑总平面设计中考虑建筑物防火间距、消防通道和防火分区等；在建筑构造设计中设置防火墙、排烟道、卷帘门以及紧急疏散通道等；在建筑物内部装修设计中选用耐火性好的材料；同时按照消防设计，配备消防系统。在建筑物日常使用中，落实防火责任制度，防患于未然。

（二）爆炸

爆炸，是指大量能量在瞬间迅速释放或急剧转化成功、光和热的现象，按照类型可分为物理爆炸和化学爆炸。由于液体变成蒸气或者气体迅速膨胀，压力急速增加，并大大超过容器的极限压力而发生的爆炸称为物理爆炸，如蒸气锅炉、液化气钢瓶等压力容器的爆炸。因物质本身起化学反应，产生大量气体和高温而发生的爆炸称为化学爆炸，如炸药的爆炸，可燃气体、液体的爆炸等。

如果在建筑物附近或者内部发生破坏性爆炸，将会对建筑结构产生重大的危害。因此，对于有发生爆炸可能性的建筑物，如化工厂生产车间、仓库等，需要进行防爆设计和采取防爆、泄爆的构造措施。采取合理的建筑平面布置格局，如敞开或半敞开式的建筑布局，以利于爆炸性气体的疏散；与周围建筑物、构筑物应保持一定的防火间距；采用耐爆框架结构，再选用耐火性能好、抗爆能力强的框架结构等。

近年来，反恐成为全世界的一个重要安全话题。极端分子人为制造的针对特定人物及民用设施等不同目标的不符合国际道义的攻击方式给世界许多国家和地区造成了惨痛的伤亡后果和经济损失。例如发生在 2001 年的美国 9·11 事件，导致 3000 多人死亡，直接经济损失 2000 亿美元，给美国人民带来的精神损失更是无法估量。在事件中，世贸双子塔的倒塌引起了建筑设计师和工程界人士对建筑结构安全问题的重新审视。建立多道防爆、抗撞防线，避免高层建筑发生倒塌成为重要建筑结构抗爆的新理念。对重要民用建筑的抗爆性能研究也成为土木工程领域的一个新的研究热点。

第二节｜工程结构的检测、鉴定与加固

建筑结构的检测与加固是当代建筑结构领域的热门技术之一。它涉及的知识结构很广泛，包括结构力学性能以及耐久性检测，涉及结构和构件的正常使用性能和安全

性鉴定，涵盖各种结构的加固理论和技术。

服役中的建筑结构，由于设计缺陷或施工质量问题，或由于材料在自然环境因素作用下的老化，由于使用功能发生变化，需对结构当前状态下的安全性、适应性或是耐久性进行必要的检测。同时依据相关鉴定标准对结构继续服役的可靠性进行鉴定，给出定性的结论。如结构当前的状态不能满足可靠性的要求，则需采取必要的加固措施。

我国建筑界已开始从大规模新建时期迈向了新建与维修并重时期。很多重要的建筑物由于建造地段和文化因素，不能够轻易拆除。对其进行适当的检测、鉴定和加固是必不可少的工作。

一、工程结构的检测与鉴定

工程结构的检测与鉴定是采用各种检测方法对工程结构及部件的材料质量和工作性能方面所存在的缺损状况进行详细检测、试验、判断和评价的过程，并对其可靠性进行鉴定，得出其鉴定等级和是否需要加固的结论。

（一）工程结构检测

结构检测工作包括的内容比较多，一般有结构材料的力学性能检测、结构的构造措施检测、结构构件尺寸检测、钢筋位置及直径检测、结构及构件的开裂和变形情况检测及结构性能实荷检测等。

按所检结构的种类，可将建筑结构检测方法分为：

（1）混凝土结构检测，常见的方法有结构性能实荷检测、混凝土强度回弹法、超声波法、超声回弹综合法、取芯法、拉拔法等。

（2）砌体结构检测，包括轴压法、扁顶法、原位单剪法、原位单砖双剪法、推出法、筒压法、砂浆片剪切法，回弹法、点荷法、射钉法等。

（3）钢结构检测，包括结构性能实荷检测与动测、超声波无损检测、射线检测、涡流检测、磁粉检测、涂层厚度检测、钢材锈蚀检测等。

按检测过程中对建筑物造成的损坏程度可分为：

（1）破损性检测，包括针对建筑结构或构件的各类破损性实验。

（2）半破损性检测，包括取芯法、拉拔法等。

（3）无损检测方法，包括回弹法、超声法等。

（二）工程结构鉴定

对建筑结构的鉴定就是通过调查、检测、分析和判断等手段对实际结构的安全性、适用性和耐久性进行评定的过程。建筑结构鉴定的内容包括：结构整体性能、功能状况的鉴定，结构承载能力（强度、刚度和稳定性等）的鉴定等，具体流程为：

（1）诊断建筑物的损伤程度。通过现场调查与检测，确定结构的现有技术状态，进而结合结构的受损分析，综合评定建筑结构的损伤程度，即给出诊断结论。调查的内容主要是建筑物的现状和已有资料。包括建筑物的一些技术指标是否已超过规范要求，建筑物的损坏时间、损坏过程，设计图纸资料的复查与验算，施工情况调查与技术资料检查，建筑物的使用情况与荷载情况等。通过一定的仪器设备工具进行现场测试，获得各种技术参数，如材料的强度、变形情况、裂缝分布、裂缝宽度、裂缝深度、钢筋锈蚀情况等。

（2）结构可靠性的鉴定。针对具体的结构给出当前的安全程度定性或定量的结

无损检测技术，即非破坏性检测（Non-destructive detection technique，简称 NDT），就是在不破坏待测物质原来的状态、化学性质等前提下，为获取与待测物的品质有关的内容、性质或成分等物理、化学情报所采用的检查方法。它的优点在于对结构的无损害性，同时利用一些先进的仪器和检测方法有效提高了损伤诊断结果的可靠性。

在建筑结构检测领域中常用的无损检测技术包括超声法、回弹法、射线法等。

工程结构可靠度，是指在规定的时间和条件下，工程结构完成预定功能的概率，是工程结构可靠性的概率度量。

结构能够完成预定功能的概率，称为可靠概率；结构不能完成预定功能的概率，称为失效概率。

论，最终预测该结构今后可靠度降低情况。可靠性鉴定是结构是否进行维修加固及加固到什么程度的重要依据。由于影响结构的各种因素如荷载情况、材料强度、截面几何特征等带有随机性，因而研究结构的可靠性具有复杂性、可变性及严重性的特点。

在各种调查和检测数据基础上鉴定结构的可靠性是结构耐久性评估及其补强设计的基础。常见的建筑结构鉴定方法有传统经验法、使用鉴定法、概率法以及概率极限状态鉴定法等，现阶段主要采用的方法为概率极限状态鉴定法。

二、工程结构的加固

由于设计、施工的缺陷，结构长期使用过程中的损伤、老化、劣化，改变使用功能，以及火灾、地震等原因，导致建筑结构出现不同程度的损伤，建筑结构的维修加固日益受到广泛关注。有关资料指出，经济发达国家逐渐把建设的重点转移到旧建筑物的维修、改造和加固方面，建设总投资的40%以上用于建筑的维修加固，不足60%用于新建筑的建设。在美国，新建筑业开始萧条，而维修改造业兴旺发展，每年用于桥梁维修和加固的工程费用就达数十亿。

对既有结构进行加固，应保证原有结构的性能得到有效的改善和提高，满足可靠度要求。同时还应考虑施工条件、施工工期、使用要求、加固成本等因素。为了使结构的维修、加固最终取得良好的综合效益，应遵循如下原则：

（1）尽可能使加固措施发挥综合效应，提高加固效率。

（2）尽可能保留和利用原结构构件，发挥原结构的潜力，避免不必要的拆除和更换。

（3）尽可能减小对建筑物使用功能的影响。

（4）加固后结构的力学分析和校核除了应遵守结构设计的基本原则外，尚应考虑结构在加固时的工作应力，加固部分应变滞后的特点，新旧材料协同工作的程度，加固后构件截面形心和刚度的变化等。

（5）避免或尽可能减小设计方案的负面效应，充分考虑加固措施对结构体系、未加固构件、地基等可能造成的不利影响。

（6）应采取可靠措施保证新旧材料的共同工作，尽可能通过合理安排新旧构件的拆装顺序，通过临时卸载、临时支顶或采取预应力加固的方法等，减小应力滞后现象，充分发挥新增部分的作用。

当前建筑结构主要的加固方法包括：

（1）增大截面法，是一种用与原结构相同的材料增大构件截面面积从而提高构件性能的加固方法。如通过外包混凝土或增设混凝土面层加固混凝土梁、板、柱的方法，通过焊缝、螺栓连接增设型钢、钢板加固钢栓、钢梁、钢格架、钢屋架的方法，通过增设砖扶壁加固砖墙的方法等。该方法在我国是一种传统的加固方法，工艺简单、适用面广，不仅可提高构件的承载能力，还可增大构件刚度，改变结构的动力持性，使结构和结构构件的适用性能在某种程度得到改善。但在一定程度上会减小建筑物的使用空间，增加结构自重，而且在加固钢筋混凝土构件时，现场湿作业的工程量较大，养护期较长，对建筑物的使用有一定影响。

（2）外包钢加固法［图12-7（a）］，是一种在结构构件四周进行外包钢加固的方法。这种方法可以在基本不增大截面尺寸的情况下提高构件承载力，增大延性和刚度。适用于混凝土柱、梁、屋架和砖窗间墙以及烟囱等结构构件和构筑物的加固。但这种方法用钢量较大，加固维修费用较高。

（3）预应力加固法［图 12-7（b）］，是一种采用外加预应力钢拉杆或撑杆，对结构进行加固的方法。这种方法可在几乎不改变使用空间的条件下，提高结构构件的正截面及斜截面承载力。预应力能消除或减缓后加杆件的应力滞回现象，使后加杆件有效工作。此法广泛用于混凝土梁、板等受弯构件以及混凝土柱（用预应力预撑加固）的加固。此外，还可用于钢梁及钢屋架的加固。预应力加固法加固效果好而且费用低，缺点是增加了施加预应力的工序和设备。

纤维增强塑料（Fiber Reinforced Plastics，FRP）， 是目前土木工程领域中常用的一种新型材料。它具有轻质、高强的特性。依据成分的不同，主要包括碳纤维增强塑料（CFRP），芳纶纤维增强塑料（AFRP）以及玻璃纤维增强塑料（GFRP）等。目前被广泛应用到土木工程领域中的各类建筑结构的加固补强。

（a）   （b）

（c）

图 12-7 各种加固措施

（a）外包钢加固；（b）体外预应力加固；（c）碳纤维加固

（4）改变受力体系加固法，是一种通过增设支点（柱或托架）或采用托架拔柱的方法以改变结构的受力体系的加固法。增设支点可以减小结构构件的计算跨度，降低计算弯矩，大幅度地提高结构构件的承载力，缩小裂缝宽度。当对增设的支点施加预应力时，效果更佳。该方法多用于大跨度结构，但会减小使用空间。

（5）粘贴碳纤维加固法［图 12-7（c）］，是将碳纤维布采用高性能的环氧类结构胶粘贴于混凝土构件的表面，利用抗拉强度大的碳纤维材料达到增强构件承载能力和刚度的目的。此法的特点是：质量轻，厚度薄。碳纤维材料的比重为钢的 1/4，单位面积重量约为钢板的 1/100，抗拉强度约为钢材的 10 倍，厚度约为 0.1~0.2mm，具有良好的耐久性及耐腐蚀性能，耐酸、碱、盐及大气环境的腐蚀，施工效率高，施工质量易保证，与混凝土有效接触面积达 80% 以上。碳纤维还具有震动阻尼特性，可吸收震动波。此法适用范围极为广泛，且具有良好的加固效果，目前已成为国内外研究与应用的热点。

第三节 | 工程防灾减灾的前沿技术

近年来，在土木工程防灾领域中，一些前沿的技术相继出现并得到应用。包括先进的结构试验方法、结构振动控制以及结构健康监测技术等。这些技术大大增强了工程结构的防灾能力，也引领土木工程防灾技术向着更新的方法前进。

一、振动台试验与建筑风洞试验

在建筑结构试验领域，振动台试验和建筑风洞试验对于研究建筑结构在地震荷载和风荷载作用下的响应有着重大的帮助，是当前大型、复杂建筑结构设计不可缺少的论证手段。

（一）振动台试验

地震是重大自然灾害之一，给人类带来的损失是巨大的，抗震研究是为了抗御地震把损失减小到最低程度而发展起来的一门科学。试验研究在整个研究工作中占有极为重要的地位。电液伺服地震模拟振动台是抗震试验研究领域中重要试验设备之一（图12-8）。

图12-8 高耸结构的振动台试验

1985年，同济大学建成了我国第一个大型振动台。2000年之后，振动台的建设规模、密度明显加大。目前全国有30多家高校和科研院所拥有振动台设备。

近年来，随着我国社会经济的不断发展，城乡建设速度的不断加快，人们的需求日益提高，工程建设日新月异，各种大型复杂工程结构不断出现。如上海环球金融中心，建筑主体高度达到492m，比中国台北国际金融大厦主楼主体高度高出12m；中国第一长桥——润扬大桥，跨江长度7.3km，总长35.66km，其中悬索桥主跨达到1490m，位居中国第一，世界第三。这类工程结构在经济生产中占据着重要地位，服役期间一定要确保其安全运营。复杂的结构形式使得这类工程结构在设计阶段面临许多超规范的问题，特别是抗震计算尤为重要。振动台试验为该类工程的设计提供有可靠的技术支持，我国近期建设的一批重要的建筑都进行了抗震实验，如上海东方明珠电视塔、上海世贸国际购物中心、上海环球国际金融中心等。

（二）建筑风洞试验

高层建筑、高耸结构以及大跨空间结构的主要特点是刚度较柔，因此风荷载会引起较大的结构反应，使得结构刚度和舒适度的要求越来越难满足，有时甚至会威胁到建筑物的安全。

在高层建筑林立的地区，风环境比较复杂。大多数建筑物外墙为玻璃幕墙，位于复杂楼群形成的流场中，表面风压问题十分突出。由于气流的惯性和黏性，气流流经非流线型的大型建筑物时，将在结构上产生气动力，呈现出复杂的流固耦合作用效应。主要表现为气流的分离、再附、旋涡的形成和脱落以及尾流的发展，建筑物本身的运动也会使气动力特性发生变化，因此风效应十分复杂。

另外，这些高大建筑物和建筑群建成后也会显著改变城市近地面层风场结构，出现过去没有的局地强风现象。局地强风的出现，会引发建筑物的门窗和建筑外装饰物等破损、脱落、伤人等事故。在一些建筑物入口、通道、露台等行人频繁活动的区域，则可能使行人感到不舒适，甚至产生伤害，出现行人风环境问题。

鉴于以上原因，许多发达国家已经通过立法，要求在建筑物的设计阶段给出建筑物建成后风环境的影响评价。许多建筑设计公司为了确保高层建筑、高耸结构以及大跨空间结构及其附属结构的抗风安全，研究建筑物在风荷载下的响应，在设计阶段开展建筑风洞试验（图 12-9）。

图 12-9　城市建筑群的风洞试验

我国的《建筑结构荷载规范》（GB 50009—2012）第 7.32 条规定，当多个建筑物，特别是群集的高层建筑，相互间距较近时，宜考虑风力相互干扰的群体效应，一般可将单独建筑物的体型系数乘以互相干扰增大系数，该系数必要时宜通过风洞试验得出建筑物的体型系数。因此，为了这些大型建筑物设计方案的抗风安全，通过风洞试验来确定其风荷载，测定其气动参数和动力响应，检验其气动稳定性，分析其抗风安全性、适用性与可靠性是完全必要的。

二、结构振动控制技术

建筑结构传统的抗风、抗震设计方法是一种"硬碰硬"式的方法，即通过提高结构本身的强度和刚度来抵御风荷载或地震作用。这种做法很不经济，也不一定安全。1972 年，美籍华裔学者姚治平（J.T.P.Yao）教授明确提出木工程结构控制的概念，从而使结构振动控制理论在土木工程领域中逐步得到广泛的研究与应用。结构振动控制可以有效地减轻结构在风和地震等动力作用下的反应和损伤，提高结构的抗震、抗风能力。结构控制通过在结构上设置控制机构，由控制机构与结构共同控制抵御地震、

高层建筑阻尼器，图为台北 101 大楼调谐质量阻尼器。为了削弱因应高空强风及台风吹拂造成的楼体摇晃，大楼内设置了调谐质量阻尼器（TMD），是在 88~92 楼挂置一个重达 660t 的巨大钢球，利用摆动来减缓建筑物的晃动幅度。这也是全世界唯一开放游客观赏的巨型阻尼器，更是目前全球最大的阻尼器。

风荷载等动力荷载，使结构的动力反应减小。结构控制是人的主观能动性与自然的高度结合，是结构对策发展的新的里程碑。

结构振动控制技术根据所采用的技术措施是否需要外部能源可分为被动控制、主动控制、半主动控制和混合控制。

结构被动控制不需要提供外部能源，成本低、易于实现，因此在建筑领域中应用最广（图 12-10）。相应的技术措施包括建筑隔震技术和各类耗能阻尼器。隔震技术主要采用橡胶垫、金属涂料滑块以及精选的细砂、石墨涂层和四氟乙烯板等；控制装置涉及金属低屈服点阻尼器、摩擦阻尼器、黏弹性阻尼器、黏滞流体阻尼器、调谐质量（液体）阻尼器（TMD 和 TLD），摆式质量阻尼器等。针对结构被动控制技术的研究开展较早，并取得了丰硕的研究成果，工程应用也较为广泛。

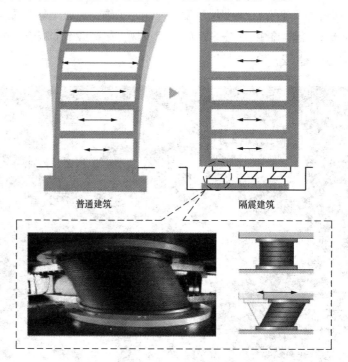

普通建筑　　　　隔震建筑

图 12-10　建筑结构隔震

结构的主动控制是应用现代控制技术，对输入的外部扰动和结构反应实现联机实时跟踪和预测，并通过作动器对结构施加控制力来改变结构的系统特性，使结构和系统性能满足一定的优化准则，以达到减小或抑制结构地震反应的目的。主动控制的控制力由外加能源主动施加，控制效果较被动控制更加明显。但由于主动控制需要输入较多的外部能源，再加上系统的可靠性问题以及需要更复杂和昂贵的硬件设备等原因，目前主动控制技术还停留在研究阶段。

半主动控制是当今土木工程结构振动控制研究领域的国际前沿性课题之一。这种控制系统依靠较小的外部能量来改变受控系统的特性参数，以减小结构的反应。由于半主动控制具有的经济、有效、可靠等特点，其研究受到国内学者的极大关注。

混合控制是被动控制和主动控制的联合使用。主要靠被动控制减小结构在小振幅情况下的振动反应，而主动控制可以用来控制大振幅情况下的反应。

工程结构振动控制技术有着广泛的发展前景。随着相关技术研究和应用的不断深入，将带来巨大的经济效益和社会效益。该项技术的发展将给土木结构工程抗震抗风设计带来一场变革。

三、结构健康监测技术

近年来，世界各地的大型、巨型土木工程结构数量的不断增加，如大型水利电力设施、大跨度桥梁以及超高层建筑等。这些工程结构在当地国民生产中占据着重要地位，一旦出现事故必将给该国家和地区造成巨大的财产损失。因此，在结构的整个服役期内对这些大型结构的健康状况进行必要的监测工作，随时掌握它们的健康状况，能够有效地避免突发事故，保证其安全运营。但是，当前常用的结构损伤检测方法多是在事故发生后运用相关仪器对损伤的情况进行勘察，或是在结构损伤不明显的情况下，依据个人经验查找损伤的位置。这些方法无法预测结构损伤的发展趋势，难于对在役结构健康状况给予全面的评估。

随着智能材料和智能结构技术被应用到土木工程领域中，结构健康监测技术成为当前国内外研究的热点问题。结构的健康监测（Structural Health Monitoring，简称 SHM）指利用现场的无损传感技术，通过包括结构响应在内的结构系统特性分析，达到检测结构损伤或退化的目的。健康监测的过程包括：通过一系列传感器得到系统定时取样的动力响应测量值，从这些测量值中抽取对损伤敏感的特征因子，并对这些特征因子进行统计分析，从而获得结构当前的健康状况。对于长期的健康监测，系统得到的是关于结构在其运行环境中老化和退化所导致的完成预期功能变化的实时信息。

结构的健康监测技术是要发展一种最小人工干预的结构健康的在线实时连续监测、检查与损伤探测的自动化系统，能够通过局域网络或远程中心，自动地报告结构状态。可以认为该项技术来源于结构无损检测技术，但又与之有所区别。通常运用结构无损检测技术直接测量确定结构的物理状态，无需记录历史数据。而结构健康监测技术是根据结构在同一位置上不同时间的测量结果的变化来识别结构的状态，因此历史数据至关重要。健康监测技术有可能将目前广泛采用的离线、静态、被动的损伤检测，转变为在线、动态、实时的监测与控制，这将导致工程结构安全监控、减灾防灾领域的一场革命。结构健康监测技术是一个跨学科的综合性技术，它包括工程结构、动力学、信号处理、传感技术、通信技术、材料学、模式识别等多方面的知识。

完整的结构健康监测系统应包含监测、诊断和评估三部分功能（图 12-11），由相应的硬件和软件组成，主要包括以下几部分：

（1）数据采集子系统：主要包括各类信号采集、存储和传送的硬件系统。信号采集的主要硬件是传感器，根据不同的监测内容主要有应变片、倾角仪、位移计、速度计、加速度传感器、风速仪、温度计、动态地秤、强震仪和摄像机等。信号传输的方式分直接电缆连接和无线传输两种。

（2）数据信号处理子系统：主要包括各类数字信号的处理，如 A/D 转换及数字滤波等。以便为系统识别和损伤识别准备充分的数据信息。这个过程一般在计算机的工作站上随着数据采集同步完成。

（3）系统识别子系统，通过计算机模拟仿真计算，结合有限元模型分析，识别出结构系统的静、动力特性参数，即系统特征识别。

（4）损伤识别子系统，即通过一定的分析技术，对已获得的数据进行处理，与结构系统特征联合，应用各种有效的手段识别结构损伤，完成损伤预警、损伤定位和定量。

结构健康监测（Structure Health Monitoring，简称 SHM），Housner 将结构健康监测定义为：一种通过无损传感技术从营运状态的结构中获取并处理数据，评估结构的主要性能指标（如安全性、适应性和耐久性等）的有效方法。

一项成熟的结构健康监测技术要充分利用到传感器、数据传输、信息处理、有限元及人工智能等方法。这样才能有效监测结构在各种环境及荷载等因素作用下的响应，及时发现结构的损伤与性能退化。

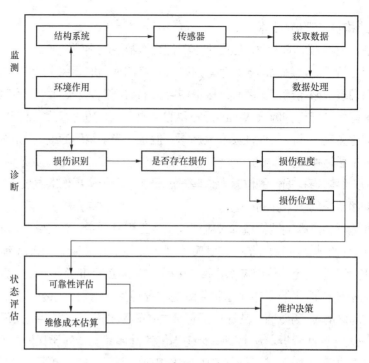

图 12-11 结构健康监测流程

（5）结构状态评估子系统，把损伤识别的结果与专家经验结合，对结构的健康状态做出评价，分析结构的强度贮备，预测结构服役时间，评价结构的可靠度，计算分析结构投资——寿命关系，提出结构健康维护策略。

（6）数据管理子系统，完成大量的现场采集数据和后续分析数据的存储，并实现结构相关信息的可视化和决策数据库的智能化，以完成结构健康状态的实时跟踪，为决策管理人员提供信息支持。

早期的结构健康监测系统的应用主要针对于桥梁结构。20 世纪 80 年代，欧美等发达国家就已经将该项技术应用于大跨度桥梁结构。在我国，结构健康监测技术的工程应用出现于 20 世纪 90 年代中后期，如青马大桥、汲水门大桥、江阴大桥等一些大型桥梁设施先后安装了结构健康监测系统。近年来，结构健康监测技术的应用重心逐步向建筑结构转移。北京 2008 年奥运会的主要场馆鸟巢、水立方等都已经安装了结构健康监测系统。

土木工程结构的健康监测技术是一门新兴的科学技术，目前正处于蓬勃的发展之中。对大型重要的建筑结构进行健康监测，不但可以延长结构的使用寿命，减小因忽视微小缺陷而导致结构失效的风险，增加了结构的安全性与耐久性，而且还可以降低结构的维护检修次数，避免结构维修的高额费用，节约大量资金。因此，结构健康监测技术具有良好的社会效益和经济效益，应用前景十分广泛。

第十三章　计算机技术在土木工程中的应用

自 1946 年在美国宾夕法尼亚大学诞生了世界上第一台电子计算机后，计算机就成为了 20 世纪最伟大的科学发明之一。20 世纪 90 年代以来，随着工艺水平的不断提高，计算机在朝着高速、大容量、微型化方向发展取得了长足的进步。而大容量光盘存储技术、图形图像处理、声音处理、数据压缩、光纤通信、互联网等技术的推动，更是大大拓宽了计算机的应用领域。

目前计算机技术已经在社会发展的各个领域得到了非常广泛的应用，计算机已成为人们日常生产、生活不可缺少的一部分。在土木工程领域，计算机也获得了非常广泛的应用。计算机的应用已拓展到了工程项目全生命周期的每一个方面和每一个环节。在土木工程的规划、设计、建造、管理等各个环节，由于计算机技术的大量应用，土木工程的生产效率和质量得到了极大地提高。

计算机辅助设计（Computer Aided Design，简称 CAD），是一种利用计算机硬、软件系统辅助人们对产品或工程进行设计的方法和技术，包括设计、绘图、工程分析与文档制作等设计活动，是一门多学科综合利用的科学。

第一节　计算机辅助设计（CAD）

计算机辅助设计（Computer Aided Design，简称 CAD），是 20 世纪最杰出的工程成就之一，其应用水平已成为衡量一个国家技术发展水平及工业现代化水平的重要标志。目前，在航空、航天、建筑、机械、汽车、船舶、石化、电子、轻工等各个领域得到广泛的应用，成为提高产品与工程技术水平、降低消耗、缩短产品开发周期、大幅提高劳动生产率和产品质量的重要手段。

CAD 技术最初的发展可以追溯到 20 世纪 60 年代，美国麻省理工大学（MIT）的 Sutherland 首先提出了人机交互通信系统，并在 1963 计算机联合会议上展出，引起了人们极大的兴趣。随着计算机技术的发展，CAD 技术获得了巨大的发展。我国对 CAD 的应用与研究，始于 20 世纪 70 年代。随着计算机硬件技术与软件技术的不断发展，在 20 世纪 80 年代后期，我国的工程技术人员开始系统的全面开发土木工程辅助设计软件，这为我国的土木工程设计工作的发展作出了很大的贡献。目前，在土木工程领域中常用的 CAD 软件有 AutoCAD、天正建筑、PKPM 等。

AutoCAD 是美国 Autodesk 企业开发的一个交互式绘图软件，是用于二维及三维设计、绘图的系统工具，用户可以使用它来创建、浏览、管理、打印、输出、共享设计图形。1982 年，Autodesk 公司推出了 AutoCAD 的第一个版本 V1.0，在随后的二十多年的发展历程中，Autodesk 公司不断对 AutoCAD 进行丰富与完善，相继推出各个新版本，使 AutoCAD 集成化程度越来越高，功能越来越强大。目前，AutoCAD 在世界上已成为使用最广泛的计算机辅助设计软件。图 13-1 为 AutoCAD 软件的操作界面。

在 AutoCAD 本身的功能已经能够满足用户完成各种设计工作的同时，用户还可以通过 Autodesk 及许多软件开发商开发的许多应用软件把 AutoCAD 改造成为满足各专业领域的专用软件工具。如我国天正公司以 AutoCAD 为平台开发的天正系列建筑软件，已成为我国建筑设计单位使用最广泛的软件。

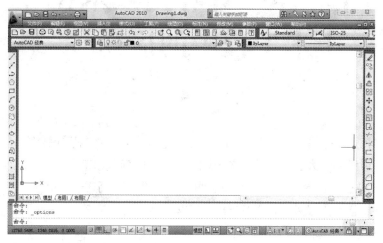

图 13-1　AutoCAD 2010 工作界面

PKPM 设计软件是面向钢筋混凝土、框架、排架、框架剪力墙、砖混以及底层框架上层砖房等结构，集建筑、结构、设计、工程量统计和概预算报表等于一体的集成化 CAD 系统。适用于一般多层工业与民用建筑 100 层以下复杂体型的高层建筑，是一个较为完整的设计软件系统。该系统还提供了丰富的图形输入和建模功能，设计人员容易掌握，设计效率明显提高。PKPM 软件具有强大的计算功能和后处理功能。参数和模型输入后，PKPM 软件可自动根据需要对结构进行计算分析，给出计算结果，并自动绘制施工图。

其中的 PMCAD 模块采用人机交互方式，引导用户层对要设计的结构进行布置，建立起一套描述建筑物整体结构的数据。软件具有较强的荷载统计和传导计算功能，它能够方便地建立起要设计对象的荷载数据。由于建立了要设计结构的数据结构，PMCAD 成为 PKPM 系列结构设计软件的核心，它为各功能设计提供数据接口。PMCAD 可以自动导算荷载，建立荷载信息库；为上部结构绘制 CAD 模块提供结构构件的精确尺寸，如梁、柱总图的截面、跨度、次梁、轴线号、偏心等；统计结构工程量，以表格形式输出等。PK 模块则是钢筋混凝土框架、框排架、连续梁结构计算与施工图绘制软件，它是按照结构设计的规范编制的。PK 模块的绘图方式有整体式与分开绘制式，包括框、排架计算软件，并与其他软件结合完成梁、柱施工图的绘制。生成底层柱底组合内力均可与 PMCAD 产生的基础网对应，直接传给 PMCAD 作柱下独立基础、桩基础或条形基础的计算，达到与基础设计 CAD 结合的工作，最终绘制出各种构件的施工图（图 13-2～图 13-4）。

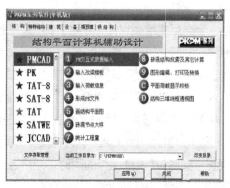

图 13-2　PM 软件界面

图 13-3　PK 软件界面

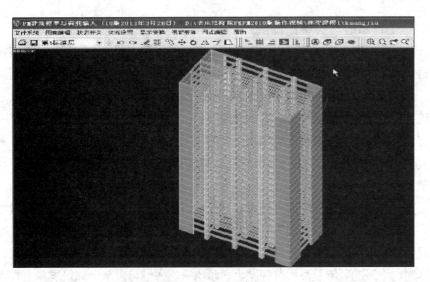

图13-4　PKPM 建模

利用 ANSYS 的桥梁
结构仿真分析

第二节｜计算机模拟仿真技术

计算机模拟仿真技术是随着计算机硬件与软件的发展而迅速发展的。计算机仿真分析是利用计算机对自然现象、系统工程、运动规律、人脑思维等客观世界进行逼真的模拟。这种仿真是数值模拟进一步发展的必然结果。随着计算机技术的进步与计算机的普及，计算机仿真在工程设计、生产管理、实验研究、系统分析等各个领域得到越来越广泛的应用。目前，计算机模拟仿真技术在结构工程、岩土工程、防灾工程等土木工程领域也得到了广泛的应用，其提供的先进的研究手段在解决工程中的重大问题、提高工程分析效率、节约成本等方面起到了举足轻重的作用。

一、工程结构的有限元仿真

工程结构在荷载作用下的各种反应、结构破坏机理、结构的极限承载力等是工程设计人员所关注的课题。由于工程结构形式、荷载及材料特性的复杂性和多样性，采用结构模型试验的方法获得的试验结果可能具有较大的局限性，同时成本较高。目前，很多结构试验可以在计算机上进行模拟，建立模拟试验系统比实验室试验要简单、节省费用，对一些复杂的试验可起到指导作用，可以较好地解决这些问题。

有限元方法是目前工程结构数值仿真计算领域中的主流方法，目前较为流行的仿真软件包括 ANSYS、ABAQUS 等。

ANSYS 软件是融结构、流体、电场、磁场、声场分析于一体的大型通用有限元分析软件。由世界上最大的有限元分析软件公司之一的美国 ANSYS 公司开发，它能与多数 CAD 软件接口，实现数据的共享和交换。ANSYS 有限元软件包是一个多用途的有限元法计算机设计程序，在航空航天、汽车工业、生物医学、桥梁、建筑、电子产品、重型机械、微机电系统、运动器械等许多领域得到广泛应用。

ABAQUS 被广泛地认为是功能最强的有限元软件，可以分析复杂的固体力学、结构力学系统，特别是能够驾驭非常庞大复杂的问题和模拟高度非线性问题。

239

二、工程事故与灾害的反演

计算机模拟仿真技术还可以用于事故和灾害的反演，帮助人们了解结构破坏的过程，寻找事故的原因。如核电站、大坝等大型结构，一旦发生事故，造成的后果非常严重。而这些事故几乎不可能用真实的试验来反演，用计算机仿真技术则可以较好地模拟这些事故，从而确切地分析事故的原因。

自然灾害或人为灾害给人类带来巨大的威胁，而像地震、洪水、火灾等灾害的原型重复试验几乎是不可能的，因而计算机模拟仿真技术在这一领域的应用具有很大的现实意义。

目前，许多抗灾防灾的模拟仿真软件已经研制成功。例如，洪水泛滥淹没地区发展过程的显示软件。此软件预先存储发生洪水的地区的地形地貌，并有高程数据。这样，只要输入相应的参数，计算机就可以根据水量流速及区域面积和高程数据，计算出不同时刻淹没的区域及高程并在图上显示出来。人们可以从计算机屏幕上看到洪水的涌入，以及从地势高处向低处逐渐淹没的全过程，这为灾害预防提供了可靠而生动的资料。

三、计算机仿真在岩土工程中的应用

岩土工程处于地下，往往难于直接观察，而计算机仿真可以把内部过程展示出来，因此具有很大的使用价值。例如，地下工程开挖经常会遇到塌方冒顶。根据地质勘察，可以知道断层、裂隙和节理的走向与密度。通过小型试验，可以确定岩体本身的力学性能及岩体夹层和界面的力学特性、强度条件，并存入计算机中。在数值模型中，除了有限元方法外，还可采用分离单元。分离单元在平衡状态下的性能与有限元相仿，而当它失去平衡时，则在外力和重力作用下产生运动直到获得新的平衡为止。分析地下空间的围岩结构、边坡稳定等问题时，可以沿节理、断层划分许多离散单元。模拟开挖过程时，洞顶及边部有些单元会失去平衡而下落，这一过程可在计算机屏幕上显示出来，最终可以看到塌方的区域及范围，这为支护设计提供了可靠依据。

在分析地下水的渗流、河道泥沙的沉积、地基沉降等问题时，都会应用计算机模拟仿真技术进行分析。美国斯坦福大学研制了一个河口三角洲泥沙沉积的模拟软件，给定河口条件后，可以显示不同粒径泥沙的沉积区域及相应的厚度，这对港口设计及河道疏通均有实际指导意义。

第三节 │ 信息化施工管理与专家系统

信息化指的是信息资源的开发和利用以及信息技术的开发和应用。信息化水平即信息技术的建设与利用程度，已成为衡量一个国家、一个地区、一个行业现代化水平和综合实力的重要标志。信息在工程项目管理中扮演着重要的角色。为了合理地管理工程项目，不仅需要在建工程的数据，还需要随时调用存储在数据库中的已建工程的历史数据，这些数据对项目规划、控制、报告和决策等任务来说，是最基本的资源。项目管理的首要任务是在预算范围内按时完成工程项目，并且满足一定的质量要求和其他规范要求，而有效的信息管理则是一个成功的项目管理系统不可缺少的重要组成部分。随着计算机技术的不断发展及广泛应用，工程项目管理的管理手段与方法有了长足的进步，如信息化管理、专家系统决策

管理等。

一、信息化施工管理

信息化施工，就是利用计算机信息处理功能，对施工过程所发生的工程、技术、商务、物资、质量、安全、行政等方面，发生的工期、人力、材料、机械、资金、进度等信息进行有序地存储，并科学地综合利用，以部门之间信息交流为中心，解决项目经理部从数据采集、信息处理与共享到决策目标生成等环节的信息化，以及时准确的量化指标为项目经理部高效准确地提供决策依据的高层次计算机应用。信息化施工可以大幅度地提高施工效率和保证工程质量，减少或杜绝工程事故，有效地控制成本，使项目的费用目标、进度目标和质量目标得以实现，实现施工管理现代化。

目前，在市场经济社会复杂多变的环境中，业主、工程设计、工程承包方、金融机构、工程监理及物业管理等各方所关注的不仅是诸如造价等单个技术问题的解决，而且更加关心工程建设本身和社会上所发生的各种关系等动态信息。如工程承包方除要解决各种施工技术问题外，还要关心施工的进度、质量、安全、资金应用情况、环保状况、财务及成本情况，以及中央和地方各种法律法规、材料供应情况及质量保证、设计变更等。现代信息技术能把所有的相关信息有机地、有序地、科学地联系起来，以供决策者使用。只有这样，才能使企业的领导者及时准确地掌握各类信息资源，进行快速正确的决策和施工项目建设，协调工期，进行人力、物力、资金优化组合；才能保证工程质量，保证施工进度，取得了较好的经济与社会效益。土木工程信息化施工技术对作为我国国民经济的支柱产业之一的建筑业实现现代化起着十分重要的作用。

信息化施工管理主要涉及施工进度控制、施工成本控制、施工质量控制三个方面。

（1）施工进度控制中的信息化管理。为了保证工程在计划工期内完成，施工项目必须制定合理、可行的项目进度计划，并在实施过程中，根据实际执行中出现的问题对其进行调整。信息化管理在进度控制中主要体现在如下方面：编制建筑工程项目进度计划、进度计划的检查和调整。信息化管理可以通过计算机软件对庞大的原始数据进行分析，对照网络计划绘制实际进度线，分析计划执行情况及其发展趋势，对未来的进度做出预测、判断，找出偏离计划目标的原因。

（2）施工成本管理中的信息化管理。施工项目成本管理要求以施工方案和管理措施为依据，按照企业的管理水平、消耗定额、作业效率等进行工料分析，根据市场价格信息，编制施工预算。当某些环节或部分工程施工条件不明确时，可按照类似工程施工经验或招标文件所提供的计算依据计算暂估费用。施工项目进行过程中，应根据计划目标成本的控制要求，做好施工采购策划，通过生产要素的配置、合理使用、动态管理，有效控制实际成本。

（3）施工质量控制中的信息化管理。施工质量控制是一个涉及面广泛的系统过程，它除了施工质量计划的编制和施工生产要素的质量控制之外，施工过程的作业工序质量控制，也是工程项目实际质量形成的重要过程。而且施工方的施工质量控制，还包括业主、设计单位、监理单位及政府质量监督机构。通过信息化管理，可以促进施工质量控制的开展，保证施工质量合格。

专家系统，是一个智能计算机程序系统，其内部含有大量的某个领域专家水平的知识与经验，能够利用人类专家的知识和解决问题的方法来处理该领域问题。也就是说，专家系统是一个具有大量的专门知识与经验的程序系统，它应用人工智能技术和计算机技术，根据某领域一个或多个专家提供的知识和经验，进行推理和判断，模拟人类专家的决策过程，以便解决那些需要人类专家处理的复杂问题。简而言之，专家系统是一种模拟人类专家解决领域问题的计算机程序系统。

二、土木工程中的专家系统

在土木工程的工程项目设计与建设过程中，仅仅依靠现有的一些基于某种数学力学模型的确定性计算是不够的，在许多情况下，特别需要依靠专家的经验和知识。随着计算机科学的发展，特别是人工智能技术与理论的广泛应用，为收集利用专家的经验和知识提供了一条有效的途径。专家系统技术可以实现模拟专家解决复杂问题，达到专家水平，给土木工程人员解决这类问题提供帮助，在土木工程的实践中有着很广阔的应用前景。可以认为，专家系统是一种基于知识的系统，它能利用收集来的知识进行推理，解答相关疑难问题（图13-5）。

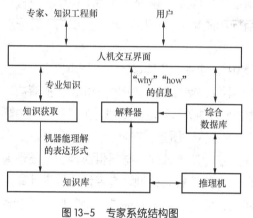

图13-5　专家系统结构图

专家系统已被广泛地应用在需要的领域，专家系统技术也被应用于各种计算机智能系统中。专家系统的成功与否取决于它所采用的形式化体系和推理模式及它所拥有的知识。

专家系统的研究已有几十年的历史，它在土木工程中的应用也越来越广泛。目前，国内外已研制出一系列成功的专家系统，如城市规划的智能辅助决策系统、施工管理专家系统、结构构件设计系统SPEX、楼板设计系统FLODER、结构破损判断专家系统SPERIL等。

第四节　计算机辅助教学与网络教学在土木工程中的应用

随着时代的进步，信息技术的飞速发展，全球网络化进程的加快，社会各行业中都应用计算机这种现代化的技术工具。目前，人们已将这种高新技术应用于教育领域，于是产生了一种新型的现代化教学方式——计算机辅助教学（Computer Aided Instruction，简称CAI）。计算机辅助教学以生动形象的授课形式给传统的教学带来了新的生机和活力，激发了学生的学习积极性和主动性，提高了教学效率且增强了教学效果。计算机及网络化具有传输信息快捷，使用方便，具有自主性，交互性，开放性和资源共享性等特点。随着计算机互联网技术的发展与普及，网络在线教育已成为一种新的计算机辅助教学。学生、教师、专家可以通过网络，在学校、家里、办公室上网进行学习、网上答疑、学术讨论等。

一、土木工程专业课程计算机辅助教学

土木工程专业，如钢筋混凝土、钢结构、抗震等专业课程，这些课程教学工作量较大，除包涵大量的概念知识外，更有大量的结构示意图及施工流程，同时需要进行大量的计算，甚至有的内容由于重复性数字运算过于繁重，使习题训练的广度与深度受到很大限制，这些教学内容仅仅依靠传统教学模式是远远不够的。另外，在教学中应着重于设计思路、公式运用、力学模型建立等，不必把大部分精力放在繁杂的数字计算中。借助土木工程专业课程计算机辅助教学系统中丰富的图形和算例，可使学生有机会接触各种设计问题，使其有机会进行量大、面广的结构和构件设计训练，不仅高效轻松，而且形象具体，有助于学生加深对知识的理解和学习兴趣的培养。由此可见，在土木工程教学中，土木工程专业课程计算机辅助教学已成为土木工程教学的一

种重要手段。

一般土木工程课程计算机辅助教学的主要特点有：

（1）形式多样、生动活泼：通过对土木工程专业课程文字、图片、声音、动画等信息的处理，生成图文声像并具的教学系统，可以进行视听一体化的形象化教学。

（2）人机交互、因材施教：通过实现人机对话，根据学习者的要求选择教学内容，控制学习节奏，及时反馈教学信息，充分调动学习者的兴趣，提高学习的效果与效率。

（3）信息量大、可重现强：不受时间空间的制约，随时记录保存土木工程专业课程教学内容。

（4）界面友好、操作简单：只需要键盘或鼠标等简单设备，即可完成土木工程专业教学。

一般土木工程课程计算机辅助教学的主要优势有：

（1）有利于增强教学效果。

（2）有利于贯彻因材施教的原则。

（3）有利于激发学生兴趣。

（4）有利于培养学生的多种能力。

（5）有利于提高教学质量。

二、网上土木工程课程教学与学习

随着网络技术的发展，网上教学与学习成为了一种趋势。它不仅具有 CAI 的优点，还具有实时网上解答、讨论问题的功能。网络课程教学系统就是一种典型的网上教学与学习的手段与方法。这种网络课程教学系统通过网络技术建立一个基于 Web 的支持和管理教学过程、提供共享学习资源和各种学习工具的虚拟学习环境，为网络教学的实施提供基础性通信与学习管理服务。网络课程教学系统提供了学习者、教师等用户的管理。利用教学系统平台，教师可以在这个平台上开展网络教学活动，并能方便地通过此平台进行教学管理；学生可以根据自身的情况自主地选择学习内容和上机实践内容，能方便地通过此平台进行多样地学习，提交作业和进行课程练习自测及查看测试结果；教师与学生能相互沟通和交流，实现信息共享。可以说，网络课程教学支撑平台是实施网络课程教学实践的基础与核心。可以预见，随着计算机科学技术的快速发展，土木工程课程与信息技术的结合，必将使土木工程计算机教学获得长足的发展。

第十四章　土木工程的发展展望

21 世纪是一个信息革命的时代，现代科学与技术的发展日新月异，社会发展突飞猛进。土木工程面临着巨大的发展机遇，同时也面临着严峻的挑战。一方面土木工程面临的形势是世界正经历工业革命以来的又一次重大变革，这包括计算机、通信、网络等产业的迅猛发展。每一次技术革命都给土木工程带来巨大变革，可以预计，人类的生产、生活方式将会发生重大变化。另一方面地球上的土地资源是有限的，并且因过度消耗而日益枯竭。生态环境受到严重破坏，土地荒漠化，河流海洋水体污染，空气严重污染，大气臭氧层破坏，导致人类生存环境日益恶化。

人类社会在努力发展科学技术的同时，也必将越来越关注资源利用、能源消耗、环境保护、生态平衡。人类为了争取舒适的生存环境，必须在这些方面做出努力，以满足人类社会发展的需求。展望未来，土木工程必将取得重大的发展。

第一节　建筑材料的发展

砖石、混凝土、钢材等是土木工程发展道路上不可或缺的建筑材料，已经有了悠久的使用历史。面向 21 世纪，土木工程材料将有巨大的突破。

一、传统材料的改进

传统的砌体材料一般是使用烧制黏土砖,不仅严重浪费土地资源而且污染了环境。因此要大力发展使用轻质、高强、耐久、节能、多功能的新型墙体材料，如多孔砖、空心砖、混凝土砌块、加气混凝土砌块、纤维水泥夹心板、蒸压加气混凝土板、轻集料混凝土条板和各地方就地取材做成的块材（如石材、工业废料制品）等。它们的发展方向是努力改善其传统性能，如增加孔洞率、增加延性、增加强度、改进形状、减轻自重等。需要指出的是，只有各种新型材料因地制宜地发展，才能改变墙体材料不合理的产品结构，达到节能、保护耕地、利用工业废渣、促进建筑技术发展的目的。

混凝土是土木工程中用途最广、用量最大的一种建筑材料。普通混凝土虽然用量大，但是其强度与耐久性不够高，抗渗性和抗侵蚀性较弱，自重大、易开裂。20 世纪 30 年代减水剂等外加剂的发明，提高了混凝土的流动性。随后又出现了高效减水剂，使混凝土的强度很容易达 60MPa 以上。80 年代美国又提出了水泥基复合材料的概念，现已成为以水泥为基材的各种材料的总称，如轻质混凝土、加气混凝土、纤维混凝土等，以及根据性能要求发展的高强混凝土、高流动混凝土、耐火混凝土等。20 世纪 90 年代初，出现了高性能混凝土（High Performance Concrete，简称 HPC），它是在大幅度提高普通混凝土性能的基础上采用现代混凝土技术制作的，以高耐久性为主要的设计指标，针对不同的用途和要求，在工作性、强度、适用性、体积稳定性、经济性等方面给予重点保证。未来的发展方向应是绿色高性能混凝土和超高性能混凝土（Ultra-High Performance Concrete，简称 UHPC）。前者以使用工业废渣为主的细掺料来代替大量的水泥熟料，有效地减少环境污染；后者特点是具有超高的耐久性、超高的力学性能、低脆性，如活性粉末混凝土、注浆纤维混凝土、压密配筋混凝土等。

建筑工程用的钢材一般采用低合金、热处理方法来提高其屈服强度和综合性能（防锈、防火）。钢应具有高强度、高塑性、高韧性、良好抗震性、良好焊接性、耐腐蚀与耐火性。我国研制的新一代高性能钢材，使化学成分相同的普碳钢的屈服强度由 200MPa 级提高到 400MPa 级和 500MPa 级。由于其强度提高一倍，同时其塑性、冷弯性、可焊性、黏结力等都有较大提高，不仅使用寿命提高一倍，而且钢使用量减少 40%～50%。随着高层、超高层大跨度建筑的发展，建筑钢结构用钢正向高强度、高性能、大型化、功能化、高耐火性、良好抗震性发展。国外建筑用钢已推广使用抗拉强度为 490MPa、590MPa 和 780MPa 级的建筑用钢材。已出现的超高强度钢，其屈服强度在 1370MPa 以上，抗拉强度在 1620MPa 以上。韩国研发出的钢筋强度已达到 1755MPa/1885MPa（屈服强度/抗拉强度）。

复合材料是两种或两种以上的材料组合，利用各自的优越性开发出的高性能建筑制品。如钢纤维、有机纤维等纤维增强混凝土，利用纤维的抗拉强度高的特点以及它们与混凝土的黏结性，提高了混凝土的抗拉强度与冲击韧性。今后，将会有更多的具有建筑装饰、受力、隔音、绝缘、防火、节能等新性能的复合材料用于屋面、墙体乃至结构构件中。

高分子材料是以聚合物为主料，配以各种填充料、助剂等调制而成的材料。目前，将高分子材料用于管材、门窗、装饰配件、外加剂等已非常普遍。今后的发展趋势之一是改善建筑制品的性能，如满足无毒、无污染、保温、隔热、防水、耐高温、耐高压、耐火等新的需求；二是在深入研究其受力与变形的性能后广泛用于抗力结构，国外已有经聚合物处理的碳纤维钢筋用于混凝土结构中。

二、发展"绿色建材"

绿色建材（Green Building Materials）又称生态建材、环保建材和健康建材等，是指采用清洁生产技术、少用天然资源和能源、大量使用工业或城市固态废物生产的无毒害、无污染、无放射性、有利于环境保护和人体健康的建筑材料。1992 年，国际学术界明确提出绿色材料的定义：绿色材料是指在原料选取、产品制造、使用或者再循环以及废料处理等环节中对地球环境负荷为最小和有利于人类健康的材料，也称之为"环境调和材料"。与传统建材相比，绿色建材具有以下几个方面的基本特征：

（1）其生产所用原料尽可能少用天然资源，大量使用尾矿、废渣、垃圾等废弃物。

（2）采用低能耗制造工艺和无环境污染的生产技术，尽可能减少废渣、废气、废液等的排放。

（3）在产品配制或生产过程中，不得使用含有汞及其化合物、甲醛、卤化物溶剂或芳香族碳氢化合物的材料，不使用含铅、镉、铬及其化合物的颜料和添加剂，以减少污染。

（4）产品的设计是以改善生产环境、提高生活质量为宗旨，即产品不仅不损害人体健康，而应有益于人体健康，产品多功能化，如抗菌、灭菌、防霉、除臭、隔热、阻燃、调温、调湿、消磁、防射线、抗静电等。

（5）产品可循环或回收利用，不产生环境污染的废弃物。

建材工业是国民经济非常重要的基础性产业，是天然资源和能源资源消耗最高、破坏土地资源最多、对大气污染最为严重的行业之一。以一种最基础的建筑材料水泥的生产为例，我国目前每生产 1t 水泥熟料将会产生 0.7～1t CO_2。2010 年我国水泥产量为 18.8 亿 t，向大气中排放 16 亿多 t CO_2。

21 世纪，人类将更加重视经济、社会和环境可持续、和谐发展。绿色建材作为绿色建筑的唯一载体，集可持续发展、资源有效利用、环境保护、清洁生产等前沿科学技术于一体，代表建筑科学与技术发展的方向，符合人类的需求和时代发展的潮流。因此开发和应用绿色建材技术，生产绿色建材产品，是建材行业实现可持续发展的必然选择。

当前绿色建材的发展方向是资源节约型、能源节约型、多功能化。

（1）资源节约型绿色建材。资源节约型绿色建材一方面可以通过实施节省资源，尽量减少对现有能源、资源的使用来实现；另一方面也可采用原材料替代的方法来实现。用废弃物或回收物代替部分或全部天然资源，采用传统工艺制作生态建材。如用粉煤灰、煤矸石、页岩、矿渣、煤渣、钢渣、水淬渣、硫铁矿废渣等工业废渣代替全部黏土或掺少量黏土，采用烧结法制造空心砖或实心砖；将粉煤灰、炉渣等工业废料掺入土中，制成工业废料稳定土作为路面结构层材料使用；把粉煤灰掺入混凝土制成混凝土混合料，用于建筑工程或道路工程建设；利用煤渣、煤矸石和粉煤灰为主要材料制作新型墙体材料。日本太平洋公司已经成功利用城市垃圾开发出了生态水泥。

（2）能源节约型绿色建材。节能型绿色建材不仅指要优化材料本身制造工艺，降低产品生产过程中的能耗，而且应保证在使用过程中有助于降低建筑物的能耗。降低使用能耗包括降低运输能耗（即尽量使用当地的绿色建材），以及降低建筑物使用过程中的能耗。目前研发并应用于实体工程的中空玻璃、真空玻璃、真空低辐射玻璃等使用寿命长，可选择性透过、吸收或反射可见光与红外线，是一种节能绿色建材。

（3）多功能型绿色建材。建筑材料多功能化是绿色建材发展的一个主要方向。绿色建材在使用过程中具有净化、治理修复环境的功能，在其使用过程中不形成二次污染，其本身易于回收和再生。这些产品具有抗菌、防菌、除臭、阻燃、防火、调温、调湿、防射线等性能。TiO_2 具有成本低廉、催化活性好、化学稳定性和热稳定性高、安全无毒等特点，作为一种节能、高效、绿色环保的新型功能材料，在涂料、玻璃、陶瓷等为代表的绿色建材领域具有广阔的应用前景。目前，国外已开发出许多绿色建材新产品，如可以抗菌、除臭的光催化杀菌、防霉陶瓷；可控离子释放型抗菌自洁玻璃；可净化空气的预制板。这些材料都是改善居室生活环境的理想材料，也是公共场所理想的装饰装修材料。

第二节｜建筑空间的拓展

为了满足人类不断增长的生产生活需求，解决城市土地供求矛盾，缓解城市交通拥挤，建筑工程项目将向更高、更深的方向发展。

一、向高空延伸

2010 年 1 月 4 日建成的哈利法塔（原名迪拜塔），是目前世界上最高的建筑，它有 168 层，高 828m，占地 34.4 公顷。在建的上海中心大厦，位于浦东的陆家嘴功能区，采用钢筋混凝土核心筒—外框架结构，主体建筑结构高度为 580m，总高度

632m，是目前中国在建的第一高楼，预计2014年竣工。芝加哥螺旋塔（The Chicago Spire）是一座正在建造的纯住宅摩天大厦，位于美国芝加哥市中心，计划高度为610m。建成后，将会是北美最高的建筑大厦。目前规划中的Al Burj高度1200m，施工难度前所未见，堪称建筑史上的创举。有消息称将建在全球最大人工岛之一朱美拉棕榈岛（The Palm Jumeirah）上。

想象中的未来海上城市

二、向地下发展

1991年，在东京召开的城市地下空间国际学术会议通过了《东方宣言》，提出了"21世纪是人类开发利用地下空间的世纪"。城市地下空间的开发利用已成为当今世界城市发展的趋势，并成为衡量城市现代化的重要标志之一。地下空间的开发利用能有效解决城市用地紧张、交通拥挤、环境恶化等诸多难题，对实现城市可持续发展具有重要的战略意义。目前国外城市地下利用的设施主要有城市基础设施、交通、商业、能源、水利及其他设施。日本和欧美发达国家对地下空间研究、开发比较早，目前已达到相当的水平。大阪的Nagahori地下街于1992年10月动工兴建，1997年5月竣工，总投资827亿日元，是集地铁（包括隧道及车站）、车库、商业设施、步行道等多种功能为一体的四层大型地下综合体。其总建筑面积为81800m²，是目前日本最大的地下街。莫斯"胜利公园地铁站"深入地下达90m。加拿大温哥华修建的地下车库多达14层，总面积72324 m²。日本学者正在研究30m以下的深层地下空间利用的规划。深层地下空间资源的开发利用已成为未来城市现代化建设的趋势。同时综合化、多功能化、生态化也是地下空间开发利用的发展趋势。

三、向海洋拓宽

随着陆地资源短缺、人口膨胀、环境恶化等问题的日益严峻，各沿海国家纷纷把目光投向海洋，加快了对海洋的研究开发和利用。地球上的海洋面积约36200万km²，约占整个地球表面积的71%左右。开拓海洋，主要有两大方面：一是向海洋要地，建设人工陆地；二是对海底的探测与开发。世界各国，特别沿海发达地区都很重视向海洋要地：一是扩大耕地面积，增加粮食产量；二是增加城市建设和工业生产用地。国土狭小的日本，有着悠久的填海造地历史。目前日本沿海城市约有1/3的土地都是通过填海获取的。日本神户人工岛是世界上最大的一座人造海上城市，享有"21世纪的海上城市"之称。它位于神户市以南约3000m，与神户市由一座大桥相连。神户人工岛中部是住宅区，南侧建有防波堤，其他三面是现代化的集装箱装卸载码头。人工岛总面积为4.4km，岛上居民为2万人，各种现代化设施齐全。自从2003年以来，我国的围海造地运动正在以数倍于过去的速度高速发展。2003年的围海面积是2123公顷，2004年则达到了5352公顷，2005年以后每年围海的面积都超过1万公顷。2008年天津启动总面积达160多km²的我国最大填海造陆工程——三港区填海造陆工程，天津市在未来五年将投资600亿进行建设。现在日本、欧美正在进行"海上漂浮城市"的研究，或许在不远的将来，人类的这一梦想将会实现。世界海洋石油储量达1000多亿t，海洋天然气140亿m³。同时海洋中还有大量的多种金属矿产，仅太平洋含锰4000亿t，镍164亿t，铜88亿t，钴58亿t。近些年我国新增石油产量的53%来自海洋，2010年更是到达85%。海洋开发已是我国的重要海洋产业，它的发展必将推动我国深海勘察、海底采矿、海上运输和材料等高新土木工程技术的发展。

太空行走，2008 年 9 月 9 月 27 日 16 时 41 分，中国航天员翟志刚成功进行中国首次太空行走。使中国成为继俄、美之后，世界上第三个有能力进行太空行走的国家。标志着在中国探索太空方面取得重大进展。

通常把具有建筑自动化（BA）、办公自动化（OA）、通信自动化(CA)的智能建筑称为"3A 建筑"；如果在具有防火自动化(FA)、安全保卫自动化(SA)，则称为"5A 建筑"。

四、向沙漠进军

全世界约有 1/3 陆地为沙漠，目前还很少开发。世界最大的沙漠是撒哈拉沙漠，是由许多山峰被侵蚀而成，每年南移 30km。沙漠中的气温变化剧烈，日差可达 50℃ 以上。空气中水蒸气很少，非常干燥，太阳辐射很强。夏季最高温度有时可达 60～70℃，而夜间冷得很快，有时还有霜冻。由于沙漠引起的沙尘暴刮走了农田肥沃的表层土，引起农作物大量减产，危及人类亿万人口的生活。许多国家已开始沙漠改造工程。在我国西北部，利用兴修水利、种植固沙植物、改良土壤等方法，使一些沙漠变成了绿洲。世界未来学会对下世纪初世界十大工程设想之一是将西亚和非洲的沙漠改造成绿洲。但大规模改造沙漠，首先要解决水的问题。在缺乏地下水的沙漠地区，国际上正在研究开发使用沙漠地区太阳能淡化海水的可行方案，该方案一旦实施，将会启动近海沙漠地区大规模的建设工程。

五、向太空迈进

预计 21 世纪 50 年代以后，空间工业化、空间旅游、空间商业化活动等可能会得到大的发展。利用太空洁净的环境和微重力条件，可以制造均匀合金，生产治疗癌症的新药和高纯度的半导体材料，组装特大功率的太阳能电站，把植物种子带到空间以提高发芽率等等。1993 年有多国合作开发的国际空间站完成设计，开始实施。空间站作为科学研究和开发太空资源的手段，为人类提供一个长期在太空轨道上进行对地观测和天文观测的机会。人类的足迹已经到达月球，2004 年，美国宣布了一项新的太空探索计划，准备在 2020 年之前派宇航员重返月球，并建立永久月球基地，随后将尝试登陆火星。其他国家也相继推出探测和开发月球的计划。月球中蕴藏着丰富的氦-3 资源，一旦开发成功，将为人类社会提供长期、稳定、廉价和洁净的核聚变燃料，对人类未来能源的可持续发展具有重要而深远的意义。同时月球蕴藏有丰富的钛铁、铀、稀土、磷、钾等矿产资源，将是地球资源的重要储备和支撑。随着航空航天技术的进步，月球资源的开发将成为可能，月球将成为人类未来能源战略选择和争夺的主要对象。

第三节｜高 度 智 能 化 建 筑

建筑智能化技术是现代建筑技术与通信技术相结合的产物，是随着科学技术的进步而逐渐发展起来的。智能化建筑是以建筑物为平台，兼备信息设施系统、信息化应用系统、建筑设备管理系统、公共安全系统等，集结构、系统、服务、管理及其优化组合为一体，向人们提供安全、高效、便捷、节能、环保、健康的建筑环境。智能建筑的特征是所有设备都是用先进的计算机管理系统进行监测与控制，并通过自动优化来满足用户对安全、舒适、节能等的需求。它的技术基础是现代建筑技术、现代控制技术、计算机技术、通信技术、图像显示技术，即所谓的"A+4C"技术，从而实现信息资源和任务的共享与综合管理，充分体现智能建筑投资合理、安全、高效、舒适、便利、灵活的目标，这也是人们追求建筑智能化的目的。

智能化建筑的基本功能一般包括下列几个方面：

（1）建筑自动化管理系统。

（2）办公自动化系统。

（3）通信自动化系统。

1984 年，美国康涅狄格州的哈特福市（Hartford）出现了世界上第一座智能大厦。楼内设置了办公自动化设备，用户可以享有语言通信、文字处理、电子邮件、市场行情信息、科学计算和情报资料检索等服务。此外，楼内的空调、供水、防火、防盗供配电系统等均由电脑控制，实现了楼宇自动化综合管理，使客户真正感到舒适、快捷和安全。随后引起了各国的重视和效仿，智能建筑在世界范围内得到迅速发展。目前在发达国家，90%以上的大型综合建筑采用智能建筑的思路进行设计。我国的智能建筑发展也非常迅速，如上海金茂大厦、深圳地王大厦、广州中信大厦、南京商茂国际商城，特别是北京奥运会与上海世博会的成功举办，极大地促进了我国智能建筑市场的发展。美国、日本等国家已开始进行综合智能城市的研究，智能建筑已成为建筑行业发展的必然趋势。

第四节｜发展可持续的土木工程

土木工程不断地为人类社会创造崭新的物质环境，成为人类社会文明的重要组成部分。目前在大多数国家，土木工程产业已成为国民经济发展的基础产业和支柱产业之一。但土木工程的发展与环境、资源存在着矛盾。随着世界人口的急剧增长，城市化进程的加速，越来越多的人口涌入城市。2011 年全球人口达到 70 亿，世界城市人口已经超过全球总人口的一半，至 2025 年将有 2/3 人口成为城市人口。中国的城市化水平从 1980 年的 19%跃升至 2010 年的 47%，预计至 2025 年将达到 59%。虽然城市带来了较高的生活水平，但同时却消耗了大部分的能源，造成了严重的环境污染。巨大的能源消耗和严重的环境污染，引起各国对能源、环境可持续发展的高度重视，走可持续发展之路已刻不容缓。因此发展可持续的土木工程，对实现经济与人口、资源、环境相协调发展起着举足轻重的作用。为了实现土木工程的可持续发展，应努力做好以下几个方面：

（1）发展高新技术。一方面利用结构健康监测系统通过在结构上安装各种高科技传感器，自动、实时地测量结构的环境、荷载、响应等，对结构健康状况进行评估，科学有效地提供结构养护管理的决策依据，确保结构安全运营，延长结构使用寿命。另一方面利用新技术对老建筑物进行现代化改造，使老建筑物延长使用寿命，获得新的功能。

（2）推行绿色施工。建设过程中，应对施工策划、材料采购、现场施工、工程验收等各阶段进行控制，加强对整个施工过程的管理和监督。在保证质量、安全等基本要求的前提下，通过科学管理和技术进步，最大限度地节约资源并减少对环境有负面影响的施工活动，实现节能、节地、节水、节材和环境保护。

（3）发展绿色概念建筑。如节能建筑、生态建筑、节地建筑等，就是尽可能有效地利用可再生资源，减少不可再生资源的消耗，并尽可能减少对周围环境造成污染的建筑。如充分利用太阳能，节约用水用地，提高围护结构的保温性能，采用有效的密封和通风技术，采用自然通风和采光方面的设计，高效、低耗能节能设备的使用，利

成都来福士广场，是按照绿色建筑标准设计的五栋清水混凝土建筑组成的大型综合建筑，建筑面积约 30 万 m²，建筑高度为 123m。建筑采用了地源热泵供热和制冷系统、热回收系统、冷热水蓄藏、中水回用、屋顶与裙楼绿化、就地取材、太阳能等可再生资源的利用等节能环保措施，使建筑全年节能量超过 25%。整个建筑呈大悬挑、大孔洞和不规则倾斜状，其造型新颖独特，与央视新大厦有异曲同工之妙，是国内首座、国际罕见的超高清水混凝土建筑。建筑于 2008 年 10 月动工，2011 年 9 月主体结构全面封顶，2011 年底投入使用。

用高新技术使建筑和自然成为一个有机的结合体等，都是体现绿色节能思想的措施。目前国内外建造的新型节能建筑，节能效率比传统建筑提高了 65% 以上。绿色节能建筑已成为世界建筑发展的必然趋势。

　　展望未来，人类在自然领域和社会领域将会取得更大的进步，土木工程作为人类生产、生活重要的一部分，必将会取得更大的成就。

参 考 文 献

[1] 叶志明. 土木工程概论 [M]. 北京: 高等教育出版社, 2010.

[2] 丁大钧, 蒋永生. 土木工程概论 [M]. 北京: 中国建筑工业出版社, 2010.

[3] 罗福午. 土木工程概论 [M]. 武汉: 武汉理工大学出版社, 2005.

[4] 李业兰. 建筑材料 [M]. 北京: 中国建筑工业出版社, 1998.

[5] 郑德明, 钱红萍. 土木工程材料 [M]. 北京: 机械工业出版社, 2005.

[6] 覃耀. 土木工程测量 [M]. 上海: 同济大学出版社, 2005.

[7] 刘永红, 姚爱军, 周龙翔. 地基处理 [M]. 北京: 科学出版社, 2005.

[8] 龚晓南, 叶书麟. 地基处理 [M]. 北京: 中国建筑工业出版社, 2005.

[9] 龚晓南. 地基处理手册 [M]. 北京: 中国建筑工业出版社, 2008.

[10] 叶观宝, 高彦斌, 地基处理 [M]. 北京: 中国建筑工业出版社, 2009.

[11] 熊丹安, 程志勇. 建筑结构 [M]. 广州: 华南理工大学出版社有限公司, 2011.

[12] 何益斌. 建筑结构 [M]. 北京: 中国建筑工业出版社, 2005.

[13] 朱润. 静力载荷下板壳结构的拓扑优化 [D]. 北京工业大学硕士学位论文, 2011.

[14] 龙驭球, 包世华. 结构力学教程 [M]. 北京: 高等教育出版社, 2002.

[15] 张耀春, 周绪红. 钢结构设计 [M]. 北京: 高等教育出版社, 2007.

[16] 吕西林. 高层建筑结构 [M]. 2版. 武汉: 武汉工业大学出版社, 2003.

[17] 张毅刚. 大跨空间结构 [M]. 北京: 机械工业出版社, 2005.

[18] 李作敏. 交通工程学 [M]. 北京: 人民交通出版社, 2000.

[19] 张新天, 罗小辉. 道路工程 [M]. 北京: 中国水利水电出版社, 2000.

[20] 陶龙光, 巴肇伦. 城市地下工程 [M]. 北京: 科学出版社, 2011.

[21] 童林旭. 地下商业街规划与设计 [M]. 北京: 建筑工业出版社, 1998.

[22] 耿永常, 赵晓红. 城市地下空间建筑 [M]. 哈尔滨: 哈尔滨工业大学出版社, 2001.

[23] 耿永常. 地下空间建筑与防护结构 [M]. 哈尔滨: 哈尔滨工业大学出版社, 2005.

[24] 郭元裕. 农田水利学 [M]. 北京: 中国水利水电出版社, 1997.

[25] 高明远, 岳秀萍. 建筑给排水工程学 [M]. 北京: 中国建筑工业出版社, 2002.

[26] 黄民德, 郭福雁. 建筑电气照明 [M]. 北京: 中国建筑工业出版社, 2008.

[27] 李祥平, 闫增峰. 建筑设备 [M]. 北京: 中国建筑工业出版社, 2008.

[28] 郭立民, 方承训. 建筑施工 [M]. 北京: 中国建筑工业出版社, 2006.

[29] 赵平. 土木工程施工组织 [M]. 北京: 中国建筑工业出版社, 2011.

[30] 杨晓庄. 工程项目管理 [M]. 武汉: 华中科技大学出版社, 2011.

[31] 江见鲸, 徐志胜. 防震减灾工程学 [M]. 北京: 机械工业出版社, 2010.

[32] 李宏男, 阎石, 林皋. 智能结构控制发展综述 [J]. 地震工程与工程振动, 1999, 19 (2): 29-36.

[33] 孙鸿敏, 李宏男. 土木工程结构健康监测研究进展 [J]. 防震减灾工程学报, 2003, 23 (3): 92-98.

[34] 江见鲸, 张建平. 计算机在土木工程中的应用 [M]. 2版. 武汉: 武汉理工大学出版社, 2003.

［35］陈存恩. 计算机在土木工程中的应用［M］. 北京：机械工业出版社，2009.

［36］武晓丽. AutoCAD 2010 基础教程［M］. 北京：中国铁道出版社，2010.

［37］王要武. 项目信息化管理［M］. 北京：中国建筑工业出版社，2005.

［38］刘瑞叶. 计算机仿真技术基础［M］. 2 版. 北京：电子工业出版社，2011.

［39］尹朝庆，尹皓. 人工智能与专家系统［M］. 北京：中国水利水电出版社，2009.

［40］李文虎. 土木工程概论［M］. 北京：化学工业出版社，2011.

［41］班建民. 建筑电气与智能化工程项目管理［M］. 北京：中国建筑工业出版社，2011.

［42］李英姿. 建筑智能化施工技术［M］. 北京：机械工业出版社，2004.

［43］章云. 建筑智能化系统［M］. 北京：清华大学出版社，2012.

［44］常文心，刘晨. 绿色建筑［M］. 沈阳：辽宁科学技术出版社，2011.

［45］中国建筑材料工业规划研究院. 绿色建筑材料［M］. 北京：中国建材工业出版社，2010.